"十二五"普通高等教育本科国家级规划教材

全国高等院校产品设计专业系列教材

PRODUCT
DESIGN
PRINCIPLE

李亦文　刘锐　著

U0268306

产品设计原理
（第三版）

化学工业出版社

·北京·

内 容 简 介

本书是一本有关产品设计、工业设计专业核心内容的图书。相比第二版，在知识架构的逻辑上进行了更为合理的调整，在语言论述上采用了更加通俗的提法，在案例佐证上选择了更为经典的实例，在课程建设上融入了独具特色的思政元素，还在教材立体化建设上设置了数字化资源。具体内容包括：产品设计概论、产品设计创造力、产品设计思维、产品设计方法、产品设计美学、产品"款风"设计、产品设计战略与原则、产品设计计划、产品设计程序和产品体验设计。

本书可以作为高等学校艺术类、工科类产品设计和工业设计专业"产品设计原理"及设计理论课程的教材，也可以作为从事产品开发设计的一线设计师、工程师的参考书。

图书在版编目（CIP）数据

产品设计原理 / 李亦文，刘锐著. —3版. —北京：
化学工业出版社，2022.6

ISBN 978-7-122-41087-0

Ⅰ．①产⋯ Ⅱ．①李⋯ ②刘⋯ Ⅲ．①产品设计－高
等学校－教材 Ⅳ．①TB472

中国版本图书馆 CIP 数据核字（2022）第 051644 号

责任编辑：李彦玲　　　　　　　　　　文字编辑：吴江玲
责任校对：宋　夏　　　　　　　　　　装帧设计：水长流文化

出版发行：化学工业出版社（北京市东城区青年湖南街 13 号　邮政编码 100011）
印　　装：三河市延风印装有限公司
787mm×1092mm　1/16　印张 16　字数 383 千字　2022 年 7 月北京第 3 版第 1 次印刷

购书咨询：010-64518888　　售后服务：010-64518899
网　　址：http://www.cip.com.cn
凡购买本书，如有缺损质量问题，本社销售中心负责调换。

定　　价：49.80 元

产品设计与人类起源同步，而不是工业革命之后的所谓的工业设计概念。博物馆里人类早期的各类产品丰富多彩，其实它们的制作者都是真正意义上的"产品设计师"。

可以说，人类的历史和文化与设计密切相关，我们能通过不同时期的设计看到不同时期人类的文化和历史。由此可见设计师在创造人为事物的同时，还创造了人类本身，以及人类文明和文化。

从今天专业的视角看，产品设计的核心是有关产品策划、设计、开发和推广的全产业链行为。具体地说是通过对面向不同使用者、使用环境、时间、条件的产品的功能、材料、构造、工艺过程和技术原理进行综合性应用研究的同时，通过形态、色彩、寓意、象征等因素赋予产品的物质与精神价值。

产品既是产品设计的主要思维对象，又是产品设计概念、方法的载体。

一个手机、一台电脑、一辆汽车、一件家具、一组公共设施、一套服务系统……都是根据人的需求，选择可以控制的生产技术手段，通过一定的程序、方法，将需求计划予以推进，并借助市场渠道和消费模式，将上述因素在一定的形态和方式上体现其特定的使用功能、认知功能、审美功能，这种由形态实体或信息虚体组成的功能体系就是我们所定义的产品、产品系统和产品环境。

产品、产品系统和产品环境具有鲜明的人类社会属性，即人文性、历史性、地域性、经济性、科技性、流通性和消费性，它是人类历史和当代诸信息集成化的载体。

那么如何理解设计呢？抽象地说，设计是一种整合信息的赋能性活动。产品只是某个时代、某个地域、某个文化和某个社会综合信息在某个特定赋能需求的载体。因此，对产品而言，既包含了人类对材料、结构、加工工艺的理解，又包含了人类对生活方式、社会结构和历史文化信息的交织和融合，属于人类的第二自然，即产品内外因素所构成的人造自然。而设计其实就是对人造自然，即产品内外因素的组织过程，其目的就是保障产品外部因素的为人的特定需求的可用性和享用性。而产品设计原理就是想把产品的这一本质勾画得有血有肉，主次分明，便于我们更系统地认识产品设计。

那么，何谓好的产品设计呢？

一般来说，好的产品设计包含了以下几个方面。

（1）创造性

创造性是好的产品设计的评价标准之一，是产品存在的典型特征。人类的历史证明人类社会的每一次进步都是打破旧秩序、创造新秩序的结果。产品也是如此，产品设计如果没有新意，产品的商业价值就不够明显，而且对企业和市场而言意义不大，很容易被淘汰。

（2）适用性

适用性是好的产品设计的评价标准之一，是产品存在的物质特征。在不同情况下，产品具有不同的"适用"功能。产品的适用性主要是指满足不断变化中的用户使用需求的基本的产品性能品质。

（3）认知性

认知性是好的产品设计的评价标准之一，是产品存在的语意特征。设计必须容易为广大的"社会人"所理解和认同。产品的认知性是指产品通过语意，使人们一目了然地了解它的产品性能、使用方式、操作方法，以及象征意义等。

（4）审美性

审美性是好的产品设计的评价标准之一，是产品存在的情感特征。在当前的市场竞争中产品要十分吸引人就必须得到消费者的情感认同。其实产品美不只是单纯的悦目、好看，更重要的是要符合消费者的审美定式和情感归属。因为美不是僵化的，美离不开审美对象与审美意识，美离不开人的情感和习俗。

（5）精致性

精致性是好的产品设计的评价标准之一，是产品存在的品位特征。精心处理每一个细部。从构思到完成，必须严格地把握材料、技术的利用率，既要发挥材料、技术的每一优势，又不被它的局限性所束缚。在每一"结尾"与"转折"处要做到合乎逻辑，又要耐人寻味，体现人的智慧和创造力。

（6）健康性

健康性是好的产品设计的评价标准之一，是产品存在的智慧特征。注意生态平衡、保护环境是设计可持续发展的方向。产品设计在考虑节约能源、减少污染的同时，还应关注人类可持续发展的长期的健康利益。这是产品设计的智慧所在，正如柳冠中先生所提出的"设计是人类不被毁灭的第三智慧"，应该就是指产品设计的健康性。

总之，产品设计作为人类发展过程中的一门重要的学问，有着许多自己独有的重要特征，众多学者专家为此付出了巨大的努力，并不断在提出新的理念和方法，因此对于产品设计原理的学习是无止境的。不过，纵观人类的设计发展史，就产品设计原理而言，其实还是万变不离其宗的。

所以，本书从2003年初版的撰写、2011年第二版的修订，到这次第三版的修订，每次虽然都是采用了与时俱进的提法和案例，但是从设计原理的角度，还是始终保留了最原始和最经典的内容。

可以说这是在汇集作者近30年设计教学和实践体会的基础上，对产品设计的核心原理进行较为全面的论述，对产品的含义、产品存在的意义、产品形成的过程和产品的消费情境，以及人类设计行为的目的、意义及未来发展的前景进行了哲学层面的探讨。

由于作者水平和学识有限，书中难免存在不足之处，衷心期待读者批评讨论。

最后，非常感谢南京艺术学院与南京工业大学浦江学院的同事们和朋友们在本书修订期间给予的关心与支持。

李亦文

2022年2月

目录

第 1 章

产品设计
概论

1.1 产品设计定义

"产品设计"定义是关于"产品设计"目的、对象和内容的定义。在我们具体定义之前，先来看看什么是产品和什么是设计。

1.1.1 什么是产品

什么是产品？其实这对大多数人来说并不陌生。因为它们是人类生活重要的组成部分。我们所坐的椅子、所用的手机、所居住的房子、所驾乘的车子、所使用的网络、所喜欢的社交平台、所依赖的各类服务、所关注的消费新观念、所体验的生活新方式等，都属于"产品"。可见"产品"的概念就是指我们熟悉得不能再熟悉

图1-1 传统硬件类产品和现代软件服务类产品图例

的，天天在消费和使用的，能够满足我们各类需求和欲望的人为事物。其中包括有形的物品、无形的服务，以及它们的综合体，见图1-1。

因此，从专业的视角看，我们可以把"产品"定义为：一切在人的意识控制之下，用于满足人类消费需求的，有形或无形的，具有物性和人性特征的人为事物。然而从产品设计的视角看，"产品"的概念主要是指具有消费特征的人为事物。因为离开了商品化消费，我们这里所讨论的产品就失去了设计的意义。

例如，当下流行的手机支付、美丽乡村体验旅行、5G通信增值套餐等产品，如果离开了人们的消费，其价值也将会像当年摩托罗拉的大哥大手机、红极一时的BB机、满大街的柯达胶卷冲印店和深受年轻人喜欢的数码卡片相机一样淡出大众的生活。

我们说，任何产品（硬件和软件）都是一个以素材（硬件材料和信息材料）为基础，以一定的结构形式组合而成的，具有功能目的的服务系统。其可见因素包括：素材（硬件材料和信息材料）、结构、造型、色彩和肌理等；不可见因素包括：使用原理、操作顺序、技术手段、生产组织形式和产品性能。产品的目的是为人服务，而服务是通过产品的下列功能来实现的。

（1）实用功能

实用性是产品的基本功能。产品的实用功能源于人类生存和发展的需要。《墨子》说："食必常饱，然后求美；衣必常暖，然后求丽；居必常安，然后求乐。"西方心理学家马斯洛在需求层次论中也是以"先实用后精神"的逻辑为基础的。可见，人类只有在满足基本生理需求的前提下，才会考虑更高层次的精神认知功能和审美功能。

（2）认知功能

认知功能亦称符号寓意功能，或符号象征功能。康德曾说："大自然是在其美的形式之上，形象地对我们说话。"人造自然（产品）也具有同样的信息传达能力。产品就是运用人们的经验和思维方式，传导产品与人之间的某种特定情感认同关系和文化归属关系，这就是产品的认知功能。

（3）审美功能

产品通过外在的款风和内在的性能，使人得到视觉、触觉、听觉、味觉、嗅觉和动觉上的审美享受，这就是产品的审美功能。产品的审美功能应该具有相对的普遍性、新颖性、文化性特征，特别是对于大工业生产的产品。因此只有具有大众审美情趣的产品才能通过预定审美功能获得商业上的成功。应该说，产品美其实就是一种"消费者既熟悉又陌生的情感"归属感，所以有关消费者熟悉又陌生之间"度"的拿捏对于产品美的设计就显得十分重要。

1.1.2 什么是设计

"设计"的字面含义其实比较简单，是英文"design"一词的中文对应词。而英文"design"一词来源于拉丁语"designare"，其含义是指"人从更高的角度对事物做出判断和决策的行为"。由于拉丁语的原始含义也因此奠定了英文"design"一词的基本含义。

英文"design"一词首次被选入《牛津词典》中是在1588年。《牛津词典》中"design"的解释分为动词和名词。动词含义是"有关人类有计划地实现某种设想或为实现某种设想制订计划和方案的行为"；名词含义是"因为设计行为所产生的阶段性结果"。随后推展出更多的解释。例如，动词：为实现某个设想（物和事）所提出相应解决方案或计划的行为；名词：方案或计划。动词：为艺术创作绘制最初草案的过程；名词：草案。动词：为规范实用工艺品制作绘制草图过程；名词：草图。

如今，新的《牛津词典》中对"设计"的解释又增加了一些新的名词，如：样式、创意、制图、布置、造型、大纲、图案、视觉化表现、色彩计划等。不管"design"一词在词典上的含义如何扩容，但在基本概念上并没有根本性的变化：从动词的角度看，仍然是泛指人类在艺术化、合理化造物，或谋事过程中的创新行为；从名词的角度看，仍然泛指人类艺术化、合理化造物或谋事行为的阶段性成果。

从人类学的角度看设计，设计是一种人类与生俱来的智慧，是人类区别于其他物种的重要特征之一。当人类的祖先面对用手截取较粗树枝的困难时，有意识地从地上捡起某一合适的石块，并进行有目的的修整，用石块砍砸截取树枝时，人类的造物行为已经开始。这种根据目的和需求制造原始石器的过程其实就是今天我们所定义的设计。可见，"设计"与人类的起源是同步的，或者说设计在人类的诞生过程中起到了重要的作用，是一种人类普遍具有的智慧。

不过，这里我们要讨论的"设计"，并非指这种人类普遍具有的行为能力和智慧，而是指一种自工业革命之后形成的具有专业化特征或行业化色彩的一门"专业"，或一门"学科"，是艺术、工业生产和商业消费有机融合的新生事物。因此，这里所讨论的"设计"，在概念上形成了鲜明的物性、人性和生态性三大特征。

① **物性**。"设计"的物性特征指的是人类在追求经济效益的前提下，创造性地发现生产、销售、消费等方面的问题，并有目的地提出和制订相关解决问题的造型、造物、造事的方案和计划。具体地说，就是人类针对某一与生产技术、物质需求、商业消费密切相关的问题，通过科学的思考，将解决问题的概念，通过系统化的计划，转换成具有物理功能和商业特征的物和事的过程。通俗地说，设计的物性特征就是为人类生活创造合适的物质条件。例如大家熟悉的建筑、公共设施和日用产品等。

② **人性**。"设计"的人性特征指的是人类追求精神生活消费的一种文化现象。设计

可以从意识形态和审美上为人类创造新的、更进步的、更美好的、更高品质的生活方式。设计的人性特征是在满足人类物质生活需求的同时满足了人类的精神生活需求，使得设计的终极目标不仅是"为人可用"，而且是"为人享用"。"为人可用"属于设计的低级阶段，即设计的物性价值；而"为人享用"属于设计的高级阶段，即设计的人性价值。因此，设计具有推动人类精神文明建设和社会文化进步的作用。例如，同样都是坐具，但由于不同的设计触点，就会拥有不同的文化价值。普通的坐具设计解决了"为人可用"的问题；而明代的"官椅"设计除了"为人可用"外，还具有"为人享用"的人文价值。对于中国古代文人而言，端坐在"官椅"上，很容易达到他们所崇尚的"坐如钟"的精神境界，一方面可以体现身份，另一方面增加优越感。

③ **生态性**。"设计"的生态性特征指的是人类在追求与自然和谐的前提下，创造性地发现生产、销售、消费等过程中产生的人类与自然的矛盾冲突，并有目的地提出与制订避免矛盾冲突的相关挽救方案和计划。例如绿色设计、生态设计和健康设计中所强调的节能减排、合理利用资源、减少污染、反对过度设计，以及从系统的视角关注人类自身的健康、社会的健康和经济发展的健康等。

总之，专业化的"产品设计"，其本质是在"市场经济""文化艺术"和"科学技术"三个方面建立起新的关系链和平衡点。从相关的"利益群体""流通渠道""竞争优势""流行趋势""社会现象""人文历史""风土人情""价值导向""材料工艺""制造能力""产品技术"和"专利条件"等方面寻找到新的利润增长点。这就是本书所讨论的"产品概念"（图1-2）。

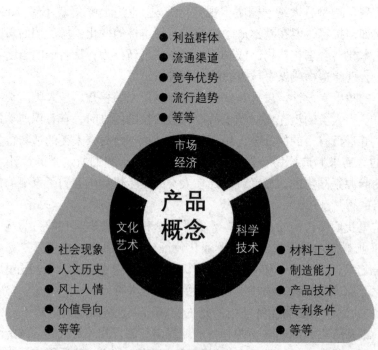

图1-2 产品概念

1.1.3 什么是产品设计

本书一开始我们就说到，"产品设计"的定义就是有关"产品设计"目的、对象和内容的定义。那么什么是产品设计的目的、对象和内容呢？

（1）产品设计的目的

产品设计的目的是以提供能够满足用户或消费者特定需求的产品创新方案为核心，以商业化方式为相关受益人创造价值为基础，以推动人类物质文明和精神文明的发展为目标。

（2）产品设计的对象

产品设计的工作对象是各类"产品"，其中包括硬件产品和软件产品；而服务对象是"人"。这里的"人"并非只指"消费者"，或"用户"，还包括下列对象：产品投资商、产品制造商及相关服务者（产品设计人员、工程技术人员、生产职工、市场推销和物流职员、维修护理人员）。也就是说，产品设计的服务对象是指与产品生命周期相关的所有利益相关者。

（3）产品设计的内容

产品设计的内容主要分为产品核心层、产品形式层、产品延伸层三个层次。

① **产品核心层。**"产品核心层"是指产品为消费者（购买者和使用者）所提供的直接利益和效用。

② **产品形式层。**"产品形式层"是指产品在市场流通领域出现的物质或非物质的形态，即产品的品质、特征、造型、结构、品牌、理念、系统、包装和存在方式等。

③ **产品延伸层。**"产品延伸层"是指产品为顾客所提供的附加利益，即有关运送、安装、维修、品质保证、以旧换新等服务。也就是说，在消费过程中商家给予消费者的更多好处和便利。

综上，产品设计是一种与生产、销售、消费密切相关的，为满足人类不同时期、不同环境、不同文化、不同人群、不同目的的物质需求和精神需求，并以此推动人类文明发展的、富于创造性的产品开发活动。

产品设计价值是在人与物之间、利益相关者与社会之间创造某种新的关系链和平衡点，赋予某种新的价值链和利益增长点。因此，"产品设计"不是简单的个人创作行为，而是一种人类跨专业、跨行业、跨学科的集体性合作行为。

产品设计师必须与投资商、制造商、销售商、广告商、消费者、执政者、科学家和哲学家紧密结合，共同协作，把生活中那些尚未发现的，或尚未表述清晰的、潜在的、合理的诉求，通过大胆的想象，将其变成真实的、有价值的消费需求，从而在创造经济价值的基础上，创造更文明、更健康的人类生活形态。可见，产品设计反映的不仅仅是一个时代的经济、技术，同时也反映了一个时代的社会文化。

1.1.4 产品设计的商业概念

产品设计是以提供满足消费者特定需求的产品创新方案为载体，是以创造商业价值（为相关受益人）为路径，是以推动人类物质文明和精神文明发展为目标的商业行为，其中存在着复杂的相关受益人的利益问题和盈利回报的问题。这就是产品设计的商业概念。

（1）产品设计与受益人

产品设计必须客观地以消费者为中心。成功的产品设计师一定要学会生活在消费者的思想中：每一次的新决定和新方向都应该使产品更靠近消费者的所思所想、消费者的生活需要和人文偏好，以及消费者消费特征的新动向。

创造新产品从来就不是一件容易的事。要想改变消费者的购买习惯，或激发他们的消费意愿，一定要有一个非常好的理由。就新产品而言，必须要有别于现有产品，必须要有明显的消费者认同的附加价值。只有这样，这种新产品才会有一定的成功率，投资人、商家、厂家，以及相关受益人的利益才能得到保证，当然也包括产品设计师自身的利益。因此，客观地以消费者为中心是产品设计与受益人之间实现利益平衡的关键。

（2）产品设计是一种低投资高回报的买卖

从新产品开发设计的全过程看，产品设计属于低投入高回报的工作。因为产品设计中的概念草图、方案设计图、设计效果图、计算机3D模型及产品原型等环节的投入费用比起产品开发中的技术测试环节、生产环节和销售环节等的投入费用在整个产品开发项目费用中的占比是微不足道的。因此，通过产品设计环节对整个产品

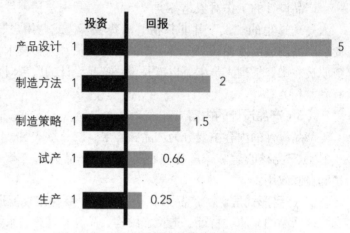

图1-3 产品开发过程不同阶段投资回报比

开发项目进行风险管理是提高产品成功率、保证投资回报率的明智之举。从图1-3中产品开发过程不同阶段投资回报比的分析数据看，产品设计阶段的回报率是最大的。这就是为什么许多成功的企业会将产品设计作为降低产品开发风险不可缺少的重要环节。

实践证明，企业在产品设计阶段的任何一个决定都会直接影响到后期的投资费用的安全。也就是说，如果我们能够在设计阶段及时发现错误，并加以修改是非常简单且低成本的事。但是，如果我们在后期生产制造阶段才发现问题，那修正起来成本就高了许多，造成的直接经济损失就是不可小觑的大事。很明显，对产品开发全过程而言，越到后期，要修改产品方案的难度就越大，涉及的经济损失亦越大。因此，重视设计阶段的投资是保证产品商业成功的重要方法。

1.2　产品设计溯源

前面我们说到，"设计"成为一门与产品相关的专业起源于19世纪末20世纪初的第一次工业革命，是艺术、工业生产和商业消费相融合的产物。而人类的产品设计（造物）行为却是与人类诞生同步。当人类第一次有意识地针对某个特定的需求选择适当的材料创造石器时，原始的产品设计就已经开始。

因此，广义的产品设计可分为四个主要阶段：史前阶段、农业社会阶段、工业社会阶段和信息社会阶段。

1.2.1 史前的产品设计

在史前阶段，人类就针对自己的生活、劳作和信仰等方面的需要开始了制造各类产品（器具）的活动。例如用于狩猎的弓箭、用于砍砸的石斧、用于烹饪的陶罐、用于祭祀的图腾、用于装扮自己的挂饰等（图1-4）。

这个时期产品设计的特征是设计者、制造者和使用者几乎是同一个人，或少数的同族人群。

其主要原因是当时的制作工艺和技术条件的限制，几乎每件产品都是自制的孤品，不存在以商业交换为目的的现象。因此，此时的产品设计还处在"自用性"的原始造物阶段。不过，这个时期的造物行为，却为如今意义下的产品功能、产品文化、产品分类，以及产品商业化等方面的发展奠定了重要的基础。

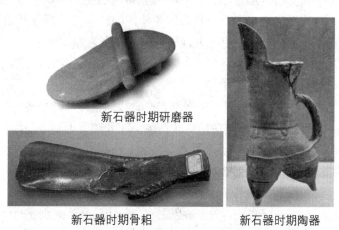

新石器时期研磨器

新石器时期骨耜   新石器时期陶器

图1-4 人类史前产品图例

1.2.2 农业社会的产品设计

在农业社会，人类的设计行为和文化意识得到了较大的发展，同时伴随手工艺技艺的不断提高，已开始趋于专业化。这个阶段的产品品质有了长足的提升，而且工匠人群的产生，为产品的交易创造了条件。因此，这个时期的产品设计特征是设计者、制造者和使用者开始分离，产品开始进入原始的流通渠道，产品的商业性开始形成。

由此可见，从农业社会开始，当今意义下的产品设计概念已经初见轮廓。例如，农具、家具、陶瓷器皿和青铜器的设计等。见图1-5，上左图：农家箱椅；上中图：农家泡菜坛；上右图：农家水缸。下左图：农家水车；下中图：农家犁；下右图：农家油灯。

在农业社会，为了保证产品质量，产品样式的设计方法和制作工艺普遍采用的是以师父带徒弟的方式代代传承；其服务特点是直接面对用户，直接根据用户所提出的需求，有针对性地为特定用户设计、制作所需要的产品。因此，这个时期的产品大多选材讲究、工艺性强，具有明显的定制特征。

图1-5 农业社会的产品示例

1.2.3 工业社会的产品设计

随着蒸汽机的发明和工业革命的开始，产品设计进入了工业社会时期。批量化、大工业制造的产品开始出现，这类产品穿上了工业大生产的外衣，给人类的日常生活和社会发展带来了革命性的变化。

这个时期的产品与早期的手工制品相比，有了本质性的变化。产品进入了批量化、规模化的生产阶段，产品价格也因量能和产能的增加而大幅度下降。产品的商业性和流通性得到空前放大。此时，真正意义上的、具有工业特征的产品设计概念开始形成。例如，铁木家具、塑料产品和新型合成材料制品大规模地进入了百姓家。

批量化、大工业生产的产品与早期的手工制品相比有着自身独有的特殊性。

（1）用户需求的认知变化

工业时代的产品设计师和制造商不可能像农业时代的工匠那样直接与用户接触，共同谋划产品功能特征和精神特征，也不能在用户的直接关注和监督下精心制作。标准化、同质化是工业化产品的常态。因此，产品缺乏个性和容易流于粗制滥造是工业大批量生产的软肋。

（2）生产的批量化和用户的大众化

对于工业时代的产品制造过程，专业化分工是必然选择。因此，产品设计和产品制作已不再是一种个人的或小作坊式的行为。所以，从产品定位、产品创意、产品工程、产品生产，以及到产品流通等环节开始形成了一系列相互关联又相互独立的行为单元。为了保证产品的总体质量和让产品准确地服务于广大用户，产品的整个设计制造过程要比早期的手工制品制作过程复杂得多。此时产品设计已成了工业化产业中的一个专业，或一门学科。

特别是1851年伦敦水晶宫博览会，可以说，它是"产品设计专业概念"形成的催化剂。伦敦水晶宫博览会是一次具有大工业基因的产品设计成果的盛大聚会。在该博览会上，一大批著名产品设计先驱人物的作品纷纷亮相并产生了巨大的社会影响，为工业化"产品设计"的专业形象奠定了重要的基础。

例如，奥地利设计师米西尔·思耐特（Michael Thonet）先生，他用自己研发的蒸汽曲木工艺创作了史无前例的曲木家具，并且在伦敦水晶宫博览会上首次亮相。其独特的产品形态，彻底颠覆了传统手工艺家具的固有形象同时引起了社会的普遍关注。他的曲木家具代表了工业社会初期"以制造工艺为导向"的简约设计风格，其特点为：大胆研究新工艺，努力尝试产品形式与功能有机结合，刻意回避传统表现手法，勇于创造新的产品形象。见图1-6，左图：1851年伦敦水晶宫博览会建筑；中图：奥地利设计家米西尔·思耐特肖像；右图：米西尔设计的曲木椅子。

伦敦水晶宫博览会　　　　米西尔·思耐特设计的曲木椅

图1-6 1851年奥地利设计家米西尔·思耐特设计的曲木椅子亮相于伦敦水晶宫博览会

回顾产品设计的发展历程，从1851年伦敦水晶宫博览会到现在，产品设计专业化的发展历程已有170多年。产品设计从最初单一的手工业制品逐渐发展到如今具有高科技特征和文化特征的工业品、手工业制品、交叉类产品和具有全新概念的服务类产品。无论是在设计观念上，还是在设计技术上都有长足的发展。

1.2.4 信息社会的产品设计

在农业社会和工业社会中，物质和能源是主要资源，所从事的是大规模的物质生产。随着微电子技术的发明和广泛使用，有关信息的生产、应用和保障得到了快速发展。"信息化"的概念在20世纪60年代初开始提出，信息化是人类社会超越"工业社会"的进入后工业社会的标志性特征，也就是我们所说的信息社会。

什么是信息社会？信息社会就是指信息技术和信息产业在经济和社会发展中的作用日益加强，并发挥主导作用的动态发展的社会模式。它以信息产业在国民经济中的比重、信息技术在传统产业中的应用程度和信息基础设施建设水平为主要标准。其特征主要表现在以下四个方面：

其一，信息技术促进了生产的自动化。生产效率比起工业社会有了显著提升，科学技术作为第一生产力得到充分体现，传统制造业转向以高科技为核心的第三产业，信息和知识产业占主导地位。

其二，劳动力主体不再是机械的操作者，被信息的生产者和传播者所取代。

其三，结算不再主要依赖现金，而是主要依赖信用。

其四，贸易不再主要局限于国内，跨国贸易和全球贸易成为主流。

由此可见，产品设计进入信息社会后，工业社会的产品设计无论在形式上还是在内容上都遇到了前所未有的挑战。

产品设计的形式，开始从原先的"以产品外观设计为重点"的"形态服从功能"的设计理念，转向"以用户行为方式为先导""以产品服务系统设计为重点"的"形态服从情感"的设计理念。

苹果公司产品体系就是典型的案例。苹果公司产品体系是从产品用户行为出发，将产品设计的触点从产品的外观拓展到产品的情感交互体验、系统配套和服务模式等方面，完全彰显了信息社会产品设计的特征，迎合了消费者的高情感要求，获得了商业上的巨大成功。

产品设计的内容，从原先的"以物质和能源"为设计对象，转向"以信息资源"为设计对象，使得产品设计开始向高智能、高情感和高伦理的方向发展，呈现出产品设计的多样化、个性化和理想化的特征。

因此，信息社会的产品设计师必须树立起高科学技术、高人文情感和高道德规范的设计理念，以适应信息社会产品特征和环境的变化。从以"硬件产品为主"的产品环境向以"软件为主导"的软硬融合的产品环境转化。

与此同时，在新技术、新材料和新工艺的支撑下，产品设计师将大胆改变工业社会批量化生产的一次性模具型设计方法，全面导入CMF（color\material\finish）的创新设计方法，使传统硬件产品以低成本高人文精神的方式实现设计更新率。只有这样，产品设计师才能够更全面地应对信息社会人们对高科技、高人文和高伦理产品的消费需求（图1-7）。

图1-7 信息时代的产品设计示例

因此，信息社会的产品设计具有以下三个重要的特征。

① 高科技。信息化社会无处不在的高科技成为这个时代的重要表征，当然产品设计也不例外。由于信息技术和数字技术的快速发展，高度的集成化使得产品体积越来越小，能耗越来越低，功能却越来越强。加上先进的制造技术，使得产品形式变得更为多样化，极大提高了产品设计的想象空间，主要表现在产品的智能化、软体化、人性化、智慧化等方面。信息社会的产品是信息技术、人工智能和自动化技术的合成体。当下我们生活中极度依赖的智能手机，以及与之相关的服务体系就是典型的例子。

② 高人文。在信息化社会，信息化淡化了产品硬件功能的可视化，强化了产品文化内涵的可视化。因此，产品的物质功能逐渐被产品的文化性所取代。以人为本的人性化设计成为信息社会赋予产品新的生命力，并成为影响人们生活品质的重要手段。在工业时代，产品设计主要是根据人的生理需要来设计产品功能，产品的工具属性比较明显。然而在科学技术和信息技术的作用下，高度智能化使得产品的工具属性被淡化，产品的人文属性被放大。在高度工业化、批量化、标准化的产品面前，人们开始怀念高人文的手工艺时代。因此，随着科学技术的发展，产品已不再是"形态服从功能"，使得"形态服从情感"成为可能。传统文化、异国文化、当下文化均可作为设计元素融入高科技产品中，并给我们带来耳目一新的感觉，并且从中获得更多的情感认同和文化洗礼，从而满足了不同消费者的个性追求。例如"国潮"风格的设计完全颠覆了中国传统文化的固有形象，使年轻的一代开始爱上了中国文化，增强了年轻一代对中国文化的认同感和归属感。

③ 高伦理。众所周知，人们是通过道德标准来规范自己的行为。然而，信息的人文属性决定了信息设计和信息使用的伦理规范和道德标准。因此，在信息社会，我们倡导将更健康的道德规范融入产品设计，有选择性的设计产品功能或者限制性设计产品功能，从信息交互的层面提升消费者行为的文明层次。这是信息社会产品设计有别于工业社会的高伦理特征。

1.3　产品设计主要流派

1.3.1 19世纪后半叶主要流派

现代产品设计从18世纪末19世纪初的第一次工业革命开始到现在已将近200年的历史。在这近200年中出现了许多流派，根据现代设计的发展进程和历史作用，这里把它们划分为19世纪后半叶主要流派、20世纪前半叶主要流派和20世纪后半叶主要流派，并进行简要介绍（若有需要，可扫码阅读相关内容）。

（1）工艺美术运动（1850—1914）

发源地：英国

该时期设计的主要特征为：在工艺方面，普遍采用简化的手工艺形式；在造型语言上，追求平滑、流畅的线形；在创作灵感方面，前期主要来源于自然的植物和动物，后期转向抽象形态、运动形态和神秘生物形态；在装饰形式方面，提倡装饰应源于结构。例如在家具设计中将钉子和榫卯融入外观设计就是典型的例子（图1-8）。

威廉·莫里斯的椅子设计

家具榫卯外观细节设计

威廉·莫里斯的桌子设计

图1-8 工艺美术运动的典型设计示例

（2）唯美主义运动（1870—1900）

发源地：英国

唯美主义运动如同工艺美术运动一样，反对装饰化的哥特式设计风格的复兴，但拒绝工艺美术运动倡导的艺术应该担负社会和道德责任的观点。他们在风格上主张高品质手工艺技术和抽象几何形的装饰形式，从中我们可以感受到那种单纯的、规整线形的日本设计风格的影响，并混杂着某种安妮女王和前拉斐尔派风格（图1-9）。

图1-9 唯美主义运动的典型设计示例：
路易斯·康福特·蒂芙尼的台灯设计

（3）日本风（1872—1941）

发源地：法国

日本风的格子结构设计风格为20世纪欧洲的现代主义设计提供了重要的审美取向，使欧洲设计注入了日本精致、细腻和内敛的设计格调。日本风在装饰题材方面主要是以自然的动物、昆虫和植物为主。在装饰风格方面主要采用的是以二维图案和简单色块设计为主，整体的视觉效果比较清新、简约和雅致（图1-10）。

日本风餐具设计　　　　　日本风家具设计

图1-10 日本风的典型设计示例

（4）新艺术运动（1880—1991）

发源地：法国

新艺术运动主张抛弃历史主义，提倡设计应引入新的形式，特别是重视大工业生产方式的应用，并注重用自然元素作为设计创作的灵感来源（图1-11）。在形态语言上比较强调有机曲线的运用，如螺线形、叶状形、几何形等较为复杂的线条。在风格特征上受到"日本风"的影响，尤其是在平面设计作品中。

麦金托什的家具设计　　　　　储物盒设计　　　　　烛台设计

图1-11 新艺术运动的典型设计示例

（5）现代主义运动（1880—1940）

发源地：欧洲

现代主义运动认为：设计是促进民主的工具，能够用来改变社会。现代主义运动把过度装饰与社会堕落联系起来，强调理想的设计质朴美。在形态语言上特别关注新材料和新技术的运用，反对过度装饰，追求形式服从功能（图1-12）。

勒·柯布西耶设计的萨伏伊别墅

图1-12 现代主义运动的典型设计示例

（6）美术派（1885—1920）

发源地：法国

美术派风格融入了文艺复兴思想，是一场对古希腊和古罗马建筑风格的传颂和传承运动。巴黎美术学院是创造美术派的唯一学校。该运动的拥护者认为"美"是对社会秩序进行控制的有效工具。因此他们推崇建筑设计应采用古典手法，运用石材建造宏大纪念碑式建筑，并且通过巨大的楼梯和拱门设计对社会进行美的教育与掌控（图1-13）。

图1-13 美术派的典型设计示例：雷蒙德·胡德设计的洛克菲勒中心

（7）青年风格（1890—1910）

发源地：德国、斯堪的纳维亚半岛

青年风格倡导用本国民族艺术审美观念去解读新艺术运动，并认为重视自然元素运用的设计才是提升设计品质和促进社会进步的手段。在设计形式上，提倡几何形、自然形和不加装饰的设计；在设计方法上强调从科学和技术进步中得到灵感。青年风格的设计充满活力，所呈现出的简洁感，在今天看来，具有惊人的现代感。在青年风格的影响下，当时的应用艺术工场普遍致力于制作和生产体现本国民族特色的实用型家居用品（图1-14）。

椅子设计　　　　　　　　　　椅子设计

图1-14 青年风格的典型设计示例

（8）布道院风格（1890—1920）

发源地：美国

布道院风格受到英国工艺美术运动的启发，对手工艺品质感在设计中的体现倍加重视。大胆的直线应用、精巧的木工细部表现和简朴的风格设计是该流派的主要特征（图1-15）。

图1-15 布道院风格的典型设计示例：古斯塔·斯蒂格利的家具设计

（9）分离派（1897—1920）

发源地：维也纳

分离派拒绝接受官方艺术学院的保守标准。他们提倡选择追求自己的创造性见解，并形成一个相对独立的设计群体。"分离派"十分重视建筑和装饰艺术的结合。分离派早期作品是以新艺术运动的风格为主，后期更多地选择了直线和几何抽象图形作为设计的装饰元素（图1-16）。

科罗曼·莫塞尔的椅子设计 古斯塔夫·克里姆特的绘画

图1-16 分离派的典型设计示例

1.3.2 20世纪前半叶主要流派

（1）维也纳工作同盟（1903—1932）

发源地：维也纳

维也纳工作同盟把提升设计师和工匠之间的平等关系作为自己的中心责任，主张设计师和工匠共同合作才是提高设计品质的根本。在设计形式上，第一次世界大战前主要是以抽象造型和几何形态为表现主题（图1-17）。战后受到了17世纪巴洛克风格的影响，更多地偏向富贵华丽的设计风格。

躺椅设计 　　　　　椅子设计

图1-17 维也纳工作同盟的典型设计示例

（2）德意志制造同盟（1907—1934）

发源地：德国

德意志制造同盟坚守道德和审美对设计的重要性，主张朴素的、不加装饰的设计形式。德意志制造同盟率先提出了标准化和注重功能的设计理念（图1-18），对后来的包豪斯学派产生了重大的影响。

（3）未来主义（1909—1944）

发源地：意大利

未来主义首次将艺术作为

水壶设计 　　　　　风扇设计

图1-18 德意志制造同盟的典型设计示例

商业活动来进行运作和管理，并提出了将技术进步作为开启设计创作的新动力。未来主义认为先进的技术是增进创意活力和设计创新意识的重要因素（图1-19）。例如，马里内蒂的印刷样式，大胆抛弃了传统的语法、标点符号和字体，创造了一种生动的、图画式设计形式，在当时产生了巨大的影响。

福图纳托·德佩罗的图形设计 　　　　　圣泰利亚的建筑设计

图1-19 未来主义的典型设计示例

（4）装饰艺术运动（1910—1939）

发源地：法国、美国

装饰艺术运动主要受到了服装设计和时尚的影响，崇尚旅行情结，对几何感、速度感、色彩感和奢侈感的华贵设计手法情有独钟（图1-20）。与此同时装饰艺术运动受到了阿兹克人、埃及人装饰风格和手法的影响，在设计形式上追求明亮的颜色、锋利的边线、圆滑的棱角、昂贵的材料等。装饰艺术运动的设计师们热衷的材料有有色琉璃、瓷釉、象牙、铜和磨光的石头。

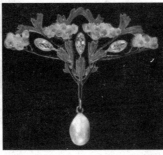

图1-20 装饰艺术运动的典型设计示例：勒奈·朱尔斯·拉立克的珠宝设计

（5）捷克立体主义（1911—1915）

发源地：布拉格

捷克立体主义是在新艺术运动影响下，发生在布拉格的一场虽然短暂但很重要的现代艺术运动。捷克立体主义风格是在分离派和立体派风格的启发下，在形式上形成了以尖形、断面和晶体为主要设计元素的前卫形象，风格特征十分明显，但可变化的空间并不大，所以延续的时间较短（图1-21）。

（6）漩涡主义（1912—1915）

发源地：英国

漩涡主义运动是英国唯一的一场对欧洲现代主义运动有独特贡献的设计前卫运动。由于漩涡主义在版面设计上的大胆创新，因此被认为是20世纪20—30年代在图形设计改革方面的先驱运动之一。漩涡主义运动价值主要是对垂死的、沉闷的维多利亚风格展开了明确的抵制，创造出了一种具有鲜明视觉特征的新几何抽象语言（图1-22）。

椅子设计　　　　　建筑设计

图1-21 捷克立体主义的典型设计示例

爱德华的眩晕船　　　爱德华的抽象画

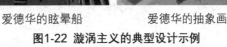

图1-22 漩涡主义的典型设计示例

（7）达达主义（1916—1923）

发源地：苏黎世

达达主义十分注重新材料、新观念和新型人类的生活方式对设计的影响，因此在艺术创作和设计样式上非常前卫，表现出了空前的探索性和无政府主义倾向。在图形设计和印刷品设计方面，达达主义大胆废弃了传统的形式和观点，强调文字和图画之间的紧密关系，重视多种字体与粗细线条的组合和蒙太奇效果的应用（图1-23）。

（8）风格派（1917—1931）

发源地：荷兰

风格派在思想上排斥自然外形和自然主题，是几何形抽象主义的推崇者。在设计形式上，风格派强调简约风格、关注设计结构与功能之间抽象的逻辑关系（图1-24）。

装置《自行车轮》

图1-23 达达主义的典型设计示例

吉瑞特·托马斯·里特维德的红蓝椅设计　　蒙德里安风格的现代衍生品设计

图1-24 风格派的典型设计示例

（9）包豪斯（1919—1933）

发源地：德国

"包豪斯"的目的是引导和训练艺术家转向工业产品设计和建筑设计方向。认为设计得益于艺术和技术的统一。"包豪斯"在设计风格上反对装饰主义，崇尚实用主义（图1-25）；在教学上倡导进步的、实验性课程和创新的实践性教学，倡导"形式服从功能"的现代主义设计理念。

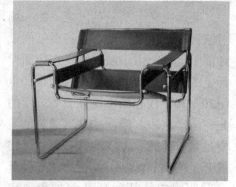

图1-25 包豪斯的典型设计示例：马歇尔·布劳耶设计的"瓦西里"椅

（10）现代派（1920—1940）

发源地：美国

现代派是指20世纪20—30年代流行于美国的一种装饰设计风格。其思想基础是崇尚用机器化美学符号来修饰产品的实际功能和制作痕迹（图1-26）。现代派倡导以夸张的艺术手法，大胆强调机器的装饰性外表。在形态上，现代派

图1-26 现代派的典型设计示例：怀特·多文·蒂古的相机设计

以流线型和几何形为主要设计语言；在材料工艺上，以玻璃和镀铬合金为主。

（11）构成主义（1921—1932）

发源地：苏联

构成主义所推崇的是以工业生产为基础的设计思想。在他们的设计作品中，为了便于机器生产，多采用几何的、精确的、参数化的设计语言。构成主义在形式上，提倡用扁平化直线造型、动态化律动构图和最小化有效空间来创造人类的品质化生活（图1-27）。在材料上，构成主义设计师擅长使用玻璃、钢材、塑料等现代材料。

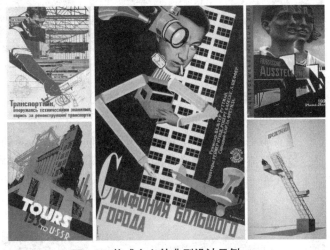

图1-27 构成主义的典型设计示例

（12）超现实主义（1924—1930）

发源地：法国

超现实主义是从达达主义的无政府主义观点中发展而成，在思想上受到了弗洛伊德理论的启发。它是建立在潜意识美学基础上，具有政治倾向的一场艺术运动。超现实主义在表现手法上擅长采用现有的现实物体进行梦幻般的再现描绘，将极为平常的现实物体精心组合构造和设计出超乎平常的新颖的超现实形象（图1-28）。

图1-28 超现实主义的典型设计示例萨尔瓦多·达利设计的沙发"红宝石之唇"

（13）理性主义（1926—1945）

发源地：意大利

理性主义运动是一场建筑设计领域的运动。其思想基础是崇尚建筑设计构造上的逻辑性和实用性，排除任何不必要的装饰（图1-29）。在设计形式上，他们擅长采用锐利的几何外形和具有现代感的材料（如管状、镀铬合金金属，玻璃和混凝土等）。与此同时热衷于在建筑物中采用功能性极强的观景窗，并用观景窗作为建筑独特外观的构成元素。

图1-29 理性主义的典型设计示例：吉诺·波利尼的建筑设计

（14）流线型风格（1930—1950）

发源地：美国

当实用主义致力于把物体拆开的时候，整体无缝的流线型成为赢得市场青睐的最好选择，这就是流线型风格产生的思想基础。流线型风格的主要特征是在空气动力学原理的基础上，大量采用圆润、平滑的流线造型和水滴般流动形态作为产品外观的设计语言（图1-30）。

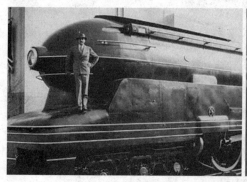

图1-30 流线型风格的典型设计示例：雷蒙德·罗威设计的火车头和汽车头和汽车

（15）有机设计（1930—1960；1990年至今）

发源地：美国、欧洲

有机设计的中心思想是指：产品个体元素（例如家具）应该在视觉上和功能上与它们所处的室内环境和整个建筑融为一体。因此，有机设计倡导设计应和周围环境相协调。特别是有机设计在新材料、新工艺和新电脑辅助设计技术的启发下，不断探索和寻求产品外形上的精妙，鼓励使用自然材料和人工合成材料（例如容易形成有机形状的塑料），在外观形态表现上，以柔和流畅的线条和雕塑般的造型语言为主（图1-31）。

图1-31 有机设计的典型设计示例：伊姆斯夫妇设计的家具

（16）国际主义风格（1933—1980）

发源地：美国

国际主义风格是前包豪斯学派的设计师们到了美国后发展出来的一种设计风格。可以说是包豪斯的延续。国际主义风格保留了包豪斯实用主义的核心内容，并且把现代技术和现代主义设计原则进行了良好结合。从全球化的设计评价体系看，国际主义风格几乎成了"优秀设计"的同义词。他们倡导简朴的、实用主义的、不加装饰的设计，崇尚雕塑般的外形，善于应用大工业材料（图1-32）。

范斯奥斯住宅 　　　　　　　　　　　　巴塞罗拉椅

图1-32 国际主义风格的典型设计示例

（17）生态主义（1935—1955）

发源地：欧洲

生态主义的主要思想是以关注地域生态环境和支持城市生态发展为目标，提倡生态主义的美学。在设计形式上，生态主义重视自然形态和高科技材料相结合；在形态语言上，热衷于拉长的植物外形、不对称的有机图形和自然元素的相互融合（图1-33）。

图1-33 生态主义的典型设计示例：勒·柯布西耶的建筑设计

（18）斯堪的纳维亚风格（1936年至今）

发源地：丹麦、芬兰

斯堪的纳维亚风格的主要特征表现在对自然材料（例如木材和皮料）的热爱和尊重方面。特别是在纺织品和家具方面，斯堪的纳维亚风格更具有冒险精神，他们擅长采用风格强烈的丝网印刷样式和颜色，具有较强的当代艺术色彩。在形式上，主要善于运用金色的木

布艺设计 　　　　　　　　　地毯设计

图1-34 斯堪的纳维亚风格的典型设计示例

材纹理、清晰的线条和简朴的雕塑般造型（图1-34）。

（19）当代风格（1945—1960）

发源地：英国

当代风格的特征主要表现在轻便的、富有表现力的家具中，如以轻薄的金属管、浅色的木材和三维科学结构模型为特点的设计。在形式上，多采用有机的、大钉子形状态和明亮的颜色为主要设计语言（图1-35）。

图1-35 当代风格的典型设计示例：
芭芭拉·赫普沃斯设计的雕塑

（20）瑞士风格（1950—1970）

发源地：瑞士、德国

瑞士风格的主要特征是在网格结构上进行不对称的设计，并保证平面设计视觉上的整体感和统一感。瑞士风格提倡平面信息传递的清晰性和真实性，将清晰有序地传递信息作为信息传达的最高目标（图1-36）。在设计形式的表现上，善于使用蒙太奇照片、无饰线字体、白色空间和直观的摄影。

图1-36 瑞士风格的典型设计示例

（21）波普艺术（1958—1972）

发源地：美国、英国

在大众消费主义和流行文化的影响之下，波普艺术公开质疑所谓的优良设计规则，并反对现代主义的理性价值观，更多地强调乐趣性、变化性、多样性、轻松性和任意性（图1-37）。他们遵循的评价标准就是"喜欢就好"，忽视产品的耐久性，注重产品的消耗性，所以完全不排斥那些便宜的、低质量的产品解决方案。主要的形象语言：明亮的彩虹色、大胆的夸张形态和廉价的塑料材质。

图1-37 波普艺术的典型设计示例：安迪·沃霍尔与他创作的《梦露》

1.3.3 20世纪后半叶主要流派

（1）太空时代设计（1960—1969）

发源地：美国

太空时代设计风格的主要形式语言受到苏联和美国之间的太空竞赛影响，以太空元素为主。在外观形式上太空时代设计热衷于使用白色、银色及反光的表面处理和豆荚形未来派的造型（图1-38）。

图1-38 太空时代设计的典型设计示例：艾洛·阿尼奥的太空椅设计

（2）欧普艺术（1965—1973）

发源地：美国、欧洲

欧普艺术主张用简洁的几何外形来模仿和表现物体的运动感。作为波普艺术的竞争对手，欧普艺术对20世纪60年代的图形设计和室内装潢设计等方面产生了重大的影响，特别是在家具和墙纸的设计上，欧普艺术风格的设计

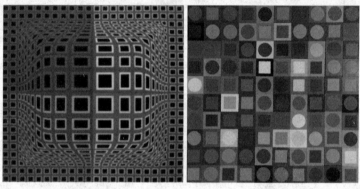

图1-39 欧普艺术的典型设计示例：维克托·瓦萨雷里创作的动感图像

大胆采用了波纹图案、黑白色彩和同心圆符号等动感设计手法，形成了特征明显的视觉效果（图1-39）。

（3）"反设计"运动（1966—1980）

发源地：意大利

"反设计"运动是一场源于反对意大利新现代主义的形式主义运动。"反设计"运动的倡导者认为：设计应该关注整体环境，而不是单个的物体；设计应该扮演好文化角色和政治角色，而不只是单纯的功能性物件。他们刻意采用强烈的色彩、

红酒开瓶器设计

沙发设计

图1-40 "反设计"运动的典型设计示例

夸张的比例、讽刺手法和粗劣的作品来破坏意大利新现代主义设计的常规形式和功能性（图1-40），其目的是质疑意大利新现代主义所谓的设计品位和所谓的意大利新现代主义的"优良设计"理念。

（4）极简主义（1967—1978）

发源地：纽约

极简主义在形式上，热衷于采用纯粹的几何形体、明晰的色彩体块和干练的格子构图，竭力追求极其简单的、整齐匀称的造型设计（图1-41）；在设计气氛营造上，他们善于应用灯光叠影，为"极简"的设计创造出丰富多变的艺术感。

图1-41 极简主义的典型设计示例：安藤忠雄设计的上海保利剧院

（5）高科技派（1972—1985）

发源地：美国、英国

高科技派在形式上尝试在非工业环境里采用工业材料，并把现代主义"形式服从功能"的格言形式化和可视化。在设计形式上善用简约的形态语言、纯朴的工业材料和强烈的科技元素，将产品功能以形式语言的方式外显，成为形式语言的一部分（图1-42）。

（6）后工业主义（1978—1984）

发源地：英国

图1-42 高科技派的典型设计示例

后工业主义是指出现在大批量工业化生产结束后的英国的一种后现代设计思潮。后工业主义热衷于特定市场的个人定量和定制的生产方式，他们不害怕社会的负面议论和批评，强调独特设计，赞美后工业时代的反叛思想，反对现代主义的那种过度理性化、没有精神内涵的秩序和组织。后工业主义以绝版、限量版的设计定量生产。他们善于使用未加工的、未完成的和工业产品的现存品作为蓝本进行再利用和再设计（图1-43）。

图1-43 后工业主义的典型设计示例：罗恩·阿拉德设计的椅子

（7）后现代主义（1978年至今）

发源地：意大利

后现代主义是一场规模庞大的反对现代主义设计中理性主义思想的设计运动。其主要思想是质疑现代主义运动中缺乏人文精神的过度强调设计逻辑性、简洁性和秩序性的"功能至上"的设计思想。后现代主义在设计形式上努力打破现代主义的视觉惯性，提倡设计审美与大众审美相融合，高雅艺术与平民艺术相融合，产品功能性与产品象征性相融合，消费者的生理需求和精神需求的融合，设计应该更多地关注人文因素的作用（图1-44）。

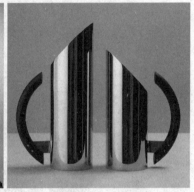

灯具设计　　　　　　　　水壶设计

图1-44 后现代主义的典型设计示例

（8）加州新浪潮（1979年至今）

发源地：意大利

美国加州新浪潮指的是20世纪70年代末出现的平面设计上的后现代主义风格。美国加州新浪潮的灵感来自电子媒体设计的新技术和新形式，在设计方法上由于美国苹果电脑和相关软件的支持，开创了分解构图的、拼贴叠加的、多层过滤的视觉语言（图1-45）。

图1-45 加州新浪潮的典型设计示例：宝拉·雪儿的平面设计

（9）孟菲斯派（1981—1988）

发源地：米兰

孟菲斯派指的是一群以米兰家具和工业产品设计师发起的将后现代主义思想可视化的设计流派。他们的作品在20世纪80年代国际设计界占据了主导地位。孟菲斯派以包容的态度融合了各种设计风格，在设计语言上色彩大胆，造型粗犷，对当时含糊不清的后现代主义思想和理论给出了自己的定义（图1-46）。

椅子设计　　　　　　　　边桌设计

图1-46 孟菲斯派的典型设计示例

（10）解构主义（1988年至今）

发源地：法国

解构主义在设计形式上，善于使用破坏的、参差不齐的形式；在设计表现手法上，善于使用多层次的、扭曲的几何形状；在装饰语汇上，反对一切传统的装饰语言，形成了自己独有的、视觉效果鲜明的装饰风格（图1-47）。

公共坐具设计　　　　　　　建筑设计

图1-47 解构主义的典型设计示例

1.4 产品设计相关概念

1.4.1 产品设计研究

就设计研究而言，可分为三种类型，即产品设计理论研究、产品设计应用研究和产品设计基础研究。

产品设计理论研究，简单地说就是"关于产品设计"的研究。主要的研究范围是产品设计的史论，产品设计的本体论、认识论和方法论等设计哲学内容，以及产品语意学和非物质性的设计内容。

产品设计应用研究是指"为了产品设计"的研究。主要的研究范围是用户研究、易用性研究、通用性研究、CMF设计研究、交互设计研究和服务设计研究等诸多商业性研究。其研究的目的是为后续的产品开发设计确定设计方向和概念方案。

产品设计基础研究是指"通过产品设计"的研究。该类研究带有强烈的实验性和探索性。主要的研究范围是以具体的设计应用为主线，在具体的设计实践过程中，采用以发现问题、分析问题和解决问题为导向的思考性和实施性相结合的研究方式。其研究目的是为更好地完成设计项目，寻求物质性参数模型、精神性原理形态和创造性结构节点等。

1.4.2 产品设计教育

产品设计教育与设计学科的形成和分类有直接的关联。就设计学科的分类而言，目前并没有一个全球统一的分类。在高等教育中，从20世纪上半叶以来，与设计相关的传统艺术与手工艺专业（即工艺美术专业）是以不同材料和不同加工工艺为基础来设置相关的设计课程。例如陶瓷、家具（木材）、漆器、玻璃、染织等。而如今随着时代的变化，出现了区别于传统手工艺学科的设计学科。从现代设计学科的现状来看，可以分为以下主要的专业方向：产品设计、交通工具设计、时装设计、环境艺术设计、视觉传达设计、艺术与科技（展示设计）、数字媒体、现代手工艺、玩具设计等。

在教育界，产品设计和工业设计在专业方向上长期以来比较接近亦比较混淆。"工业设计"一词的运用相比较"产品设计"更为学术化。但从行业的角度，"工业设计"无论是对国内还是国际的大众和政府官员还比较模糊和陌生。因此，当我们看到各式各样的、以产品类型为依托的行业协会时，如家具行业协会、家电行业协会、汽车行业协会等，就会认为他们都应该属于工业设计行业，这就是误区。

其实真正的"工业设计行业"不应该是以产品类别来区分的，而应该是以产品设计特有的服务方式、技术手段、经营模式作为行业或专业的立业之本。在类型上应该有别于产品制造业，隶属于服务业。

严格地说，工业设计只是产品设计中的类型之一，即工业社会大工业生产的产品类型，对产品设计而言，其实还包含其他类型的产品，例如后工业时代的信息产品、先进制造的3D打印产品，以及现代手工艺的产品等。特别是在当今的语境下，人类社会已经开始进入后工业时代，进入了信息社会，今天的产品已远远超出了原先定义，设计也开始涉及许多超出了大工业生产的产品领域，如信息交互设计、服务系统设计和线上虚拟产品设计等。因此，本书并没有采用工业设计作为讨论的对象而是采用了包容性更大的产品设计作为讨论对象。

今天的产品设计教育包括：消费产品设计、耐用产品设计和信息产品设计。有些院校还将交通工具设计包括其中。当然也有些设计院校，根据交通工具设计的复杂性和独特性，将交通工具设计作为独立课程来设立。如英国皇家艺术学院和美国艺术中心等。

1.4.3 产品生命周期

产品市场寿命周期是市场营销学中的重要概念，也是企业制定新产品决策的重要依据。研究产品市场寿命周期，可以使设计师更好地了解产品的商业属性和发展趋势，便于设计师针对产品寿命周期不同阶段的特征制定设计策略，有效控制产品的销售品质。与此同时，产品生命周期理论还可以指导企业适时地开发新产品，淘汰旧产品，提高产品的竞争能力。

（1）产品生命周期及再循环理论

任何一种产品在市场上的销售地位和获利能力都处于变动之中，随着时间的推移和市场环境的变化，最终将不被用户采用，被迫退出市场。这种市场演化过程也与生物的生命历程一样，有一个诞生、成长、成熟和衰退的过程。因此，所谓产品生命周期，就是产品从进入市场到最后被淘汰退出市场的全过程，也就是产品的市场生命周期。

产品生命周期（图1-48）一般分为五个阶段：设计研发阶段、产品市场导入阶段、市场成长阶段、市场成熟阶段和市场衰退阶段。

① 设计研发阶段是指产品设计生产过程，企业处在投资阶段。

② 产品市场导入阶段是指在市场上推出新产品，产品销售呈缓慢增长状态的阶段。在此阶段，销售量有限，且由于投入大量的新产品研制开发费用和产品推销费用，企业几乎无利可图。

③ 市场成长阶段是指该产品在市场上迅速为消费者所接受、成本大幅度下降、销售额迅速上升的阶段，企业利润得到明显的改善。

④ 市场成熟阶段是指大多数购买者已经购买该项产品，产品市场销售额从显著上升逐步趋于缓慢下降的阶段。在这一持续时间相对来说最长的阶段中，同类产品竞争加剧，

为维持市场地位，必须投入更多的营销费用或发展差异性市场。由此，必然导致企业利润趋于下降。

⑤ 市场衰退阶段是指销售下降的趋势越来越明显，而利润逐渐趋于零的阶段。

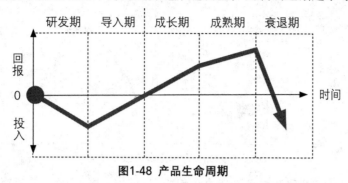

图1-48 产品生命周期

产品生命周期是现代营销管理中的一个重要概念，是营销学家以统计规律为基础进行理论推导的结果。作为一种理论抽象，"产品生命周期"同经济学中"纯粹竞争"概念一样，是一种分析归纳现象的先导和工具。市场营销学者研究了数百种产品后，推出六种不同的产品生命周期曲线，其中最典型的是"循环—再循环型"。这种再循环生命周期是厂商投入了更多的销售推广费用，采用降价或优惠的营销策略等的结果。图1-49展现了这种再循环型。

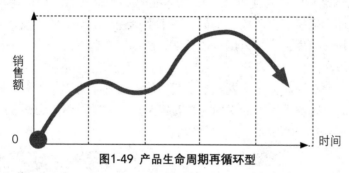

图1-49 产品生命周期再循环型

另一种是"扇形"运动曲线，也称多次循环形态。多次循环的出现绝非仅求助于营业推广费用的增加，而是在产品进入成熟期以后，在产品销售量未下降以前，厂商通过进一步发展新的产品特性，寻求产品新的用途，或者改变企业的营销战略，重新树立产品形象，开发新的市场，使产品销售量从一个高潮进入一个新的高潮。当然，这种多次循环还是从相对意义上解释的。图1-50表示了多次循环型。例如电脑鼠标，从开始简单的有线两键鼠标，经过三键、四键、红外无线，一步一步发展到电子无线、带读卡器鼠标等。

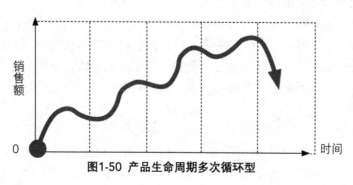

图1-50 产品生命周期多次循环型

再有，大多数时髦商品呈非连续型循环（图1-51），这些产品一上市即热销，而后很快在市场上销声匿迹。厂商既无必要也不愿意作延长其成熟期的任何努力，而是等待下一周期来临。例如红极一时的商务通、呼啦圈、背背佳等。

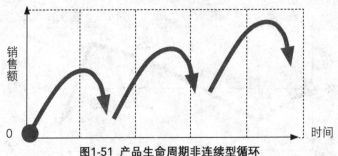

图1-51 产品生命周期非连续型循环

（2）产品种类、产品形式及品牌生命周期

产品生命周期理论对分析产品种类（手机）、产品形式（智能手机）、产品品牌（华为），其适用程度有显著差异。

一般而言，产品种类具有最长的生命周期，许多产品种类如汽车、冰箱、电脑、空调、家具的销售成熟阶段可以无限期地延续下去，其生命周期的变化与人口增长率成正比例关系。

产品形式比产品种类能够更准确地体现标准产品生命周期历程，逐次通过研发、导入、成长、成熟和衰退期五个阶段。例如，数字手机经历了典型的产品生命周期的五个运动阶段，它在经历了研发期、导入期、成长期、成熟期之后，由于智能手机的问世，便进入衰退期，被用户淘汰出市场。

品牌相对于前两种形式而言，则显示了最短的生命周期历程。一般品牌的平均寿命周期为三五年，知名品牌的平均寿命周期为十五年左右，其发展趋势是逐渐缩短。

例如20世纪家喻户晓的手机品牌"爱立信"、胶卷品牌"柯达"都早就退出了市场。

再例如英国和法国联合研制的先进的超音速"协和"飞机，于1976年开始投入营运，其中法航有5架，英航有7架，由于高额的运营成本和

图1-52 超音速"协和"飞机

长期的亏损，到了2003年不得不退出了历史舞台。见图1-52。

虽然这也不是绝对的，也有经久不衰的老字号知名品牌。例如我国的同仁堂、比利时的菲利浦、美国的可口可乐、英国的劳斯莱斯。这些品牌的市场寿命周期甚至超越了产品形式的周期。品牌生命周期所显示的另一个特点是不规则性。这是因为市场需求的变动，竞争品牌的加入和竞争者策略的改变而大起大落，有时甚至可以使已进入成熟期的品牌进入快速增长阶段。

（3）理想的产品生命周期形态

对产品生命周期的一般形态，西方市场学者戈德曼和马勒做了较为系统和深入的研究，对发展一种理想的产品生命周期形态提出了一些有价值的设想和意见（图1-53）。

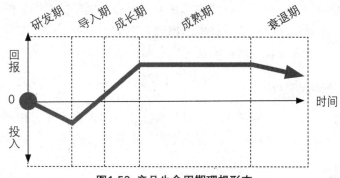

图1-53 产品生命周期理想形态

理想的产品生命周期形态，一般具有以下特征：产品设计研发期短，使公司的新产品研制开发费用较低；导入期和成长期短，使产品销售额和利润迅速增长，很快进入高峰，这意味着在产品生命初期即可获得最大收入；成熟期可以持续相当长的时间，这实质上延长了公司的获利期和利润数额，这一趋势对公司极为有利；衰退期非常缓慢，销售和利润缓慢下降，而不是突然跌落，使公司措手不及。当然实现最佳生命周期形态，需要企业配合最佳的营销战略、战术。

具体来说，公司在市场上推出新产品时，可以根据影响每一阶段长度的因素来预测产品的生命周期形态。例如，在设计研发阶段，不同类型产品会有很大差异，譬如，新型纯净水瓶、新型家具等，只在原有产品基础上进行某些革新改进，不需要很长的研发设计时间，投入的费用也较少，因而可能很快经过导入期。而高技术产品研制开发期较长，成本工程费用也很高，因而会以缓慢的速度经过导入期。如汽车、高科技产品。

当然这一阶段的理想状态是越快越好。快速度过导入期的条件是：不需要重新建立配销渠道和运输、服务等一系列新的基础结构；经销商对新产品具有高度的信心，愿意接受和推销新产品；消费者对新产品抱有极大的兴趣，早已在等待购买，并予以充分的肯定等。这些条件较多地适用于我们所熟悉的消费品，对高科技产品不甚有效。高科技产品一般需要较长的导入和成长期。成熟期是产品生命周期中的阶段，经历的时间越长越理想，对企业越有利。如果顾客需求和产品质量相对稳定，企业在市场上又处于领先地位，这意味着企业会通过一个理想的漫长的成熟期，从而可以获取满意的收益。最后理想的衰退期是产品缓慢退出市场，导致衰退时间缓慢的主要原因是：消费者的需求和产品技术变化缓慢；消费者的品牌忠诚度越强，衰退率越低；另外，竞争者退出市场的障碍越低，其撤退速度越快，这些也会降低留在本行业中的公司的衰退率。

根据上述原因，可以看出，许多高科技产品失败是因为公司面临着非常困难的产品生命周期，最不理想的产品生命周期曲线见图1-54。

由于产品研制开发时间长，相应地要付出高额成本，并且成长期长、成熟期短、衰退快。例如，提高人们各类现金支付的便利性和安全性，高技术企业投入了大量的时间和成本研制开发

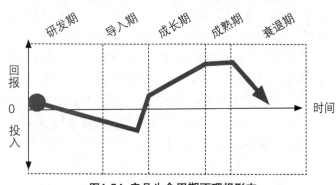

图1-54 产品生命周期不理想形态

出了芯片卡支付的相关产品和系统，然而芯片卡支付产品化经过相当长的导入期才开始让用户所接受，但是随着智能手机支付技术的出现，使得芯片卡支付在市场上的持续时间非常短暂，在我国几乎已进入衰退期。这就是典型的产品生命周期的不理想形态。

1.4.4 产品设计师特质

对于产品设计而言，设计师属于一个具有自己特质的人群，他们在创造力、洞察力、求新力、审美力、表现力和市场预测力方面都需要有超出常人的能力，这是作为设计师必备的特质。

（1）设计创造能力

设计师必须具有构思的灵气和创造的能力。这一点是设计师必备的关键特质。这一特质能够使设计师在遇到设计案例时产生超群的奇思妙想，并凭借扎实丰厚的知识和技术，使其真正具有创造性的设计能力，使设计始终保持面貌一新的感觉。当然这一特质需要在不断的学习中积累，不断的实践中形成，不可能一蹴而就。

（2）设计洞察能力

人类社会环境不断发展变化，设计师必须具备超常的洞察能力。超常的洞察能力使设计师能够敏锐地观察到周围环境的变化、捕捉到新出现的文化现象和生活方式，以超出常人的眼光观察理解我们周围还有哪些方面尚未能达到人们真正需要的事和物。当然这种能力的形成，虽有先天的因素，但更重要的还是靠后天的培养。

（3）设计求新能力

作为设计师，周围的一切都能唤起其注意力和好奇心，博览、多问、勤思考，追根究底、求寻事物的真谛是设计师必须具备的求新能力。从不起眼的生活小事到新材料、新工艺、新思潮、新科技、新方式的出现都是引发新设计的源泉。

（4）设计审美能力

设计师对人造形态的审美能力必须比一般人高。因为只有高的审美眼界，才能设计出具有超前意识和高品位的人造形态，从而引导和提升消费品质。审美能力的提高，要依靠平时多方面艺术修养的培养和设计专业知识的积淀，特别是需要经常有意识地留心观察身边各种成功或失败的设计案例，并在其中总结成功的经验和失败的教训。这样才能做到出手不凡，使自己的设计表现形态在具备弄潮性的基础上大雅不俗。

（5）设计表达能力

设计师只有把自己的创意表达出来才具有商业意义，否则只是空想，即无法使设计构想付诸实现。

设计表达主要可分为两方面。一方面是把自己的创意与同仁交流。另一方面是把自己的创意同顾客交流。这两种交流的方式有质的区别。

第一种交流的目的是设计思维发展的辅助手段，采用的是设计师独有的特殊语言，即设计草图。设计草图不是艺术，是设计过程的交流语言。

第二种交流的目的是设计形态及创意的直观表达。采用的是通用性的视觉形象语言，常见的方式是直观的、逼真的效果图，设计数据和实物模型。这种语言近年来因各类技术发展迅速，更新也快，效果也越来越好。设计师应不断学习跟上时代。

（6）市场预测能力

设计师应随时关注市场的需求变化，在系统调查的基础上，形成逻辑推理和科学预测的能力。这种预测能力不是凭空杜撰而是依托系统的市场调查，它不仅仅是通过单纯的数字统计，更重要的是建立在市场社会学的基础上，有针对性地分析不同的社会环境、消费群体及消费心理，其中特别应考虑到不同消费者群体的性别、年龄、文化水平、生活习惯、经济收入及生活环境诸因素，以便根据特定的需求进行市场预测，使设计能够满足不同消费者的需求，从而保证投资者的利益。

1.4.5 未来设计观

未来设计将怎样发展变化？未来设计的目的将是什么？未来设计评价的标准将如何变化？未来设计对人类的发展将意味着什么？在过去的百年间，现代"产品设计"在丰富了我们物质生活的同时也在许多方面畸形地塑造了人类自身，今天看来，工业时代的现代设计的确存在着这样和那样值得我们反思的地方。

（1）工业文明

人类精心设计和创造的高度发达的"工业文明"，给人类带来了值得骄傲和陶醉的辉煌业绩。然而同时，在全球范围内制造了大量的垃圾和负荷，严重破坏了生态的平衡，给人类带来了无法弥补的遗憾。而这种破坏的进一步恶化已是不可避免。这一点已得到了全球范围的认同。唯一我们能做的，只是希望这种破坏的进一步恶化能在我们清醒的意识下发生和放缓，不至于成为突如其来的灾难。因此，为了避免绝境的发生，我们必须对自己的所作所为更加敏感，更加人性，更加道德。

"现代工业"的危机使我们开始怀疑"现代设计伦理"的正确性。特别是"现代设计"一味地、盲目地求新、求异、求变化，并且盲目追求最大限度地刺激消费，是"工业文明"悲剧的根源。新世纪设计应该有新的设计伦理规范，从而避免和减缓这些悲剧的发生，在设计文明的基础上将建立人类健康的、可持续发展的生存之道。设计的重点将是最大限度地节省资源，减缓环境恶化的速度，降低消耗，满足人类健康的生活需求而不是欲望，在提高人类物质生活质量的同时全面提升人类精神生活的品质。

（2）设计文明

未来设计首先要考虑下列问题：产品能否从长期意义上改善人类生存空间和环境？能否有助于维护全球性生态平衡及品质？是否能有效地控制产品的过剩生产和减少浪费？因此，展望未来，设计文明将优化现代工业"文明"，"少而优/Less but better"将是设计的新的伦理规范和哲学思想。

刺激消费的设计观念，几乎成了现代设计唯一的评判标准和伦理规范。这正是能源浪费、资源破坏、生态失调的根源。为此我们有必要建立和倡导合理的消费观念，形成健康的设计评判标准和伦理规范。节约能源，保护资源，平衡生态，维护人类及社会的健康发展是新世纪的设计观。

当然，新的"设计观"不能只停留在理念层面，不能只是一种良好的愿望、一种时髦的言辞，而应付诸实践，落实到设计的各个环节中从而引导和创造人类更为合理的生活方式。只有这样，新的设计观才有意义。

例如，用新的设计观来看待"耐用产品的循环利用"问题，不难发现，真正意义上的"循环利用"不能仅停留在材料本身的回收利用上，而应向更高更宽的层面发展。要在人类可持续发展人文思想的指导下，有机结合不断进步的科学技术环境，与时俱进地展开设计触点的创新与更替。例如，耐用产品自行车原先是我国家庭拥有量极大的产品之一，然而从新的设计观出发，自行车已经打破了被全权销售的传统方式，出现了大量的产权仍归生产厂家、消费者只需购买使用权的公共自行车。很明显，这一设计触点的改变，也完全改变了自行车循环利用的生命轨迹。当产品使用中出现老旧和损坏现象时，将由企业方进行翻新、维修，再次投入使用直至报废作为材料回收再利用，大大提升了自行车循环利用的使用品质和延长了产品的生命周期。

新的设计观正在悄然改变我们对耐用品的理解和认识，同时亦在改变设计师对耐用品的设计触点。正在将以刺激消费（资源滥用）为重点的设计旧观念引向以合理消费（资源耐用）为核心的设计新观念。新的设计观在未来将成为每一个设计师、设计教育家、设计团体及生产厂家的责任和义务。

因此，未来的产品"设计观"将着眼于健康的人文环境与进步的科技环境有机融合，其触点将在跨界连接、内外统一、智慧互动、包容广义的语境下展开。

未来设计应该是对设计行为真正意义的理解。通过诚实的、优秀的健康设计构筑人类长期的、高质量的未来生活方式、生活空间及环境，开创设计文明的新时代。

本章小结

从人类学的角度看，设计行为是一种人类与生俱来的行为能力，可以说是区别于动物的重要特征。

然而，这里所讨论的设计是起源于19世纪末20世纪初，也就是说是工业革命发生后，艺术、工业生产和商业消费相结合的产物，是一门"专业"，或一门"学科"。

作为专业化的"设计"，在概念上形成了比较明确的物性、人性和生态性三大特征。

"设计"的物性特征表现在设计是人类在追求经济效益的前提下，创造性地发现生产、销售、消费等方面的问题，并有目的地提出和制订相关解决问题的造型、造物、造事的方案和计划。

"设计"的人性特征表现在设计是一种文化现象。设计可以从意识形态和审美上为人类创造新的、更进步的、更美好的、更高品质的生活方式。设计在满足人类物质需求的同时满足了人类的精神需求，使得设计的终极目标不仅是"为人可用"，而且是"为人享用"。因此，设计具有推动人类精神文明建设和社会文化进步的作用。

"设计"的生态性特征主要表现在"设计"是人类在追求与自然和谐的前提下，创造性地发现生产、销售、消费等过程中产生的人类与自然的矛盾冲突，并有目的地提出与制订相关的挽救和避免矛盾冲突的方案和计划。

总之，专业化"设计"的本质是在"利益相关人""人为事物""生产制造""商业消费""文化艺术""科学技术"等方面建立起新的关系链和平衡点，寻找到新的价值观和利润增长点。

第 2 章

产品设计
创造力

创造力是人类最神秘的能力之一，亦是产品设计重要的原动力。心理学家和哲学家曾对创造力有过大量的研究，而设计师对创造力的专门研究相对较少。因此，我们不妨先从心理学家和哲学家的研究成果中来学习和认识人类创造力的基本定义、影响因素和所具有的基本特征，从而解读产品设计中创造力生成的规律。

2.1 创造力的基本内涵

要认识创造力，我们首先应该弄清什么是创造。

创造是指发明制造前所未有的事物，是一种人类有意识的、主观能动的、对世界进行探索性的劳动行为。从行为学的角度看，创造性的劳动应该包含创造过程和创造成果。也就是说，创造，首先要具有丰富的创造过程，其次要具有创造过程产出的独创性成果。而促成创造（创造过程和成果）的是创造力。

2.1.1 创造力的基本定义

什么是创造力？对于心理学家们而言，其实这是一个一直存在着争议的问题。

有些心理学家是从人类思考过程来定义什么是创造力。例如德国心理学家、格式塔心理学创始人之一马克斯·韦特海默（Max Wertheimer，1880—1943）认为：当思考者抓住了一个问题最核心的特征，以及它们与最终答案的关系时，创造力和顿悟就产生了。

有些心理学家是从人格特质来定义"什么是创造力"。例如美国心理学家乔伊·保罗·吉尔福特（Joy Paul Guilford，1897-1987）认为：创造力指的是有创意的人最特别的那些能力。虽然吉尔福特对创造力的定义并没有明确指出哪种具体的人格特质能表明一个人具有创造力，但是这个定义在很长一段时间内却得到了不少人的认可和接受。

而当代美国心理学家、创造学家特丽莎·艾曼贝尔（Teresa. M. Amabile），根据自己多年的研究成果，向传统创造定义提出了质疑。她认为以往的心理学家们过分地注重人格特质上的差异，而忽略了社会因素和情境因素对创造力产生的影响。她认为，创造力不仅需要一个概念性定义，同时还需要一个操作性定义。概念性定义可以帮助我们更好地理解创造力理论，而操作性定义可以帮助我们在实证研究中能准确地测量创造力。

阿玛布丽对创造力的概念性定义："一个作品（product）或者一个反应（response）被认为是有创造性的，首先是，它对于手头的任务是一种新的、合适的、有用的、正确的、有价值的反应；其次是，任务是启发式的而不是算术式的。"

阿玛布丽对创造力的操作性定义："合适的观察者独立地对一个作品（product）或者一个反应（response）进行判断并认为它是有创意的（或者它产生的过程被认为是有创意的），那么它就是有创意的。"见图2-1格式塔心

马克斯·韦特海默　乔伊·保罗·吉尔福特　　特丽莎·艾曼贝尔

图2-1 格式塔心理学家

理学家马克斯·韦特海默，美国心理学家乔伊·保罗·吉尔福特和美国心理学家、创造学家特丽莎·艾曼贝尔的肖像。

不难看出，由于心理学家不同的研究视角，他们对创造力的定义是存在分歧的。不过目前的心理学界还是有一个相对统一的意见，他们认为："创造力"即创造能力，或创造才能。也就是说创作力是指我们运用已知的信息产生出某种新颖而独特、有社会或个人价值的物质或精神产品的能力；也可以指那种能够成功完成创造性活动所具有的心理能力。通俗地说，创作力是指我们发现问题、解决问题、提出新设想、创造新事物的能力，根据已知去发现未知的能力。

创造力具有三个特点：特征一，创造力是一种人类特有的综合智慧能力；特征二，创造力是指一种产生新思想、发现新问题和创造新事物的心理能力；特征三，创造力是一种由知识、智力、能力以及优良人格品质所构成的一系列的、连续的、复杂的、高水平的创新思维能力。

多数心理学家认为，人类之所以比其他生物聪明，其重要原因就是人类有无穷的创造力。特别是那些不断推进人类社会进步和提高人类生活质量的创造力。

2.1.2 创造力的影响因素

人类的创造力不是人类与生俱来的心理行为能力，而是由于人类在长期的生活和劳动实践中大脑得到不断进化的结果。显而易见与人类在长期的生活和劳动实践中所积累的知识和信息、智力、人格与创新意识有关。

（1）知识和信息

这里的知识和信息主要是指人类吸收知识和信息、记忆知识和信息和理解知识和信息的能力。实践证明，人类吸收知识和信息的能力、巩固知识和信息的能力、掌握专业实操知识和信息的能力、积累实践经验的能力、扩大知识和信息面的能力，以及运用所掌握的知识和信息去有效分析问题的能力，都是创造力的基础。

充分掌握大量的最新信息，并合理地运用它是产生新的创造、新的生产力的重要途径。没有及时的、可靠的、全面的信息，创造就会陷入盲目。

在知识更新速度不断加速的今天，过时的知识并不等于力量。因此，这里的"知识"并不是僵化的"死知识"，而是与时俱进的"活知识"。在知识经济时代，那些尚未被共知的信息与知识才具有真正的力量。

理论上讲，信息的"量度"是反映信息和知识的时效性和价值性的重要概念。何谓"信息量度"？"信息量度"是指与创造有关的信息和知识的总量，也就是信息和知识新旧程度的函数关系。它不是简单的知识量的叠加，而是一种特殊的"加权和"概念。因此，"信息量度"越大，创造力必然就越大。

就创造而言，任何创造都离不开知识和信息。知识和信息的丰富度有利于我们产生更多更好的创意；有利于我们对创意进行科学的分析、鉴别与简化、调整与修正；有利于创意方案的实施与检验；有利于克服自卑心理，增强自信心。所有这些行为都是创造力的重要内容，而这些内容都与知识和信息有关。所以，知识和信息是影响人类创造力的重要因素之一。

（2）智力

这里的智力是指人类敏锐且独特的洞察力、高度集中的注意力、高效持久的记忆力和灵活自如的操作力；同时还包括掌握和运用创造原理、技巧和方法的执行能力。研究表明，智力是创造力产生的基本条件，智力水平过低的人，不可能有很高的创造力。所以，智力也是影响人类创造力的重要因素之一。

（3）人格

这里的人格是指人类意志、情操等。它是在人的生理素质基础上，在一定社会历史条件下，通过社会实践活动而形成和发展起来的创新素质和独特人格。这种人格特征与创造力有着密切的关系。

一般而言，高创造力者具有兴趣广泛、语言流畅、幽默感、反应敏捷、思辨严密、善于记忆、工作效率高、从众行为少、好独立行事、自信、喜欢研究抽象问题、生活范围较大、社交能力强、抱负水平高、态度直率、坦白、感情开放、不拘小节和给人以浪漫印象等人格特征。这些人格特征对创造力的发挥极为重要。所以，人格也是影响人类创造力的重要因素之一。

不管怎么说，在心理学家看来，由于创造力的影响因素存在，因此就存在刺激人类产生更多创造力的方法。他们认为：

从心理的角度看，人类自信心和创造欲的培养有助于创造力的提升。

从生理的角度看，人类大脑功能的开发有助于创造力的提升。

从实践的角度看，大量的创造实践有助于创造力的提升。

（4）创新意识

创新意识是指对创造有关的信息、创造活动（方法、过程）本身的综合自觉认知。或者说是创造的欲望，其中包括创新的动机、兴趣、好奇心、求知欲、探索性、主动性、敏感性等。

培养创新意识，可以激发创造动机，产生创造兴趣，提高创造热情，培养创造习惯，增强创造欲望，形成创造力。

任何创造成果中都包含了创新意识和创造方法。从某种意义上说，创新意识比创造方法更为重要。意识决定了创造的灵气，是创造的必备状态。尤其在创造的初期，创新意识能增强创造者发现问题和关注问题的敏感性和执着度，并且决定了创造过程的启动。任何人如果没有创新意识，纵有再好的才能和条件，在具体的创造中也不可能成功。

不难看出，由于创造力影响因素的存在，创造力是可以通过后天努力形成的。例如通过心理行为能力的培育、创造力影响因素的改善、对创造力特征规律的应用，我们每个人都有机会寻找到符合自己的激发创造力的路径。

2.1.3 创造力的基本特征

创造力的基本特征包括人类思维上的变通性、流畅性、独特性和情绪性。

（1）变通性

变通性是指人类思维的随机应变性，一种举一反三、不易受到某种心理定式干扰的思维能力。这种思维上的变通性是产生超常构想，提出新观念，创造力的重要特征。例如坚信人能够像鸟一样在天空飞行的变通思维，使人类发明了各式各样的飞行器。

如图2-2所示，达·芬奇的"类鸟"飞行器为现代飞行器的发展奠定了基础。从"类鸟"飞行器到今天的飞机说明了变通性的创造特征。

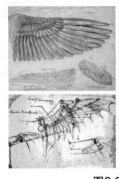

图2-2 达·芬奇的"类鸟"飞行器

（2）流畅性

流畅性是指人类的思维反应既快又多，能够在较短的时间内表达出较多观念的思维能力。这种思维上的流畅性也是创造力的重要特征。

例如，在考虑木材的用途时，我们可以沿着木材的用途和使用环境展开。例如可以做家具（书柜、衣柜、电视柜、椅子、床、写字桌、饭桌和茶几等）；可以做工具（厨房用具、文具等）；也可以在室内使用、户外使用、水上使用和空中使用等。这样我们的思维就表现出了一种极为流畅的拓展过程。

不过我们应看到，虽然这种流畅性可以想到木材在各类、各处的使用可能性，但仍然是同一方向上数量的扩展。这种单一方向的思维拓展属于低级层次思维拓展。而从高层次的视角看，我们还可以向木材的文化价值及用途方向上拓展。例如世界上木材的种类和木材使用的历史等的数字化知识馆、"老木件"文化博物馆和木作手工体验中心等（图2-3），不难看出这种对木材价值的思考与前面的思考不在一个层面，有了质的飞跃。我们这里讨论的思维流畅性当然包含了高层次思维拓展。

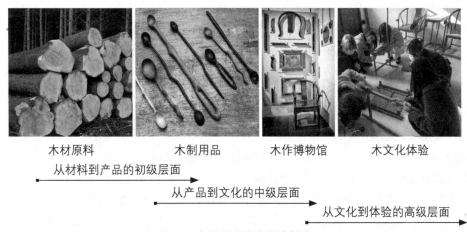

图2-3 木材用途的流畅性创造

（3）独特性

独特性是指人类对事物具有不寻常独特见解的思维能力。就思维范式而言，有聚合思维和发散思维。在人类创造力结构中，包含了这两种思维，创造力是这两种思维整合的结果。聚合思维有利于我们清楚已有定论的原理、定律、方法，确定解决问题的方向、范围和程序；发散思维有利于我们清楚在已有定论的原理、定律、方法的基础上，提出解决问题的新方向、新范围和新程序。

可见人类思维上的独特性是发散思维与聚合思维二者统一和相辅相成的结果，也是创造力的特征之一。

（4）情绪性

情绪性是指人类在多感官（视觉、听觉、味觉、触觉和动觉）下形成的创造激情和情绪的思维能力。我们知道人类属于情感类动物，在多感官的作用下，由于情绪的不同人类的思考能力是有差别的。创造力是一种由内心激情驱动的心理活动。所以我们把信息情绪化，并会对所见到的事物赋予某种情绪，在情绪的作用下我们会很容易地激发出创造力（图2-4）。因此，人类思维上的情绪性也是创造力的重要特征之一。

图2-4 一生对流线型偏爱的情绪赋予了克拉尼先生无限的创造力

2.2　创造过程

一般来说，创造过程的展开有着两个必要前提，即客观前提和主观前提。客观前提是指外在于创造者的一切事物。一个人不能凭空创造出新东西。它的创造必须有一个环境。这个环境给他提供物质上和精神上的各种刺激。主观前提是指创造者个人的一切有关想象和无定式认知的心理活动。

在这两个前提下，创造过程是从一种结构不完整的矛盾空间走向一种相对完整的、矛盾被化解的空间过程。

2.2.1 创造过程基本理论

创造过程的基本理论包含了创造过程前知识和创造过程发生的基本方式。

（1）创造过程前知识

在解读创造过程之前，以下三点是值得我们首先认识的：

① 在认识结构上，对既定的社会知识的认知与对创造力及创造物的认知是不一样的。

② 在概念上，作为合乎逻辑的、完整的创造物与作为心理过程的创造力是不同的。

③ 在关系上，外在的社会因素与某种行为方式对创造力的启发和生成是有关联的。

许多精神分析学家认为，有意识的心理活动会僵硬地使用符号功能而妨害创造过程开启；而无意识的心理活动更会僵硬地坚持停留在非现实领域而妨害创造过程推进。因此，正确认识创造过程，就必须超越心灵最原始的领域，至少要学会摆脱个人意识的禁锢，进入潜意识状态，使自身与真实的客观外界分离，这样才能有效展开具有现实意义的创造性活动。

（2）创造过程发生的基本方式

从创造过程的发生方式看，有两种基本的方式。

① 心理学发生方式。心理学发生方式是指在创造过程中，创造的内容来自人的意识

范围。这类创造作品通常体现了人类的共识性生活经验，如爱情、家庭、环境、社会、罪恶等相关内容。在这种创造发生方式中，无论哪方面都没有超出心理学上可理解的范围。因此，在心理学发生方式中所用的创造素材是完全服从于直接的、有目的、有意义的心理需求。

② **幻想发生方式**。幻想发生方式是指创造的内容不是来自生活而是来自超时间的深层，来自"集体潜意识"。这种集体潜意识是世代进程中反复发生的原始换型的、原始经验的储存。这种原始换型可以超越人的理解，它们可以是多方面的、有魔力的和怪异的。应该说，幻想发生方式涉及了瑞士心理学家荣格（Carl Gustav Jung，1875—1961）的人格理论。荣格认为：人格由意识（自我）、个体潜意识（情结）和集体潜意识（原型）三部分组成。集体潜意识是从祖先那里传承下来的，是由不同于意识范围内的思想和形象构成的，主要内容是本能和原型。幻想发生方式的创造过程是通过重新唤起集体潜意识中占统治地位的、具有丰富体验感的情感，赋予了作品新的意义。其优点在于超越创造者所处的环境，促使人类内心深处原型的重复再现。对于幻想发生方式的创造物（设计作品）是打破常规的认识机制和生活经验的结果，它还包括了来自集体潜意识的、超越了个人之外的内容。从某种程度上讲，集体潜意识成为幻想发生方式创造的原发过程。

由此可见，有创造力的人并不会被现有的知识与经验所束缚，而是易于感受新的可能性知识的吸引，特别是那些最新概念、事物和方式。从根本上讲，人类创造的主要动机是我们热衷于与周围世界建立更好的、更优的、更新的关系。而创造力爆发的不期而遇，主要是由于我们始终保持的自由开放态度，始终拥有的对新事物强烈的专注力、思维力、情感力、感知力，以及不断向新目标靠近的勇气。

简单地说，创造过程可分为三个阶段：假设形成阶段、假设检验阶段、结果传达阶段。这就是我们常说的"创造过程三段说"。不过，如果我们把创造过程理解成"准备、沉思、启迪和求证"四个阶段的话，可能对创造过程的描述会显得更为具体些。这就是我们常说的"创造过程四阶段说"。然而，许多学者认为，在"创造过程四阶段说"的基础上还可以分解和细化，因此就出现了"创造过程七阶段说"。

无论是四段说还是七段说，其原理是一致的，就是为了更好地从时间上和内容上管理创造过程。一般来说，在创造过程的阶段说中，不同的创造行为是按阶段的时间顺序展开的。但是在具体的创造过程中，不同的创造行为有时存在着阶段上和时间上的重叠性和反复性，所以，教条地、按部就班地死守创造过程的阶段顺序是不可取的，而是应该根据实际情况灵活调整。下面我们分别来了解创造过程最为普遍的"创造过程四阶段说"和"创造过程七阶段说"的具体内容。

2.2.2 创造过程四阶段说

美国心理学家约瑟夫·沃拉斯（Joseph Wallas）在他的著作《创造的秘密》（1922年）一书中最早提出了"创造过程四阶段说"，即准备阶段、婴育阶段、启迪阶段和求证阶段。

① **准备阶段**。是指创造者为创造做好一切准备工作。对于产品设计而言，准备阶段是指积累和收集资料的阶段。首先要收集、积累有关资料、情报，以便准确地提出问题，选定对象目标。然后围绕对象目标再次收集和积累资料、情报。

② **婴育阶段**。是指准备阶段与启迪阶段之间的过渡阶段。对于产品设计而言，婴育

阶段是发挥思维灵活性的过程，充分运用个人的想象力展开思维漫游。在婴育阶段，设计师是处在一种沉思状态，对准备阶段所收集和积累的素材绝不是以一种消极被动的状态搁置，而是跟随发散思维的脉络，结合潜意识的、混沌的、梦境的思维方式进行内在的加工和重组。

③ **启迪阶段**。是指发生在创造者看到问题的解答方案的那一刻，它是一种突发的直觉、清晰的顿悟，或是一种"预感"与"答案"之间的感受。这种意识层面的预感可能是正确的，也可能是错误的。对于产品设计而言，启迪阶段是指领悟阶段，在这一阶段往往只是产生一系列的初步构思和发现，并没有形成明确的设想或方案。此时是以非逻辑思维中的直觉、灵感、想象为主要思维方式。从表面现象来看，领悟阶段似乎是逻辑中断，但却是形象思维的飞跃。

④ **求证阶段**。是指解决问题的最后阶段。此时将前一阶段提出的解决方案进一步具体化，并加以应用和检验。在求证阶段，我们通常是采用批判的态度审视评价方案，在方案的可行性应用方面努力得到广泛的认同。对于产品设计而言，求证阶段是指检验阶段。在这一阶段需要广泛运用分析、综合、评价的方法，通过多方面的试验和层层筛选，使产品设想向具体化发展，形成有实质性的产品方案。

2.2.3 创造过程七步说

（1）罗斯曼（Rossmom）七步说

在约瑟夫之后，罗斯曼将其四阶段扩展为七个步骤，不管如何细化，其精神是一致的。

① 对某种需求或难点的观察。

② 对某种需求的分析。

③ 对所有可利用的情况的通盘考虑。

④ 对所有客观的解决方式的系统表达。

⑤ 对这些解决方式利弊的批评分析。

⑥ 意念的诞生——创造发明。

⑦ 为找出最有希望的解决方案所进行的试验，同前面的某些阶段或全部阶段为最终的具体情况所进行的选择和完成。

（2）奥斯本（Osbovn）七步说

奥斯本也把创造过程分成七个阶段，但术语上与罗斯曼不同：

① 定向：强调某个问题。

② 准备：收集有关材料。

③ 分析：把有关材料分类。

④ 观念：用观念来进行各种各样的选择。

⑤ 沉思："松弛"促进启迪。

⑥ 综合：把各个部分结合在一起。

⑦ 估价：判断所得到的思维成果。

（3）维杰·库玛（Vijay Kumar）"创新七步法"

美国伊利诺伊理工大学设计学院教授维杰·库玛（Vijay Kumar）在罗斯曼和奥斯本的基础上，以四个象限细化出七个部分的"创新七步法"。维杰·库玛的"创新七步法"

从特征来看，更为接近产品设计的创造活动，可以说是产品设计的"创新七步法"。

① **确立目标**：在创造过程的初始阶段，创造者需要找准目标，明确创造的切入点。在这一环节中，就产品创新设计而言，主要要关注的问题有：社会发展趋势？企业、行业和市场的战略定位？人类生活方式的变化与产品创新的潜在关系？

② **了解环境**：创造过程的这一环节是对创新触点的影响环境的了解分析。就产品创新设计而言，重点考察同类创新成果的市场表现、竞争对手的产品策略，认清自身与同行其他企业的关系，在此基础上预判创新触点的市场潜力。

③ **了解人群**：创造过程的这一环节是对目标用户的全面了解。挖掘他们在日常生活中的刚性需求和柔性需求，从而预判创新触点的用户认同力。

④ **构建洞察**：创造过程的这一环节是对数据的全面分析（分类、组合、整理），寻找数据中的一般规律，重点揭示有待开发的市场机遇。这一环节在创造过程中是最为关键的环节。因为前三个环节属于收集资料的过程，而这一环节便是要从真实世界所获得的资料中分析、抽象、归纳和发现有价值的具有一般规律的现象。

⑤ **探索概念**：创造过程的这一环节是从一般规律中衍生新的概念、新的创意。新的概念、新的创意形成并非一蹴而就，需要迭代不断探索。新概念、新创意的形成进一步接近了具体的新产品开发设计。

⑥ **构建方案**：创造过程的这一环节是对各种新概念、新创意进行评估和提炼，选出最具价值的概念进行整体方案的构建。应该说，这一阶段是概念具体化的过程，是创意逐步完善并真实化的过程。

⑦ **实现产品**：创造过程的这一环节是对确立的最终设计方案拟订具体的实施计划。在这一阶段，重点在于确保最终产品与市场、用户和全产业链的吻合度，使设计方案体现真实的价值。

2.3 产品设计创造力的基本内涵

什么是产品设计创造力？产品设计创造力是人类创造力在产品设计中的体现。具体地说，就是设计创造者合理地运用一切可运用的知识和资源，以新产品的方式对消费者的需求（现实需求和潜在需求）予以满足的创造能力。下面将从产品设计创造力的重要性、特征和条件三方面展开讨论。

2.3.1 产品设计创造力的重要性

人类社会需要科学发现和发明去解决人类所面临的各类问题，如人口增长问题、粮食问题、土地问题、水资源短缺问题、环境污染问题、能源危机问题、发病率增高问题和恐怖组织问题等。但是单靠科学创造力并不能完全解决人类所面临的上述各类问题和困境。还需要有伦理学、政治学、社会学、经济学、文化学、宗教学、艺术学和设计学等方面的创新去解答人类可持续发展的问题、情感需求的问题、精神文化生活的问题等，其中产品设计的创造力是不可或缺的。

产品设计创造力的重要性，一方面，体现在是企业赖以生存的重要手段。特别是现如今，我们正处在知识优势迅速消失的全球一体化经济体系中，知识经济快速发展的时代，各行各业的技术门槛正在不断降低，企业间的竞争也日趋激烈，产品设计创造力已成为有效保证企业竞争力的良药，成为有效帮助企业减慢自有知识消失的重要法宝。

另一方面，产品设计创造力在人类发展过程中，在满足人类物质需求方面扮演着重要的角色，为人类创造了丰富多彩的物质世界。

不过，今天看来，产品设计创造力在创造高度物质世界的同时，也形成了一种值得质疑的加速人类与自然对立的反作用力。也许这是历史留给产品设计创造力的重要责任。很明显，在人类文明发展的进程中，产品的变化和创新是必然的（图2-5、图2-6），未来人类的生活也是无法离开产品设计的创造力。未来的产品设计的创造力不仅能进一步丰富人类的物质生活，同时将担负丰富人类精神生活的责任，为人类的可持续健康发展发挥更大的作用。

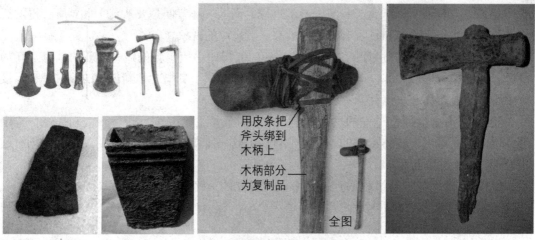

用皮条把斧头绑到木柄上

木柄部分为复制品

全图

图2-5 原始工具的变化和创新

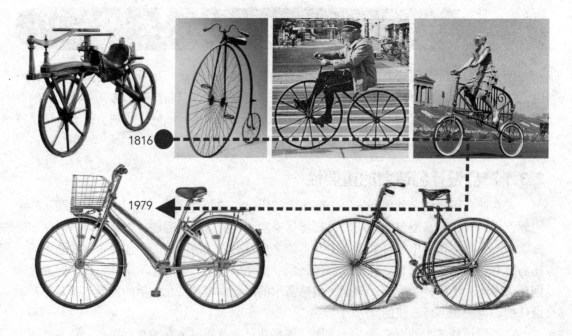

1816

1979

图2-6 自行车的诞生与发展

2.3.2 产品设计创造力的特征

产品设计创造力的特征主要体现在限制性、人本性、有机性、差异性四个方面。

① **限制性**。限制性是指产品设计创造力。在思想上，并不是一种无限自由的创新行为，而是一种限制性的创新行为。在思维方式上，它虽然依赖于不同寻常的发散思维方法，但它离不开聚合思维的约束。发散思维必须是能让人类在特定的时空内，可以通过聚合思维予以理解、接受和欣赏，否则只能停留在艺术家的艺术想象力层面，不能成为具有实际运用价值的产品设计创造力。

② **人本性**。人本性是指产品设计创造力。在观念上，不是以客体为中心的创造性活动，而是以人为中心，即以产品受益人（投资者、生产者和消费者）为中心的创造性活动。所有的相关利益人才是产品设计创造力服务的真正主体。

③ **有机性**。有机性是指产品设计创造力。在意识上，重视世界与人类生存之间的有机性创造，即"价值场"的创造。这种有机的"价值场"除了随产品类型的不同而不同之外，同时还体现在产品设计程序的每个环节和整个系统中。因此，产品设计创造力的有机性特征有着丰富的内涵。

④ **差异性**。在今天的产品市场竞争中，价格的竞争空间已经非常有限。因此，产品的差异性创新成为主要的竞争触点。为了保证竞争优势，就必须在自身的产品和竞争对手的产品之间创造差异，从而形成优势。然而真正的设计创造力的体现是在差异度的拿捏上。如果差异过大，会由于消费者过于陌生（过于另类）而被屏蔽；如果差异过小，又会由于过于熟悉（没有新意）而被忽略。虽然大多数企业不敢冒险去投资变异较大的开创性的原创设计，但不等于说他们的改良性、延伸性的设计就不需要创新。其实就创新的难易程度来看，改良性的创造不比开创性的创造简单。因为这陌生与熟悉间差异度的拿捏是产品设计创造力在差异性设计方的难点之一。

对心理学家而言，人类的创造力仍然有许多未解之谜。但心理学家已发现了一些重要的影响人类创造力的心理因素和行为因素。

2.3.3 产品设计创造力产生的心理条件

下面我们系统梳理一下产品设计创造力产生的心理因素。

（1）意象

"意象"是设计创造者的一种想象行为，是设计创造者大脑中浮现无形形象的一种内心活动。"意象"与设计创造者过去的知觉有关，是设计创造者对大脑中记忆痕迹的再加工的心理行为能力。

"意象"的种类有很多。可以说，设计创造者有多少种感觉也就会有多少种"意象"。常用的"意象"是视觉意象和听觉意象，当然是视觉意象占据了主要位置。由于"意象"并不是现实的逼真再现，因此，它是一种具有创新性质的心理因素和想象形式，也是设计创造者具有的一种至关重要的、超越现实的创新能力。

（2）内觉

"内觉"是设计创造者对过去的事和物，以及相关情景的"知觉""经验""记忆"和"意象"。应该说，"内觉"是一种人类共有的、原始思维的组织形式。

由于"内觉"不需要与他人分享，所以我们把它看作人类在心理活动受到抑制之后所体现出来的一种情感倾向、行为倾向和思维倾向；也可以说是一种非语言的、无意识的、潜意识的人脑认知形式。"内觉"大多停留在原始的水平，但存在着随时变化的可能。心理学家认为，"内觉"可能发生的变化有以下几种。

① 符号化。符号化是指"内觉"向某种具有传达性的符号（语言、图形、文字、数字声音等）变化。理论上讲，这些符号就是所谓的"前概念"形式和"概念"形式。例如，古埃及的楔形文和我国的甲骨文就是早期人类用象形符号表现本我内觉的结果（图2-7）。

埃及楔形文　　　　　中国甲骨文

图2-7 古老的楔形文、甲骨文

再例如，Estudio BIS在餐具上的符号设计，也许这些符号对早期人类没有多大意义，而对于当下的人类却能体会到虚拟计算机图形图像和数字技术出现后的全新痕迹，见图2-8。

图2-8 Estudio BIS在餐具上的数字技术的符号设计

② 生活方式化。生活方式化是指"内觉"向某种行为和生活方式的变化。而人类的生活方式是一种在"内觉"驱动下的具有人群共识的文明现象。

例如，内觉告诉我们，孩子对身边不熟悉东西会感到好奇、好玩是天性，但由于认知的局限性而没有安全意识也是事实。因此会把生活环境中一切有可能对孩子带来伤害的物品放好、藏好，这就是我们成年人共有的由内觉驱动行为，以避免不必要的事故发生。

设计创造者Min Seong Kim将这种内觉巧妙地转换为一款刀具存储柜（Knife Locker）。这款刀具存储柜可以让孩子尽量远离危险。Knife Locker的存储口很像钥匙孔，它的使用也确实很像钥匙，插入刀具后顺便把刀子像拧钥匙一般逆时针旋转270°，这样就可以把刀具上锁，而在锁定的同时也会即时启动紫外线消毒模式为刀具消毒，因此Knife Locker不仅带来安全，也带来健康（图2-9）。

图2-9 Min Seong Kim设计的刀具存储柜

内觉告诉我们，新型材料会更好地代替传统材料，并能更好地创造出合适的用品。

Compeixalaigua Design Studio的设计创造者将这种内觉转化成了一款缤纷的多功能碗。他们运用新型的有机硅材料代替了传统的硅酸盐材料和普通塑料，由于该多功能碗能够承受－60℃低温至220℃高温，因此可以安心地放入微波炉中。碗的一边是手柄，另一边则是与手柄对应的开口。当手柄与开口接合在一块时就可以形成一个有盖的圆形容器，这样的设计使得在蒸或者加热食物的时候可以让热气从中间流通，并有效地保存热度，创造出传统碗难以实现的功能（图2-10）。

③ **情感化**。这里情感化是指"内觉"向某种可表达的情感变化。

情感是人类设计创造力体现的重要原动力，也是内觉驱动下形成的一种心理现象。例如，来源于孩提时母爱的内觉会使一个人具有关爱和呵护的情感，在产品设计中会自然流露出来。

例如作者在20世纪90年代设计和生产的竹制品系列，这种内觉演变关爱和情感得到了很好的演绎，表达了设计师应该呵护地球的关爱情感（图2-11）。

TR Hamzah & Yeang创造出了一座建造在新加坡的环保大楼，大楼四周几乎都被有机植物所包围，它可经过由斜坡连接上面的楼层与下面的街道。这栋大楼也考虑到了未来的扩充性，有很多墙体与楼梯都是可以移动和拆除的，也体现了对地球关怀的情怀（图2-12）。

还有许多体现了对弱势群体关怀的设计，例如为残疾人设计的假肢，见图2-13。

④ **形态化**。这里形态化是指"内觉"向某种形象、形态变化。

图2-10 Compeixalaigua Design Studio设计的多功能碗

图2-11 李亦文1992年设计的竹制品系列

图2-12 TR Hamzah & Yeang 设计的新加坡环保大楼

形象和形态是人类设计创造力体现的重要载体，也是内觉驱动下情感表现的图形化意象。例如，在汽车设计中流线性形态的运用是表现了人类对自然神奇力量的崇拜。应该说，这种流线性形态来源于我们对大江大河和行云流水的内觉。

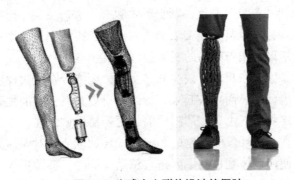

图2-13 为残疾人群体设计的假肢

⑤ **梦境化。**这里梦境化是指"内觉"向某种遐想、幻觉和梦境等变化。

例如，如图2-14所示，瑞士艺术家桑德罗·戴尔·斯普瑞特在创作《舞者与手势》的画面时，手和舞者之间的幻觉就来源于他对女性人体美欣赏的内觉；法国著名设计师菲利普·斯达克在设计《榨汁机》和《吧凳》时，在海洋生物与产品之间的幻觉就来源于他对海洋生物美的内觉。

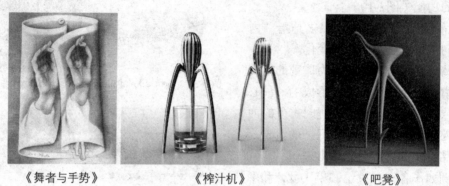

《舞者与手势》　　　　　《榨汁机》　　　　　　《吧凳》

图2-14 桑德罗·戴尔·斯普瑞特的《舞者与手势》、菲利普·斯达克的《榨汁机》和《吧凳》

再例如，一般木制家具的结构都严密稳定，具有强烈的刚性。而设计创造者Carolien Laro设计的这款名叫Spring Wood（弹性木）的系列凳，虽然同样使用刚性的木材作为原料，但是通过巧妙的设计赋予了它如软垫一般的灵活特性，使用时凳面会在压力下自然地弯曲以贴合身体，让人坐起来更为舒适，其灵感来源于设计创造者的幻觉（图2-15）。

图2-15 Carolien Laro设计的名叫弹性木的系列凳

可见，设计创造者特有的内觉现象是指设计创造者正在努力通过"无定式"的"经验""知觉""记忆"和"意象"与某种既定形式和事物进行关联性碰撞，从中寻找到某种合适的、新的关联形式，一旦某种新关联形式的出现，设计创造活动便开始进入下一步的创意制作阶段，并为新设计或新产品的诞生创造了机会。

例如，固体肥皂曾是家家户户不可缺少的必需品，而如今在很大程度上已被沐浴露、洗手液这种液体版的肥皂代替。而比较起来，固体肥皂更具有一定的生态效益。例如说它可以用简单包装纸代替塑料瓶；由于固体的原因也更容易堆放，在运输时能够更大程度地利用和节省运输空间。在节能环保的内觉的影响下，设计创造者对固体肥皂的设计也从未停止过。很多人不喜欢使用固体肥皂的原因是它总是滑滑的、有种怪异的感觉，使用时容易从手心溜走，并且在多人共同使用时，也更容易变脏以及积聚细菌。

德国设计创造者Nathalie Stämpfli（娜塔莉·施滕普夫利）针对固体肥皂的问题参考厨房常用的刨丝器原理设计了一款肥皂刨丝器，对固体肥皂创造了一种新的使用方式，它需要安装在墙上，使用时只需用一只手就可以在推动刨丝器的同时接住已经刨好的易溶于水的漂亮肥皂丝，使用非常方便。之前使用固体肥皂时所存在的缺点也被完好地解决了。凭借其开放的形状，还可以让肥皂的香味满屋飘香（图2-16）。

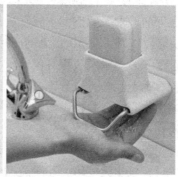

厨房常用刨丝器　　　　　　　　　　肥皂刨丝器

图2-16 娜塔莉·施滕普夫利参考厨房常用的刨丝器原理设计的肥皂刨丝器

（3）抽象

在概念上，"抽象"具有动词和名词两个含义。

"抽象"的动词含义：是从众多的事物和情境中区分和抽取出某种共同的、本质性的特征，并舍弃其非本质的特征的过程。

例如，当人尝到许多带有苦味的物质时，我们会从中提炼出它们共有的"苦"的特征或性质。苦就是一种"抽象"，也就是柏拉图式的普遍性和永恒性的概念。当我们能够意识到"苦"的抽象性时，我们的心理认知已达到了很高的级别，它已不再是前面所说的具有原始思维特征的"内觉"，而已成了概念。

"抽象"的名词含义：是指在人类认识事物过程中，在心理上存在的那些无定式、无定形的对象和内容。也就是指许多人在面对自己看不懂和听不懂的事物时，心理上常感叹的"好抽象哦！"的意思。不难看出，名词的"抽象"所指的是那些还没有被我们发现和揭示的、还未能以任何方式呈现和展现的内容；那些被我们怀疑是否存在的，或还没有被证实的某种内容；那些不能被人类用语言明确描述的，事物的某种特征和某种内容。

然而，设计创造力常常发生在从名词的抽象转向动词的抽象的过程中。也就是说，产品设计创造过程中的抽象是指设计创造者在设计创造实践的基础上，对于"内觉"中的无定式心理抽象素材，经过去粗取精、去伪存真、由此及彼、由表及里的加工提炼，从而形成产品创意概念的思维形式。

例如，对于一种混乱的、模糊的、抽象的思乡情感，李白可以通过一首抽象的诗（《静夜思》）体现出来。在李白诗句的抽象过程中，日常生活中的那些所经历到的、特定的、具体的事物消失不见了，而是把那些无定式、无定形的对象和内容转换成了具有普遍性的思乡情感概念文字："举头望明月，低头思故乡。"其实思乡情感与自然界的月亮相去甚远，但这就是抽象的魅力。

（4）原始认识

当创造过程进入允许使用语言和观念的阶段时，有两种思维类型开始发挥出突出的作用。第一种是奥地利精神分析学家西格蒙德·弗洛伊德（Sigmund Freud，1852—1939）提出的"原发过程"（原发性思维）；第二种是弗洛伊德提出的"继发过程"（继发性思维）。下面我们分别对它们展开具体的讨论。

①"原发过程"。"原发过程"是指设计创造的初始阶段的一种思维类型，是设计创造者"本我"形成最初知觉表象（幻觉意象）的过程。

"原发过程"的目的是设计创造者从心灵上通过假想内容（幻觉意象）满足最原始的"本我"意识状态下的诉求。所谓"本我"是指我们的意识不清醒的无意识状态。所以原发过程是设计创造者以一种无意识的、梦境的状态展开假想的心理活动。

溯源"原发过程"，"原发过程"保留了早期人类最原始感性思维的特征，即"想象（主观）和现实（客观）互渗（区分不开）"的思维特征。这种想象和现实互渗的思维现象是人类得以快速进化和创造力得以激发的重要原因。可见原发过程是设计创造中不可或缺的重要的思维模式。

由于"原发过程"的原始性，我们常把这种思维形态称之为"旧逻辑"。当然这种思维形态并非不合逻辑，也非无逻辑，而是遵循着一种不同于我们在清醒状况下的逻辑，是一种梦境状态的逻辑。正因为此，"旧逻辑"充满了创新性。

生活中，我们将语（字）和语义（字义）通过谐音、错字来表达某种特殊的含义，这就是旧逻辑的应用。例如，大家所熟悉的"年年有鱼"（年年有余）、"牛转乾坤"（扭转乾坤）等。在设计中，这种"旧逻辑"也常常会用到广告语中。

②"继发过程"。当"原发过程"的那些不可见的、说不出的、无法预料的内容，在设计创造者的努力下、联想下、外部刺激下和知觉激活下，以一种突现的、一道灵光的方式显现出来并加以控制的行为即为继发过程。

例如，对一个口干舌燥的沙漠旅行者或航海者，设计创造者如果看到的只是普通人看到的淡水湖泊的幻觉，与设计创造没有多大的关系；如果看到的不同于普通人看到的淡水湖泊的幻觉，而是通过阳光和沙漠深坑的潮湿土壤，或海水自己生成淡水的幻觉意象，并真实地实现这种幻觉意象，就会设计出一款运用太阳能蒸馏原理的"太阳能蒸馏净水器"（图2-17）。

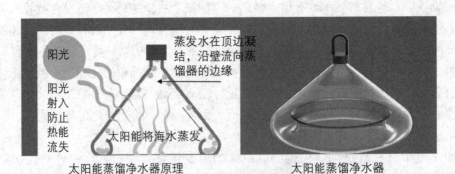

太阳能蒸馏净水器原理　　　　　太阳能蒸馏净水器

图2-17 李亦文1996年设计的"太阳能蒸馏净水器"

不难看出，用普通逻辑思维对原发过程产生的幻觉意象展开现实版的继发性思维，就是弗洛伊德在神经学研究中提出的"继发过程"概念。在设计创造过程中，"继发过程"是指设计创造者通过"自我"的意识状态，用可实现的概念方案进一步满足原发过程的、只是停留在幻觉意象层面的，本我诉求的心理行为。

然而，灵感意象的放飞是自由的，但是要在众多的、天马行空的灵感意象中寻找到可以发展成可实现的概念方案就不那么自由了。

首先，在继发过程，我们必须按自身的目的对原发过程的假想内容（幻觉意象）进行鉴别，认清楚哪些内容是有可能被消费者所接受。

其次，在此基础上，我们必须对可以被消费者解释的内容进行鉴别，认清楚哪些是可以作为创造成分被采用的。

例如，一个设计创造者在图形设计中把原发过程产生的一棵完全不同于任何自然界树的幻觉意象作为灵感，并予以接受（他认为他的受众会喜欢）。换句话讲，他并非因为这个形象不真实、由于它的奇形怪状，或甚至因为让人感到害怕而立刻就把它从脑子里消除。相反，他沉溺于这个幻象中，并开始考虑怎样才能够在设计创作中运用这一幻象，如何把这个存在于内心的幻象以某种形态或产品的方式外化出来。

当然，"继发过程"内容（概念或概念群）有时看起来也是比较散乱、混杂。因为在"继发过程"中，概念或概念群的产生有可能与原发过程的原始内容混沌不清，有类似"原发过程"的状态。这是"原发过程"和"继发过程"交织的正常现象。这种交织现象在增加"继发过程"内容（概念或概念群）的复杂性同时，也拓宽了"继发过程"内容品质，并引发出更多的某种意外、某种不同寻常的方向和联想。

（5）概念认识

概念是人类在认识过程中，从感性认识上升到理性认识，把所感知的事物的共同本质特点抽象出来，加以概括，是自我认知意识的一种表达，形成概念式思维惯性。概念是人类认知的思维体系中最基本的构筑单位。

心理学上认为，概念是人脑对客观事物本质的反映，这种反映是以词来标示和记载的。概念是继发过程思维活动的结果和产物，它包含了一个等级中的每个成员共同具有的属性。例如本书讨论的产品设计这个概念就是个适用于所有产品设计的一种概念。无论是硬件产品设计、软件产品设计，还是软硬集成的产品设计。

哲学家要比心理学家对概念有更多的研究。在古希腊时期就产生了有关理念或概念是最高实体的重要思想。并认为：概念与它所表示的事物是相符的，是关于事物最完美的知识。不过这里我们不是想从哲学的角度对概念做哲学层面的终极描述，而是从设计心理学的角度，把概念作为一种认识形式来讨论。

实际上，在我们设计创造的过程中，有时是很难区分出各种不同价值的概念等级。有的时候，一个"前概念"形式与一个"概念"形式之间的界限并不是那么明显。我们常常会发现，在某个发展阶段上某个概念的含义是明确的，但到后来会被当作一个前概念就模糊化了。如果发现一个"概念"没有包括它应当阐述的所有基本属性，那么它就会被看成一个"旧逻辑"的，或不完善的、原始的思维产物。

"概念"是人类内在现实的组成部分。它们在人类的思维、情感，甚至行为中，要比所涉及的具体事物还要多得多地涉及"概念"。假如我们把一个"概念"看成一个"产品"，那它一定是诞生在人类历史上的某个特定的时期，并为任何一个使用它的人增添方便和乐趣，能够在面对看似不同的情形下，都能提供合适的功效。这就如某个"概念"能对看似不同的事物给出同样的解释一样。当然"概念"并不是产品。这只是比喻而已。

但是，对设计创造者而言，"概念"迟早会成为新产品的组成部分，或成为一种质询与评价的手段。一方面可以用来接受或拒绝来自"原发过程"的材料（灵感意象）；另一方面也可以用来肯定或否定其他的"设计概念"。

人类通过自我的意识看到了自身的局限性，于是建立起在数量上永远增长着的超越现实的"概念"和"符号"。不断地通过新概念和新符号赋予某种新的物质形式，从而增加了更多的事实（有形的和无形的事物），并以新的、从未想到的、各种可能的，以道德选择为最初价值观念的"概念"和"符号"来超越自然天成的现实。这就是人类所富有的创造力。

（6）动机

"动机"是引发人从事某种行为的力量和念头；是创造力产生的重要因素。

如果是按照艺术家和设计创造者自己向往的方式去体验生活的话，他们有可能倾向于追求他们所没有体验过的或没有见过的事物和情景去生活。也就是那些在心理现实中并不存在的事物和情景。正是他们这种对于新事物追求的欲望和动机，才使他们比普通人更具创造力。

尽管人类不会只用一种语言来表达自己的情感，但人类还是能够认识到"趋向无限的有限"是不变的现实。这种认识，只是由于创作者具有较高层次的"概念"意识，才能够以抽象的方式去思维，才能够使过去的情感与愿望，通过新的方式重新活跃起来。然而这种建立在原发过程的思维基础之上的情感和愿望，可能来源于我们的童年时期，而这些被部分地，或全部地封存了下来的情感和愿望是人类创造力产生的动机源泉。

例如，许多设计创造者的儿童时期都有过一种无事不能的全知全能感。他们认为能够做到任何只要他们想做的事；能够得到任何他们想要得到的东西。他们的成就感和满足感是与他的愿望相等（但他们并不明白这些是来自父母的溺爱）。但是在成长的过程中，现实使他们不得不放弃了这种感情。然而这种感情蛰伏在他们的内心深处，终于有一天，一种偶然的创造动机将重新激活它们，使得他们成功地挑战了不可能。

另一种创造的动机可能是来源于人类所具有的想象力。而想象力的形成是生物的原因，还是其他的什么原因，至今心理学家们仍无定论。不过人类在最原始的感性思维中就已经存在。

对于一般人而言，其实早就具有了想象能力。但是他们在内心和现实之间，他们更加注重的还是现实执行力，而不是非现实的想象力。然而对于设计创造者和艺术家而言则完全不同，他们会觉得自己始终处在一种骚动、不安、虚空、幻想状态中，除非他们用一种，或别的什么创造方式来表达和接纳这种非常自我的内心世界。实际上，我们必须承认，对可以替代我们内心幻想的新事物（外在作品）的探索欲，其实就是最基本的创造动机。当然这种动机通常是混沌的和复杂的，有意识和无意识交织的。

当这种渴望创造的冲动开始被设计创造者感受到时，其结果其实是无法预测的，而且它的结果也不一定是价值的，有可能是以失败告终的。但是，如果我们把原发过程和继发过程以一种建设性的方式进行有效对接的话，有可能产生无穷的创造力。

2.3.4 产品设计创造力产生的行为条件

创造行为是人类在生活和社会实践中表现出来的创造态度及具体的创造方式，它是在一定的条件下，不同的个人表现出来的基本特征，或对内外环境因素刺激所做出的能动反应。因此，了解设计创造力产生的行为条件有助于我们有目的地创造条件，加大设计创造力的产生。主要的条件有：自我封闭、闲散性、幻想、自由思维、捕捉相似性、保存单纯性和反省内心创伤。

（1）自我封闭

创造力是一种具有反常规和反社会惯性思维的复合型思维方式。因而，要激发创造力就必须寻找到摆脱常规思维影响或社会惯性思维束缚的方法。"自我封闭"常常被认为是一种能够帮助消除这类束缚的重要方法。

从一般意义上说，"自我封闭"能打破常规的逻辑性，并会产生重组现象。一个"自我封闭者"是不会经常地、直接地受到常规的影响，或受到社会惯性思维的束缚。对当下的我们而言，自我封闭不是要躲进深山，而是暂时切断对外界的接触（如网络上、朋友圈的海量信息），减少外界信息的干扰，去体验内心的自我，去贴近内在的根本源泉，与原发过程的启动产生关联。"自我封闭"尽管可能使我们烦恼寂寞而不习惯，但当我们与自我为伴、与自我建立起内在联系后，便会改变，便会进入一个人的内在新世界。

当然，为了探索新世界、挖掘新知识、解读新含义、产生新概念（灵感），除了需要"自我封闭"和自寻孤独外，还要真正从内心深处排除过多的外界诱惑和刺激，尤其是远离过度的信息的干扰。

不过，这里所谈的"自我封闭"和孤独是自愿的，而不是那种别人强加的，或由于自身困境所造成的那种长期的、被动的、压抑的孤独；也不应当把它与有些人，由于种种原因出现的退缩、羞怯和长久独居的孤僻混为一谈。所以这里所谈的孤独性应该是指有目的的、定期的、在一段时间内保持着个人的单独生活状态，一种进入创造过程个人沉思的状态。创造力需要"自我封闭"氛围的配合，当创造性的灵感一旦产生后，就要解除"自我封闭"，并要强调"合作"，这样才有益于创造力的进一步发展。

（2）闲散性

"闲散"字面上看是无事可做而又无拘无束的意思。然而，这里的"闲散"绝非指游手好闲，而是有目的地"闲"下来。如同唐代诗人李涉笔下所追求的"偷得浮生半日闲"的境界。具体地说，就是设计创造者把时间从日常的惯性生活和工作中抽取出来，用来从事以批判的眼光观察那些通常被认为"没有意义的事物"，其目的是寻找灵感。

如果我们只把自己的注意力集中在日常具体的、琐碎的、紧张的惯性状态下，那就限制了自己内在创造力的发展空间，遏制了我们外在激情的冲动表现。因此，要激活创造力，就要有目的地创造闲散的状态，允许创造力以自身的方式，也许非常缓慢和不规则，但只有我们给予自己的创造欲以滋生和发展的空间，创造力就会发力。

（3）幻想

"幻想"，字面上意思是虚而不实的，没有逻辑和无根据的看法、信念和想象。因此，是一种与埋头实干，立即行动相对立的思想行为。"幻想"容易被当成不切实际的空想而被多数人不齿和摒弃。在日常生活中，善于幻想的人常常受到大家嘲笑。

然而，"幻想"可以为设计创造者开辟出预想不到的新天地。正是在幻想中，我们才可能使自己离开常规，摆脱社会日常习俗，很快进入一个非理性的、充满创新意念的感性世界。

设计创造者对设计问题的"幻想"不同于内容仅仅涉及自己的过去和未来的"自传式"幻想。"自传式"幻想从设计创造的角度看，虽然没有直接的关联，但是，不管怎么说，任何"幻想"都有助于设计创造者的思维散步（放松），有助于给心灵开出一个特区，让思维习惯于进入心灵内在的自由状态。所以幻想可以让我们绷紧的大脑神经得到积极的休息，可以从眼前的具体事务中摆脱出来，从而看到平时所忽略的新的可能性。因此，"幻想"对设计创造者是有益的。

（4）自由思维

"自由思维"又称之为"发散思维"，是指大脑呈现出一种自由扩散的思维形式。"自由思维"不同于弗洛伊德的"自由联想"。按弗洛伊德精神分析学的要求，"自由联想"并不是所说的那么自由。因为对联想者是在某种限制条件下展开的自由联想。而"自由思维"表现出的是一种视野广阔、多维叠加的思维现象。不少心理学家认为，"自由思维"是创造性思维的最主要的特征，是测定创造力的主要标志之一。

对于"自由联想"而言，思维是不加限制和约束的，也就是说不应该有任何组织性、计划性和朝向性，是让思维自由地漂泊、漫游和放射。当然，从创造过程的角度看，创造性思维是多种思维活动的统一体。一般都会经历准备期、酝酿期、豁朗期和验证期四个阶段。而"自由思维"只是准备期和酝酿期灵感生成的思维方式。随着灵光突显和概念的产生，思维开始敏锐感知和捕捉在本我"知觉"、自我"概念"和实际系统之间的相似性、类似性，或"群体生态"等现象，这时"自由联想"便进入了结束阶段。

（5）捕捉相似性

捕捉相似性是指设计创造者在思维发散过程中，对本我"知觉"、自我"概念"，以及实际系统之间所发生的相似性现象始终保持的十分敏感捕捉状态。从概念层面看，相似性分成了四种类型，即自身相似、直接相似、符号相似和幻想相似。

① "自身相似"是指设计创造者的本我"知觉"、自我"概念"和实际系统间在角色上的一种相似方式；

② "直接相似"是指设计创造者的本我"知觉"、自我"概念"和实际系统间在原理和性质上的一种相似方式；

③ "符号相似"是指设计创造者的本我"知觉"、自我"概念"和实际系统间在视觉形象上的一种相似方式；

④ "幻想相似"是指设计创造者的本我"知觉"、自我"概念"和实际系统间不必和已知世界通用法则相符合的一种相似方式。

"相似性"的发生，关键在于设计创造者是否能识别到和捕捉到。识别和捕捉相似性、类似性，或"群体生态"现象的过程是"原发过程"体现设计创造力的重要行为之一。因此，想要提高创造力，我们就应该让自己沉浸于觉察和捕捉"相似性"的状态中，不过"相似性"常常会被许多表面现象所掩盖，在绝大多数情况下，很难捕捉到真正有价值的"相似性"。但是我们不能因为这样的现状就放低对所有可能的"相似性"的敏感性，而是要养成习惯，在众多的失败中才有可能捕捉到真正有价值的相似性。

（6）保存单纯性

"保存单纯性"其实是指在一定的时间段废止批评和暂时不加评价的行为。也就是说要改变戴着有色眼镜看世界的习惯，对相似性现象保持幼稚而纯朴的易受欺骗性，假设所有的相似性都具有重要的含义，并可以从复杂的世界中区分出来，而不是惯性地认为出现的相似性只是大概率的假象，而放弃捕捉到真正有价值的相似性的机会。

另外，"保存单纯性"是指创新探索过程中开放的态度。也就是说，对任何事和物在否定之前保持纯朴的接纳态度，始终相信万物之内和万物之外皆存在为我所用的某种潜在的秩序和规则（至少在被证明无用之前）。对创造力来说，发现事物潜在的、为我所用的秩序与规则比创造一个新事物更为重要。

虽然在医学上，把这种"易受欺骗性"的单纯、偏执和对相似性事实的妄想列为精神分裂症的表现。但是，对于设计创造者而言，这种"易受欺骗性"的单纯、偏执和对相似性事实的妄想只是创造过程的阶段性现象，我们不会像精神分裂症患者那样不加选择地把它们都当成深信不疑的事实来接受，而是会依赖"继发过程"的机制加以甄别和取舍。

（7）反省内心创伤

从某种意义上来讲，设计创造者必须要超越个人的偏见才能实现创意的最终现实。但在设计创造过程中的个人化的"幻想"和"发散思维"却与我们内心中的创伤（曾经的心理层面的冲突）有关。因此，我们对以往内心创伤的回忆和反省是促进创造力发生的重要因素，不可忽视。

对于人类而言，人的心理总是存在着这样和那样的冲突，这种对人的心理机能产生出的限制作用就属于心理创伤，也就是一种精神委屈现象。对于设计创造者而言，虽然这种创伤性冲突会在自我缓解和调节下得到解决，但它们不会被忽视。因为如果这些冲突仅仅停留在自己主观的层面，没有得到普遍意义上的最佳处理的话，它们还是会继续向个人身心的更深处发展，会在不断的反省中，试图加以控制和驾驭自己的主观纠葛，寻求普遍的、广泛的共鸣，使内心的冲突产生一种既亲切熟悉又陌生遥远的心理状态。这时内心的创伤将有可能转变为有价值的设计创新。

从心理学的视角看，"冲突"和"自我表现欲"是人类创造活动的两大动力。然而在这里我们要强调的是，重点不在于冲突本身（过去或现在的冲突），而在于把冲突转变成创造活动的那种能力，即内心创伤的反省能力。

2.3.5 产品设计创造过程的关键要素

通过对创造过程分析和研究，我们已经初步掌握创造过程的一般规律，然而针对产品设计的创造过程有以下关键要素值得重视。

（1）验明产品设计的性质

就产品设计而言，产品的设计性质是推理性和创造性。在实际的案例中，许多产品设计是属于功能改良型的设计，其创造过程主要是通过逻辑推理就可以解决的。例如智能手机的迭代设计，主要是围绕智能技术下的功能拓展更替设计，很明显，通过逻辑推理就可以解决。而有些产品设计属于方式创新型的设计，其创造过程无法通过简单的逻辑推理予以解决。例如智慧手机设计，主要是围绕智慧手机的新方式展开，很明显，没有可参与性和逻辑推理性，需要脑洞大开，创造新概念。因此不同性质的设计问题，需要选用不同的思维方式和解决路径（创造过程）方法，这一点非常重要。

（2）培养产品设计的创造意识

由于产品设计是一种用产品解决问题的商业行为，牟利一定是第一位的，加之人类的天然惰性，设计师在用产品解决设计问题时容易出现拿来主义的模仿和抄袭现象。虽然人类的创造性活动是在现有知识基础上展开的，但简单粗暴地抄袭别人的产品设计不仅无创新可言，而且是不道德的，甚至是违法的。因此，设计师如何用创造性的产品来解决问题，这就是需要培养我们的创造意识。

理论上讲，创造意识是我们自觉进行创造性思维，发挥创造潜能，力求产生创造性成果（产品）的思想观念；是我们在创造活动的创造体验、创造经验和创造认识基础上说形成的对创造的高度敏感性，以及自觉和自发进行创造活动的一种心理准备状态。创造意识不属于创造能力和创造性思维。创造能力和创造性思维是创造的前提，是创造意识形成的必要条件。

因此，对于产品设计而言的真正价值不只是简单的商业行为，同时还包含了助推人类社会不断向前发展的创新使命。因此，培养我们的创造意识，营造创造意识生成的环境及气氛，酝酿求新求变的创新风气，摆脱旧的抄袭习惯和思想惰性，激发创造的积极性就显得特别重要。

（3）重视产品设计的循环过程

要成功地解决问题，就要抓住主要矛盾，抓住问题的本质，才能对症下药，提出创新方案。当研究对象众多、课题太广时，可以先将问题分门别类，并将大课题分解为若干子课题，以便逐一研究解决，最后汇总归一。

（4）拟订解决问题的方案

产品设计不是一种简单的线性创造过程，而是包括收集情报、构思、设想、概略评价、具体化、试验研究、详细评价、确定方案、反馈修正的循环过程。

在产品设计中，要成功地、创造性地解决问题，就要能够抓住主要矛盾，抓住问题的本质。然而对问题本质的抓取需要通过多种方案的闭环性比较才能够确认。因此我们要重视产品设计在创造过程中的循环性、系统性、反复择优的特征，确保抓住了问题的本质，选定了最佳方案。

本章小结

虽然人类的创造力是一种神秘的能力之一，但作为产品设计原动力的设计创造力也是存在着一定的规律和方法的。只要我们在理解产品设计创造力影响因素和产生条件的基础上，就可以通过合理的方法创造有利于创造力产品的条件，在不断培养我们的创造意识的同时通过合适的创造程序有效地激发潜在的产品设计创造力。

第 3 章

产品设计思维

人类之所以有设计创造力，与人类的思维能力和方式有关。而人类的创造力与智力不是一回事。

智力一般指人类的抽象思维能力，是一种对信息进行处理的能力，一种运用现有知识、经验解决问题的能力。而创造力则是一种探索未知的能力，一种产生新思想、发现新概念和创造新事物的能力。

近代生理学研究证明，人类大脑的左右两个半球在功能上是不同的，因此表现在思维活动中，有着不同的分工。左脑主要承担逻辑思维（收敛性思维），即判断和逻辑推理工作；其功能特征是记忆、语言、计算、书写、分析和求同思维等智力活动的控制中枢。右脑主要承担形象思维（发散性思维），即想象和创造工作；其功能特征是音乐、美术、直觉、情感、空间感觉和求异思维等神经心理活动的控制中枢。左右脑的功能有一定的互补作用，但从创造的角度来看，首先要充分开发右脑的功能。事实证明，多数的发明创造是靠右脑成功运用左脑储存的知识，进行超脱逻辑的形象思维（想象）而取得的。

然而，我们在接受教育（学校或社会）的过程中，几乎都是在接受语言、文字和已有知识等的学习，所以是偏重于左脑功能的训练与发展，也就是说智力的开发。特别是现如今，许多学识渊博、经验丰富的人，他们有很高的智力（在逻辑思维方面有很高的能力），但缺乏足够的创造力（在形象思维方面却不甚见长）。这说明创造能力的培养和发挥不仅取决于学识和经验，还更多地有赖于活跃的想象力。因此，对于健全大脑的开发两者缺一不可。对于文化水平高、知识经验丰富的人来说，如能有意识地发展扩散性思维，挖掘右脑功能的潜力，同时启动左右脑不同功能协同合作，就会产生巨大的创造能力。

对设计能力而言，其实是指创造力与智力的结合体；而设计思维也就是左右脑有机配合的思维模式（图3-1）。

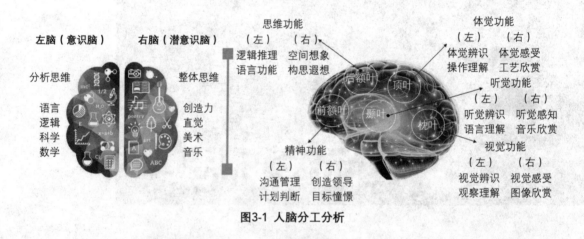

图3-1 人脑分工分析

3.1 设计思维的特征

什么是设计思维？

人类的大脑在长期的劳动实践中，逐渐形成了最为基本的两种思维方式，即逻辑思维方式和形象思维方式。而人类的设计创造能力是这两种思维方式混合运用的结果。所以，设计思维是逻辑思维和形象思维的结合体，是人类在针对不同问题时，以已有经验和准则为基础，以不机械地生搬硬套为原则，探索"已知事实"新关系和"未知事实"新概念的思维方法。

3.1.1 设计思维的非逻辑性

形象思维，或非逻辑思维是设计思维中重要的组成部分，也是人类大脑最初形成的原始感性思维的高级形式。所以，解读设计思维中的"非逻辑性"是认识设计思维的重要起点。一般而言，设计思维中的非逻辑性主要体现在下列方面：直觉、灵感、想象和联想。

（1）直觉

"直觉"是指一种非逻辑的、潜意识的洞察力。然而高度的直觉洞察能力却离不开个人的学识与经验。虽然个人的"直觉"不是推理的结果，但它是建立在过往实践基础之上潜意识的结果。

"直觉"在设计创造中的作用常常体现在最初的设计创意和设计方案的选择上。也就是说，对于最初的设计创意和设计方案做出潜意识的预见。这种预见感是一种凭借个人潜意识洞察力从众多的可行方案中择优的依据。然而，无数事实证明往往这种直觉是对的。这就是直觉的神奇之处。日本东京工业大学教授、创造学者川喜田二郎（Kawakita Jiro）所提出的KJ法就是依赖于直觉的一种创造方法。

何谓KJ法？首先，将处于混乱状态中的语言文字资料，利用其内在相互关系（亲和性）加以归纳整理；其次，提出问题解决可能性的新途径（A型图解法）；其三，团队成员会将所有的可行方案记在卡片上，由成员各自凭自己的直觉从中做出抉择；最后，集中进行归纳整理，从而寻求最终的解决方案。

当然，光凭直觉做出的抉择或设计存在着一定的片面性，所以必须清楚，直觉只是设计思维的敲门砖，是否能够真正打开创造的大门，当然还需要进一步的科学验证（图3-2）。

序号	程序\方法	旧七大手法							新七大手法						
		调查表	分层表	排列表	因果图	直方图	控制图	散布图	系统图	关联图	亲和图	矩阵图	矩阵数据分析法	PDPC法	箭条法
1	选题	●		●	○	○	○			○	△				
2	现状调查	●	○	●	○	○									
3	目标设定					△	△								
4	原因分析				●				●	●					
5	确定主要原因	○		○						○			△		
6	制定对策	○	○						△			△		●	○
7	对策实施	○							△			△		●	○
8	效果检讨	○		○		○	○	○							
9	制定巩固措施	○				△	△								
10	总结及下一步打算														

●表示特别有效　　○表示有效　　△表示有时采用

图3-2 KJ法（A型图解法）

项目改善

凝聚共识　　　组织开发

未知

定性分析　　　设计提案

（2）灵感

"灵感"是创造过程一种最富有创造性的心灵变异现象。此时的创造力骤然倍增，但又往往转瞬即逝。"灵感"是创造者将全部精力、智慧高度集中在所思考的问题上，以至于不知不觉地、突如其来地产生的一种非逻辑的高潮现象。

"灵感"是发散思维从"量变"到"质变"的飞跃过程。当然，安静的环境、舒缓的心情、清醒的头脑、亢奋的精神都是产生灵感的良好条件。可见，从方法层面看，灵感乍现除了主观上的努力外还需要良好客观条件的配合。

著名的"元素周期定律"是俄国科学家德米特里·伊万诺维奇·门捷列夫（Дмитрий Иванович Менделеев，1834—1907）在半寐状态中发现的。

"万有引力定律"是英国物理学家艾萨克·牛顿（Isaac Newton，1643—1727）在度假中发现的。

"相对论"的构想是现代物理学家阿尔伯特·爱因斯坦（Albert Einstein，1879—1955）在病床上突然发现的。

而中国北宋文学家欧阳修（1007—1072）则自称生平的文章多在"三上"，即枕上、马上、厕上创作的。

不难看出，"灵感"的特点在于它可遇不可求的偶然性。正是这种不可预测，非逻辑的偶然性，才使得"灵感"具有如此巨大的魔力。

（3）想象

"想象"是对记忆中的表象进行加工改造后得到创新形象的思维现象。"想象"分为"再造想象"和"原创想象"两种。

第一种是再造想象法。

"再造想象法"是一种依托现有事物、现有观念、现有形象形成新事物、新观念、新形象的思维方法。

"再造想象法"的实施步骤：

① 分析原型的各构成要素。

② 分析各构成要素的空间关系和表象的先后顺序。

③ 按照研究目的增删或改造部分次要因素。

④ 在背景知识和相关经验的指导下局部非逻辑化地组合新的观念和新的表象。

通过"再造想象法"获得的新观念和新形象，在根本性质上、基本结构上和主要功能上均与原型类似。也就是说，在大的方面是符合逻辑的，但在局部和次要因素上存在着非逻辑的创新性。其形象特点是以继承原型为主、改造原型为辅，属于创新程度不高，但实用价值较大的设计发明创造。

"再造想象法"所创造的形象在实现的可能性上和与现实价值观的吻合程度上都是以原型作为对照和参考，所以具有较好的可预测性和可操作性。

第二种是原创想象法。

"原创想象法"是一种通过碎片化、多元化、解构化的素材，以非逻辑的方式创造不同于现有事物、现有观念、现有形象的新事物、新观念、新形象的思维方法。

"原创想象法"所创造的形象是当下尚未存在的，在根本性质上、基本结构上和主要功能上是全新的。"原创想象法"的实施步骤：

① 广泛收集碎片化、多元化、解构化的素材。

② 分析各素材间可能形成的新的关系和逻辑顺序。

③ 按照研究目的非逻辑地选择和整合素材。

④ 在背景知识和相关经验的指导下形成全新的观念和全新的表象。

在设计思维中，无论是"再造想象法"还是"原创想象法"都是能够发挥特殊作用的工具。"想象"使我们有可能窥见未来，从而引导和激发为此做出不懈努力的欲望。早在

18世纪牛顿就以他非凡的想象力做出了惊人的预言，"如果以每秒8公里的速度（第一宇宙速度）向水平方向发射炮弹，炮弹就会环绕地球飞行。"这一科学预言对20世纪兴起的宇航技术起到直接的启迪作用。

（4）联想

"联想"是指由甲事物想到乙事物的心理思维过程。具体地说，是借助想象法把形似的、相连的、相对的、相关的或某一点上有相通之处的事物，非逻辑地选取其沟通点加以联结。也就是说，在某些事物、概念和现象的刺激下而产生新的事物、概念和现象等。

联想可分为：接近联想、类似联想、对比联想和因果联想。

① **接近联想**。接近联想是指时间上或空间上的接近都可能引起不同事物之间的联想。例如，当听到《春天的故事》，许多人会联想到我国改革开放初期深圳建设的情景。当我们看到牛奶会联想到奶牛（图3-3）。

图3-3 采用接近联想的方式设计的牛奶包装和玻璃奶杯

② **类似联想**。类似联想是指由外形、性质、意义上的相似引起的联想。例如。由"鸟"联想到"飞机"；由"鱼"联想到"潜水艇"（图3-4）等。

图3-4 采用类似联想的方式设计的潜水艇

③ **对比联想**。对比联想是指由事物间完全对立或存在某种差异而引起的联想。其突出的特征就是背逆性、挑战性、批判性和互补性。例如，在过多的理性设计环境下会联想到具有人性特征的设计（图3-5）。

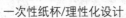

一次性纸杯/理性化设计 国潮风纸杯/人性化设计

图3-5 采用对比联想的方式设计的国潮风纸杯

④ **因果联想**。因果联想是指由于两个事物存在因果关系而引起的联想。这种联想往往是双向的，既可以由起因想到结果，也可以由结果想到起因。例如由蜜蜂联想到鲜花。

"联想"是每个人都具有的思维能力。"联想"产生的原因是有些事物、概念和现象往往是在某个时空中伴随性出现；或是在某些方面某种关系对应性出现，由于这些事物、概念、现象和关系的反复出现，就会被我们的大脑以一种特定的记忆模式所接受，并以特定的记忆表象和结构所储存。一旦再次遇到，我们的大脑会自动搜寻这些过去已确定的事物、概念、现象和关系，无论是接近、类似还是相反的，都会马上使我们想到另外一些事物、概念、现象和关系，这就是"联想"。

"联想"的客观存在是因为我们大脑中对过往世间的事物、概念和现象存在着这样或那样的非逻辑关联性。然而，许多创新成果就是来源于这种非逻辑关联性的"联想"。奶牛与交响乐没有逻辑上的关系，但是德国多特蒙德音乐厅通过联想将它们合二为一，为奶牛演奏交响乐，并将这种奶牛的奶作为音乐厅专供牛奶（图3-6）。

图3-6 "多特蒙德音乐厅"牌牛奶

3.1.2 设计思维的逻辑性

前面我们说到，人类的创造能力更多的是有赖于活跃的形象思维。但也离不开学识和经验论证的逻辑思维，两者缺一不可。设计思维的逻辑性主要体现在以下方面：移植、演绎、归纳、分析和综合四种主要方法。

（1）移植

"移植"是指应用、借鉴其他领域的新原理、新技术或新成功经验，从中取得新突破、新进展的思维方法。"移植"在产品设计中应用非常广泛，许多重要的和有影响力的产品，往往来自移植原理。

为了有效地"移植"，首先就要寻找到不同问题之间所存在的类似点，即"相似性"。其他领域的经验和原理之所以有价值、能移植，正是由于它们之间存在的某种"相似性"。所以在移植时，首先要分析、洞察和发现"相似性"，这是"移植"的必要条件。

其实，人类早就学会了向自然界寻找"相似性"，并运用移植原理进行创造性活动。例如，我国春秋时期鲁国工匠鲁班（公元前507年—公元前444年），

图3-7 带刺的荆条与锯子的移植

从带刺的荆条划破他手臂的原理中得到了创造"锯子"的灵感（图3-7）。

英国工程师伊桑巴德·金德姆·布鲁内尔（Isambard Kingdom Brunel）从蛀虫噬木开道蠕进的原理得到了创造"布鲁内尔沉箱"（水下隧道的技术）的灵感。

当然"移植"不仅局限于自然界的启示，亦可来自其他的任何部门、行业、领略和时间段的成果。

例如，猫王收音机是一款2016年出品的复古收音机&蓝牙音箱产品（图3-8），由设计师曾德钧先生设计完成，它的外观和工艺风格均移植60年代典藏级收音机的精气神，以"重返1960年代"为主题，致敬美国作家杰克·凯鲁亚克（Jack Kerouac，1922—1969）的经典小说《在路上》，获得了很好的市场反应。

美国20世纪60年代
猫王时代的收音机

我国2016年推出的
猫王收音机&蓝牙音箱

图3-8 复古收音机&蓝牙音箱产品

再例如，德国著名设计师路易吉·克拉尼（Luigi Colani，1928—2019）先生用一生的精力追求移植空气动力学的原理和表现他心中自然的真实，为我们创造了大量造型极为夸张的、形态魅力四射的流线型设计。

这些事例说明，发现"相似性"，洞察"相似性"，不仅有助于"移植"，而且可以直接促进产品的创造。

（2）演绎

"演绎"是从某种正确的假设命题出发，由一般原理（概念）推演出特定结论的思维方法。也就是说，"演绎"是运用一般逻辑规则导出特定新命题的思维方法。"演绎"通常从假设的"大前提"和"小前提"中得出结论。演绎逻辑是从整体到部分、从一般到特殊、从普遍到个别的推理过程。

例如，苹果公司促进消费者购买的理论基础来源于下列演绎："大前提"是人人都喜欢被他人认为自己是时代的佼佼者（社会精英、时尚人士等）；"小前提"是苹果产品都是为佼佼者量身打造的专属产品；"演绎"的结论就是所有人由于能够拥有苹果产品而提高社会身份，必然会激起他们的购买欲。苹果白色的iPod音乐盒子进军消费电子市场时其策略就蕴藏着时代佼佼者的指向性演绎（图3-9）。

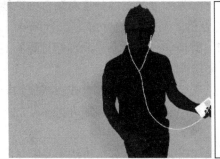 

图3-9 苹果白色的iPod

"演绎"是设计创造中的一种重要思维方法。"演绎"不仅能扩展和深化我们原有的知识，同时还能让我们做出具有科学性的预见。所以，"演绎"能够为设计创新活动提供非常有价值的启示性线索，使我们的设计创造向正确的方向发展。当然，最基本的条件是："演绎"的"大前提"和"小前提"都必须是正确的，否则就会导致错误的结论。

一般来说，"演绎"很好地揭示了事物共性与个性间的统一关系，但对共性与个性间的对立性关系是屏蔽的，存在着认识上的片面性。因此，孤立地运用"演绎"的思维方法不能全面反映多元化的客观事实。

（3）归纳

"归纳"是一种从个别事物开始，逐渐概括出"一般"性特征和原理的思维方法，在逻辑上跟"演绎"相反。"归纳"是从局部到整体、从特殊到一般、从个别到普遍的推理过程。所以，"归纳"是以直观感性认识为基础，对已掌握的一部分事物的某些属性进行逻辑性推理，即"归纳"，从而得出结论。也就是说，是我们通过分析某些事物的相关变化和现象，从它们之间的因果关系中发现普遍规律的思维模式。

图3-10 我国城市共享自行车、电动单车和电动汽车

例如，共享自行车、电动单车和电动汽车是我们根据城市人群出行方式的不同需求，进行了从个别到普遍的推理归纳后，才提出的不同的、具有普遍认同感的设计解决方案（图3-10）。

不过"归纳"是无法包括所有同类事物的全部属性的，通过"归纳"所得出的结论存在着较大的局限性是不可避免的，产品设计师应正视并合理运用。

"归纳"与"演绎"是既有联系又有区别的两种思维方法。"归纳"是"演绎"的基础，"演绎"是"归纳"的前导。将"归纳"与"演绎"，以及其他思维方法结合使用，才能够实现从个别到一般，又从一般到个别的循环反复，才能够让设计的解决方案步步深入，达到我们想要的状态，这才是真正的设计思维方法。

（4）分析和综合

"分析和综合"是指我们在认识客观事物中，揭示个别与一般、现象与本质之间内在联系时所采用的，把整体分解为部分和把部分重新结合为整体的思维方法。

首先是"分析"。"分析"是把事物分解为各个部分、各个侧面、各个属性加以研究，从而揭示它们的结构、特征和内部联系，从而把握事物总体的属性和本质。"分析"是我们认识事物整体的必要阶段。

例如，对产品简约风格现象的研究，往往首先要将简约风格分解成基本的构成元素，然后再对构成元素在生成过程中的变化和作用展开进一步的考察，最后才能揭开简约风格现象产生的原因和形成的过程。

当然，不同的研究对象和研究目的在分析方法上是有区别的。常用的分析方法有"定性分析法""定量分析法""因果分析法""比较分析法""结构分析法"和"数学分析法"等。

其次是"综合"。"综合"是一种在分析基础上进行科学概括的思维方法。也就是说，是在对事物各个部分、各个要素和各种属性分别认识的基础上，从掌握该事物本质规律的角度，将事物各个部分、各个要素和各种属性有机地统一起来，并形成整体认识的思维方法。

同样，不同的研究对象和研究目的在综合方法上是有区别的。常用的"综合法"有"对称归纳法""系统归纳法"等。

在创造实践中，"分析"与"综合"方法的互相渗透转化、相辅相成、循环往复是推动我们的认识不断发展的思维过程。可以说，人类得出的一切论断和概念都是分析与综合的结果。

3.1.3 设计思维的方式多元性

人类思维方式的基础是由形象思维和逻辑思维组成。然而复合型的设计思维有着自身的特点，在长期的设计实践中形成除了形象思维和逻辑思维之外的、混合多元的思维方式，例如横向思维、逆向思维、转向思维和原点思维等。

（1）形象思维

形象思维是指人们在认识客观世界的过程中，在对客观形象体系进行感受、储存的基础上，结合个人的主观认识和情感识别（包括审美判断和科学判断等），创造和描述事物形象的一种思维形式。

简单地说，"形象思维"是以形象为基础的思维形式，属于创造能力的一种。

从形象思维的基本原理看，人类对客观世界"形象化再现"的感知能力有着不同的发展水平。一般来说可分为三个不同的层面：儿童层面、成年人层面和专业人士层面。

① 儿童（三至六七岁）层面的形象思维。这是形象思维的第一层次。儿童层面的"形象表现"主要反映的是同类事物中一般的表象，并没有反映出事物所具有的本质特点。这可以从儿童画中看到这一层次的形象，如图3-11中所表现的太阳和人物等都是非常表象的。

图3-11 儿童画

图3-12 云南沧源岩画

② **成年人层面的形象思维**。这是形象思维的第二层次。成年人层面的"形象表现"主要反映的是在接触大量事物的基础上，对表象进行过加工的形象。例如云南沧源岩画就很好地反映了先民成年人的形象思维。该岩画记录的是一次庆典的场面，从中能看到岩画中的形象具有向原始甲骨文字过渡的痕迹。这就是对表象进行过加工的思维形态，已不再是第一层次只是反映同类事物中一般表象的思维形态（图3-12）。

③ **专业人士层面的形象思维**。这是形象思维的第三层次。专业人士层面的"形象表现"主要反映的是作家、艺术家和科学家在创作过程中，对大量表象进行过高度的分析、综合、抽象、概括，形成的具有个人世界观的典型形象。

黄宾虹先生笔下的"黑"山水就是"形象思维"的产物。黄宾虹先生的山水画是"入蜀方知画意浓"之后蜕变的结果。1932年黄宾虹以69岁高龄入蜀，入川江，经重庆，至叙州、岷江、嘉州而上峨眉，又到成都游青城，后出龙泉驿，经射洪、广安等地至重庆而东还。黄宾虹先生在《雨中游青城》画中题道："青城坐雨乾坤大，入蜀方知画意浓"；在《题蜀游山水》画中题道："沿皴作点三千点，点到山头气韵来。七十客中知此事，嘉陵

思政小课堂

东下不虚回"；黄宾虹1953年曾对王伯敏说："我看山，喜看晨昏或云雾中的山，因为山川在此时有更多更妙的变化"；又说："山具浓重之色，此吾人看山时即可领会，清初四王画山不敢用重墨重色。所作山峦几乎全白，此是专事模仿，未有探究真山之故。"（引自《黄宾虹画语录》）

可见，黄宾虹的"黑"山主要是"外师造化""内审心智"的结果，是他对山川深入观察情入骨髓的结果。黄宾虹在多处题跋中提到看夜山、看晨昏时山、看雨后山的感受，正是生活经验与生命感悟升华了他的美学境界，使他由蜀山的草木华滋、由夜山的林岚氤氲、由雨后山的苍郁浑厚领略了一种山川的"内美"，因而用积墨、渍墨、破墨、泼墨、宿墨等墨法画出了其独特感受中的"黑"山水之美，见图3-13。

图3-13 黄宾虹先生的山水画

针对产品设计次目标中的产品创意概念、产品商业方案和产品本体建筑，特别是针对具体的产品形态和外观设计，设计师主要思维方式就是形象思维。设计师会借助典型产品形象反映生活的感

图3-14 意大利B&B品牌设计《妈妈的怀抱》沙发

悟，抒发思想的感情。例如意大利B&B品牌沙发设计，就是将女性的性感美形象地表现在座椅的线条中（图3-14）。这就是第三个层次形象思维在产品设计中的应用。

形象思维的基本特点如下。

① 形象性。形象性是形象思维最基本的特点。事物的形象是形象思维的反映对象；而意象、直觉、想象等观念是形象思维的形式；能被人类感官所感知的图形、图像、图式和符号是形象思维表达的工具（手段）。形象思维的形象性具有生动性、直观性和整体性，这也就是产品形象之所以能够吸引消费者的原因。

② 非逻辑性。形象思维不像抽象思维那样对信息的加工工具有一步接一步首尾相接的逻辑进程。形象思维是综合调用不同的客观形象素材，常常是非逻辑性地从一个形象跳跃到另一个形象，以梦幻般的方式，用情感去糅合再造新形象的过程。可见，形象思维对信息的加工不是系列性加工过程，而是平行性加工过程；不是线性加工过程，而是面性，或

立体性加工过程。形象思维可以使思维主体迅速从整体上把握住设计问题轮廓，但结果具有偶然性和似真性，需要后续的逻辑论证或实践检验的配合。

③ **粗略性**。形象思维对问题的反映是粗线条的，对问题的把握是宏观的，对问题的分析是定性的，或半定量的。因此，形象思维常常用于对设计问题的定性分析；而对于更为精确的定量分析还得依赖逻辑思维。所以，在设计中，形象思维和抽象思维是交织的，只是在产品形象的设计阶段，形象思维占据了主导地位而已。

④ **想象性**。想象是思维主体在个人过往的潜意识矛盾冲突作用下对已有形象的拓新联想现象。应该说，形象思维是人类并不满足于对已有形象的再造思维，或者说是一种人类致力于对已有形象注入个人世界观的形象的拓新思维。因此，个人世界观介入的想象性是形象思维的重要特征，也是产品创新的重要基点。

（2）逻辑思维

逻辑思维过程是指人们把对事物感性认识的相关信息（素材）抽象成概念，并经过判断推理，将概念形成可用于实证新知识的理性思维。逻辑思维能够使人们更好地把握客观对象的本质，以便更好地认识客观世界。因此，逻辑思维包含了三个基本特征：

① **概念性**。概念性是逻辑思维最基本的特征。这是因为逻辑思维是从舍弃客观事物的个别非本质属性中，以概念的方式抽出事物中共同本质属性的思维模式。没有概念的提取，逻辑思维就无法认识事物的本质属性。何谓概念？从理论上说，概念是人们用于认识和掌握自然现象之间的纽带，是人们认识过程中的一个阶段，是用来表明事物本质的、实体的、事件的、关系的、范畴的或种类的，具有普遍性的抽象想法和观念。从逻辑思维的属性来说，世界上的一切事物都可以是概念的对象，包括产品设计本身。

② **判断性**。判断性是逻辑思维最重要的特征。这是因为逻辑思维包含了人类对事物概念给出肯定或否定的判断环节。没有对事物本质属性的判断，逻辑思维就无法找到有价值的、肯定的、反映事物本质属性的概念。因为反映事物本质属性的概念是新事物或新产品诞生的基础。下面是一些由判断提取出的反映事物本质属性的新产品概念：可自动驾驶的汽车；可自动烹饪中国菜肴的机器人；可远程手术的设备；可以水为动力的汽车。

具体的判断方法可分为：直言判断、联言判断、选言判断和假言判断。

何谓直言判断？直言判断，也叫性质判断，是指断定事物具有或不具有某种性质的简单判断。例如，轿车、卡车、商务车、特种运输车等不同车辆，如果它们的动力系统采用的都是燃油发动机的话，根据这一性质的直言判断：它们属于汽车的概念。

何谓联言判断？联言判断是指断定几种事物共存性的判断。例如，汽车、火车、马车、地铁、高铁等，根据它们陆用和交通用等共存性的联言判断：它们都属于陆地交通工具的概念。

何谓选言判断？选言判断是指断定在几种可能情况下，至少有一种情况存在的判断。选言判断又分为相容选言判断和不相容选言判断。组成选言判断的各个判断，叫选言支。例如，女性产品概念的选言判断中"或者是化妆用品""或者是美容用品"，这属于相容的产品选言支；而"粉红色系的产品""时尚柔美的产品"属于女性产品概念中不相容的产品选言支。

何谓假言判断？假言判断又称条件判断，是指断定一事物与另一事物存在条件关系的复合判断。假言判断的真假，并不取决于前件和后件本身的真假，而取决于前件和后件之间是否有条件关系。假言判断又分为充分条件假言判断、必要条件假言判断和充分必要条件假言判断。

例如，对"女性产品"概念的假言判断：

充分条件假言判断的逻辑联结句："如果是美白护肤类产品"（前件条件），"那么属于女性产品"（后件判断）。

必要条件假言判断的逻辑联结句："只有能改善女性颜值的产品"（前件条件），"才属于女性美容产品"（后件判断）。

充分必要条件假言判断的逻辑联结句："这是女性生理期使用的产品"（前件条件），"所以它属于女性产品"（后件判断）。

③ **推理性**。推理性是逻辑思维最本质的特征。这是因为推理是逻辑思维揭示真理的重要手段。没有对肯定概念的进一步推理，逻辑思维就无法最终揭示事物的真理。

具体的推理方法有"必然性推理"和"或然性推理"两种。

必然性推理是指从"真"前提出发，必然地推导出"真"结论的推理。必然性推理包括各种直接推理方法，如三段论、关系推理、假言推理、选言推理、完全归纳推理和科学归纳推理等方法。有关内容我们会在科学研究方法一节中进一步论述。

或然性推理是指虽然前提是"真"的，推理过程也合乎逻辑要求，但并不能保证推理的结论是"真"。但这种推理对于扩展知识有重要价值。"或然性推理"包括"简单枚举归纳推理"和"科学归纳推理"两种形式。

"归纳推理"的概念是指以某类思维对象个别或部分个体的知识为前提，推出关于该类思维对象的全部的推理。

其中，简单枚举归纳推理主要是指由"前提"推断"结论"的逻辑依据没有遇到相反的情况的推理。当然，这种未遇反例的，从个别知识推出一般结论的条件虽然是必要条件，但并非充分条件。因此，简单枚举归纳推理的结论并不是十分可靠的。很明显，提高简单枚举归纳推理结论可靠性的方法，一种是增加考察对象的数量；一种是调整考察对象的视角。

而科学归纳推理是指"前提"推断"结论"的逻辑依据不仅是未遇反例，而且是基于对某类思维之所以具有某种属性的原因展开过深入的考察。科学归纳推理的特点：不仅知其然，而且知其所以然。因此其结论较之简单枚举归纳推理更可靠。当然，对科学归纳推理而言，其结论的可靠性取决于所考察的思维对象是否具有代表性或典型性，而不在于数量多少。

（3）横向思维

横向思维，又称之为侧向思维，是一种以事物存在模式与问题要素关系为触点的、非逻辑的、非纵向的思维方法。其目的是设法发现问题要素之间新的结合模式，并在此基础上寻找问题的各种不同的，特别是新的解决办法。

通俗地说，"横向思维"是发散思维的一种。这种思维的思路、方向不同于正向思维、多向思维或逆向思维，它是沿着正向思维旁侧开拓出新思路的一种创造性思维。其特征主要是利用其他领域里的知识和资讯，从侧向迂回寻找解决问题的一种思维形式。

从生态系统论的角度看，世界万物皆有联系。因此，横向思维跨领域地寻求启发与支持，可以突破本领域常有的"思维定式"和"专业壁垒"，从而发现对问题的新颖解释和启示，这就是横向思维的重要之处。

例如，医学中"叩诊"方法就是横向思维的结果。一百多年前，奥地利医生奥恩布鲁格（Joseph Leopold，1722—1809）在当时的医疗条件下，检查人的胸腔积水问题是一件极其困难的事。在他百思不得其解时，他作为酒商的父亲，常常用手敲击酒桶，通过叩击声来判断酒桶内的存酒量的举动启发了他，从而发明了诊断胸腔中积水病情的"叩诊"法。

（4）逆向思维

逆向思维，称求异思维，是指对似乎已成定论的事物、概念和观点进行反向思考的思维方式。逆向思维使我们敢于让思维向对立面的方向发展，也就是说从问题的相反面展开探索，从而树立新概念，创立新事物，塑造新形象。

（5）转向思维

转向思维是指思维在一个方向停滞时，及时转换到另一个方向去思维的方式。当然，"转向思维"必须以广博的学识为基础，这样才能有更多的方向供我们去考虑，才能以更快、更好的路径去解决问题。

当今的学科发展日益呈现出既高度综合，又多元分化的趋势，各种交叉学科、边缘学科和横断性学科层出不穷，这些都是转向思维的结果。

（6）原点思维

原点思维是指从事物的原点寻找问题答案的思维方式。在我们探究事物时，常常由于过多的过程叠加，而使得对事物本质的认识出现迷失，百思不得其解；

图3-15 人造鳄鱼皮产品

最终当我们回到事物的原点去思考，就会豁然开朗。例如在美国纽约，一个鳄鱼皮制成的女式提包，按尺寸大小曾标价1500—4000美元不等。因此很多人都将鳄鱼视为财富的象征。然而巴赛蒂斯花了几年的时间围绕"谁最需要鳄鱼皮"的问题做了专项研究。在众多的答案中，有一个答案被认定为唯一的答案，那就是"鳄鱼最需要鳄鱼皮"，而人类需要的只是一种鳄鱼皮的质感。因此巴赛蒂斯的研究为人造鳄鱼皮创造了巨大的市场机会。这就是原点思维的结果，也就是中国古语"解铃还需系铃人"的道理（图3-15）。

（7）扩散思维

扩散思维主要是指在现有问题特征基础上进行扩容性和透视性的发散思考，从而开阔思路和激发灵感的思维方法。扩散思维的技法有很多，主要根据发散的不同角度和行为特点来归纳，常见的有：

自由联想：通过类比、相似和相反这三种联想方法来提出设想。

强制联想：把课题和提示内容强制性地联系起来思考，提出设想。

类比发想：把本质上相似的因素当作提示内容来思考，提出设想。

特殊发想：通过催眠或睡眠，用印象暗示的方式思考，并提出设想。

问题发想：通过分析课题的相关问题，寻求解决问题的关键要素，提出设想。

面洽发想：通过当面洽谈的方式，发想问题，并寻求设想。

情报发想：收集数据并加以处理，整理出相关的工具和系统，并提出设想。

应该说，不管是哪种设计思维，思维本身只是一种辅助手段，它们不能代替我们开展设计活动，做设计还得靠我们自己。另外，设计思维中的"法"也是相对的。老子对

"有""无"关系的揭示印证了这一观点。老子认为，"有"和"无"是相辅相成的关系，其中的道理是：事物的本质是"无形"的，而发挥作用的事物是"有形"的。设计思维也是这个道理。

3.2　设计思维解析

设计思维包含了设计的能力问题、障碍问题和一般规律的问题，这些都是我们认识设计思维的重要因素。

3.2.1 设计思维能力

人类设计思维能力主要包括七种常见的方式，即观察力、抽象力、想象力、判断力、记忆力、表达能力和毅力。

（1）观察力

观察力是指人类大脑对事物的观察能力。

例如我们通过观察，能够发现新奇的事物等的能力；通过观察，能够对事物的声音、气味、温度等有新认识的能力等。应该说，人类认识客观世界，首先是通过对事物的观察，从而得到相对应的感性认识。如果这种感性认识是建立在没有明确的目的的基础上，那是属于一般感知的类型不具备观察的特征。只有有明确的目的性的感知活动才是"观察"。可见，目的性对于观察力的形成非常重要。当然还离不开条理性、理解性、敏锐性和正确性的支撑。

对创造而言，认识事物的"观察"行为不能是消极的"注视"过程，而是一种积极的思维过程。观察过程不仅要及时地排除干扰事物的关键因素，把握客体存在的意义；同时也要留意到其中有价值的、意料之外的、易被忽略的信息。

（2）抽象力

抽象力是指人们进行抽象思维的能力。

"抽象"乃是人们在认识事物时，通过思维舍弃那些个别的、表面的和非本质性的属性，抽取那些具有一般的、内在的、本质性的属性，并在本质性属性基础上形成概念的思维能力。可以说，"抽象力"是以分析、综合、比较为基础，区别事物真假，揭示事物的本质，为判断和推理提供前提条件的科学认知方法，也是设计思维的重要能力。

（3）想象力

"想象力"是人在头脑中已有形象的基础上创造出新形象的能力。

具体地说，在创造活动中，我们常常是运用想象力去创造那些所希望实现的事物的清晰形象，并不断地赋能于所想象的新形象，直到最终成为客观现实。可以想见，正是由于我们人类所具有的这种想象，才有了源源不断的创造发明和新生事物。

想象力对于创造的重要性不仅在于它能引导我们发现新的事实，同时也能不断激发我们做出新的努力。因为"想象力"是人类预见未来的重要路径。

（4）判断力

判断力是指人在接触某个事件（问题和答案）时，对个人行为方式选择的决定能力。换句话说，判断力是通过选择和抉择形式将个人的价值观付诸某个事件的性格体现力。

由于人类存在于感性和理性世界中，我们在认识世界的过程中，感性的自由性和理性的必然性是分裂的，它们之间是缺乏联系与沟通的。在康德看来判断力就是知性与理性的桥梁。

因此，这里我们所说的"判断力"就是指一种优选的能力，也就是一种贯穿创造全过程的，能够从许多个可行方案中选择的能力和决策的能力。

（5）记忆力

记忆是一种人类对于周围事物（信息和经验）大脑存储的心理过程。没有记忆的参与，人类就不能分辨和确认周围的事物。特别是在创造过程中，由记忆提供的知识和经验将扮演重要的角色。可见"记忆力"是人类思维的重要能力之一。

从方式的角度，我们一般把记忆力分为概念记忆能力和行为记忆能力。

概念记忆是指人类对某一事物特征的信息存储。例如，语言、名言、诗歌、定义、数学公式、思想体系等。这种记忆属于大脑性记忆，存在着容易淡忘的现象。

行为记忆是指人类对某一行为、动作、做法或技能等的行为存储。这种记忆属于体脑性记忆，会生疏但极少遗忘。如踩单车、游泳、写字或打球等。

记忆力是创造力勃发的重要基础，主要是因为大脑所记住的知识和体脑所记住的行为，在创造过程中，能够大大提高我们的工作效率。

（6）表达能力

表达能力，又称表现能力，是表达个人思想、情感、想法和意图等的能力。常用的方式有语言、文字、图形、表情和动作等。其中，言语表达与沟通是人类表达能力中最重要的能力之一，主要由以下几方面组成：

① 根据表达内容选择语言形式的能力。
② 根据表达目的进行自我调控的能力。
③ 根据交互对象选择语言形式与自我调控的能力。
④ 根据言语环境选择语言形式与自我调控的能力。

（7）毅力

毅力，又叫意志力，是人们为达到预定的目标而自觉克服困难、努力实现目标的一种意志品质，一种"心理忍耐力"，一种完成学习、工作、事业的"持久力"。

当毅力与我们的期望、目标结合起来后，能够发挥出巨大的作用力。所以，毅力是一个人自信能力、专注能力、果断能力、自制能力、忍受挫折能力和责任心的综合表现。

在创造活动中，所面临的障碍和困难要比想象的多。要克服这些困难，就需要我们的精神始终处在高度集中和紧张的状态。而意志力就是保持这种状态重要的因素。

3.2.2 设计思维障碍

从设计学的角度看，设计者能否充分发挥设计思维能力，除了影响设计的外部因素（环境因素等）外，设计者的思维障碍也是非常关键的影响设计的内部因素。一般来说，设计思维障碍包括下面四种：

① **思维定式障碍**。我们在考虑解决问题的办法时，往往有一定的倾向性和心理惯性，这种沿着固定思路去思考问题的现象，在心理学中称为"思维定式"。在设计创造中，这种思维定式容易产生负效应，成为开拓新思路的障碍。例如在设计中，因循守旧、墨守成规、生搬硬套原有设计的功能和形式等；受常识及传统模式的束缚，片面

地认识设计的对象；过分相信及依赖已有的统计数据，而忽视信息快速变化给设计带来的变化性。尤其是在那些具有较丰富的知识和经验的驻厂设计师中，上述现象尤其突出，容易困在已有的知识、经验，以及成功案例的功劳簿上，不易冲破思维定式。这就是许多企业需要不断地将项目外包，或起用新人的原因。当然，我们不否认思维定式在设计的可实现方面具有重要的经验作用，但是一味地陷入其中，将成为设计思维拓新的障碍。

② **逻辑思维障碍**。逻辑思维是人类重要的思维方式之一，在人类长期的创造活动中所起到的巨大作用是有目共睹的。但是，从某种意义上说，创新意念和灵感的产生更多的是依赖于非逻辑的思维方式而不是逻辑思维。原因很简单，这与逻辑思维的特点有关。逻辑思维是用新的概念（说法）来概括和表达某些过去的具有普遍意义的和共识性的事物；或者说是对创新意念和灵感进行可行性的推理。故逻辑推理不可能导致新的突破性的创造。不过在设计创造的整个过程中，逻辑思维确实是在设计可实现方面具有不可或缺的促成作用。明白了这一点，我们就清楚了逻辑思维的作用，就不会无选择地滥用，使之成为创新的障碍。

③ **文化视野障碍**。广义上说，文化是相对于经济、政治而言的人类全部精神活动及其产品。文化是随着时代的发展和人类智慧群族世界观变化而变化的社会现象与人类智慧群族内在精神的既有、传承、创造、发展的总和。纵观人类的历史，不同时期有不同的文化，不同群族（部落、地区和国家）有不同的文化，因此构成了人类世界五彩斑斓的文化现象和风俗习惯。而文化视野是指我们从人类社会历史文化的角度，对各类现实问题的认知范围。很明显，文化视野影响到我们的联想宽度和灵感深度。因此，常常由于我们文化认知范围的狭窄而导致我们过分地相信和依赖老旧的文化知识和价值标准，从而失去勇于创新的动力和不断探索的精神，成为设计思维产生创新理念的障碍。

④ **思想情感障碍**。思想情感是指我们在对世界认知（认知语言和认知成果）的过程中，对外界（人或事物）刺激所形成的某种关切、喜爱、厌恶、排斥等的心理反应。对于设计思维而言，如果我们对外界的刺激没有丰富的、积极的思想感情反应，就意味着我们存在着思想情感障碍，没有积极的心理状态，这将直接影响创造力的产生。特别是那些负面的思想情感，如自卑、恐惧、怕负责任、情绪化、主观武断、缺乏魄力、先入为主、一叶障目、本末倒置、虎头蛇尾等，会给我们的设计思维带来很大的障碍。

因此，在我们的创造过程中应该加以有效控制，避免成为我们设计思维产生创新理念的障碍。

3.2.3 设计思维规律

人类通过设计实践，形成了许多的设计技巧和方法，并在指导具体的设计活动中发挥了重要的作用。虽然设计思维与设计方法是不同的概念，但存在相辅相成的关联性。所以，认清和掌握思维的客观规律，有助于我们更好地选择和运用合适的设计方法，或者总结、整合和创造适合自己的设计方法。

思维的客观规律与设计方法不同，具有普遍性。它能够指导我们把握设计活动的大方向和对设计方法的宏观调控。设计思维的客观规律无法对具体的设计活动作出直接指导。

设计思维的客观规律归纳起来有以下四条：择优律、相似律、分析综合律、对应律。

（1）择优律

择优律就是指择优选取的规律。

这是人类设计思维中最基本的规律。无论是自然造物还是人类造物，选择无处不在。优胜劣汰是该规律的核心。

例如，农牧业的良种选育，新材料、新工艺、新结构开发过程的功能择优采纳等无不服从这一客观规律。

对于择优律而言，明确目标要求是前提。因此，择优律也可以称为"目标认定择优律"。不难看出，凡是预先提出具体目标的创造方法，都必定服从择优律。当然设计思维中的相似律、综合律、对应律，以及相关的各种创造技法，也都不能违背择优选取的规律。

（2）相似律

相似律就是指相似选取的规律。

我们说，客观世界的相似原理和相似规律在人脑中直接和间接的"印象"是我们认识世界和改造世界的客观基础，也是我们在思维中能够应用的相似性的"参数模块"。所以，我们积存的相似性的"参数模块"愈多，信息就愈新，那么他的阅历和知识自然也就愈来愈丰富。然而我们大脑中相似性的"参数模块"的积存不是一成不变的，而是在我们不断地接受新事物、新知识的过程中，呈现出一个动态变换的耗散过程。大脑中相似性的"参数模块"在我们的知识和信息中始终处在一个开放的体系中，是与时俱进的，不断发展的，这就是相似选取的规律机制所在。

无论是纵向的继承还是横向的借鉴，都是相似律的作用。近代创造学者根据相似律发展出了大家熟悉的"类比创造法"，其中包括：拟人类比法、直接类比法、象征类比法、因果类比法、对称类比法、综合类比法和仿生类比法等。可见，相似律，其实就是"和而不同"的规律。对设计思维而言，仅有"和"而没有不同就等于没有创新，然而创新必须在"和"的基础上求不同，否则也很难成立。

（3）分析综合律

分析综合律是指分析与综合的规律。

在设计思维中，事物存在的矛盾性是诱发创造的重要因素。由于事物错综复杂性遵循由简向繁，层次增多，单元增多，矛盾也随之增多的形成规律，所以任何新事物的创造也将遵循这一规律。很明显如果没有事物的矛盾产生和矛盾斗争就没有新生事物的产生。分析规律其实是一个制造矛盾的过程。有了矛盾就有矛盾的统一，也就有了新生事物的形成，这就是分析综合律。

从人类的创造过程看，事物的发展就是矛盾产生和发展的过程，是现状破解和灵感探索的过程，是矛盾解决和消亡的过程，也是灵感整合求证的过程。

在我们没有真正了解新生事物之前，看到的只是新事物的矛盾现象，而矛盾是怎样产生的只有通过"分析综合律"才能明白矛盾是事物发展的产物，是事物创新的表现形式；而矛盾的解决与缓和则是事物走向综合同一化的结果，也就是新事物、新概念诞生的现象。因此，看到矛盾，只是看到了新事物的表象，而通过"分析综合律"才能揭示新事物的本质。

世界上，许多看起来似乎毫无关系的两种事物（或要素），但如果将它们有机地联系起来，就可能创造出一种全新的事物。比如将通信用的手机与图像采集用的相机巧妙地结合起来，就创造出当下智能手机标配的基本功能。

当然，不同事物的结合不是简单的、无目的的任意相加，而是在分析（或分解）基础上的有机结合。只有对事物中的单元（信息要素）和结合方式要进行细致地分析和择优才能创造出形成新事物的机会。这就是设计思维中的分析综合律的价值。

（4）对应律

对应规律是指事物相对关系的规律。它包括近似性、对立性、对比性和对称性。

① 近似性对应律。主要指从某个事物在某些方面（性质、作用或数量）上与另一个事物相当的情形中，所存在的可互相对换或替代的规律。

② 对立性对应律。主要是指从两种事物或一种事物中存在的相互抵消、相互抑制、相互矛盾的对立情绪中，所存在的互相竞优的规律。

③ 对比性对应律。主要是指从具有明显差异、矛盾和对立的事物中，所存在的相辅相成、相互比照与呼应的规律。这有利于突出表现事物的本质特征，加强事物的感染力。

④ 对称性对应律。主要是指从事物间在某种变换条件下其中某些部分有规律重复或不变现象中，推演新事物的规律。

设计思维中的对应律是指按照事物的近似性、对立性、对比性和对称性的对应律去进行创造性的活动。

世界上许多重要的发明创造都是来自科学家运用对应律的结果。例如英国物理学家保罗·狄拉克（Paul Adrien Maurice Dirac，1902—1984）根据事物往往存在对称性的特征，提出存在"正电子"的预见。这一预见开创了量子力学的新理论，并后来被美国物理学家菲利普·安德森（Philip Warren Anderson，1923—2020）通过实验证实了这一理论。在创造方法中，如逆向发明法、对称类比法及颠倒组合法等，都是对应律的具体体现。

当然就人类的创造活动规律而言，常常是择优律、相似律、综合律、对应律交织混合应用的，而不是单一应用的，这便是设计思维的最根本的规律。

3.3 设计思维方法

设计思维方法是以设计思维激活方法为基础的思维路径。设计思维激活方法具体具有以下特征：

其一，能够自觉地排除上面所论述的思维定式、逻辑思维、文化视野、思想情感等四个方面的影响设计思维发生的障碍。

其二，能够接受相关的设计思维能力训练，系统学习创造原理与方法，例如头脑风暴法、检查提问法、类比法、组合法等，提高设计思维能力。

其三，能够自觉培养前人设计思维的共性特征，提高个人的创造素质。例如对问题的敏感性；对事物的兴趣性；对答案的多维性；对构思的多元性；对信息的即时性；对知识的丰富性。

其四，能够牢记扩展设计思维能力的三要素，即破坏、创造、提高。也就是说，首先，要不满足于现有解决问题的途径、方法，要敢于否定和破坏。其次，要想方设法创造更多、更好的新方案；再次，要对创造出的设想方案进行分析、评价、充实、完善、发展、提高。破坏是为了创造，创造是为了提高。故步自封，不敢突破现状，是影响创造力的最大障碍。只有敢于打破现状，勇于创新，精心提高，才能有效地扩展创造力。

目前在自然科学和社会科学的创造活动中总结出的创造方法有100多种，掌握与运用一定的创造方法有助于我们在创造活动中很好地激发创意，开发创造力。当然，对于有着不同目的、不同性质的创造活动，我们应该选择不同的、更为合适的创造方法，才能达到事半功倍的效果。当然就产品设计而言，创意的方法也有很多种，虽然它们都在强调充分发挥想象力和创造力，但是它们在有效地激发我们的想象力和创造力方面还是各有千秋的。下面我们介绍10种在产品设计中常用的激发创意的思维方法。

3.3.1 头脑风暴法

头脑风暴法（brain storming，BS）是世界上应用最广的创造方法之一，是由美国BBDO广告公司创始人、创造学家亚历克斯·奥斯本（Alex Faickney Osborn，1888—1966）首先提出。

头脑风暴法通常是采用5—10人的会议形式。参与人员在良好知识互补互相激励的气氛中，充分发挥各自的想象力。通过自由地发表意见，集体寻找海量的、新的、无须完美的、解决问题的设想、灵感、创意和方案。

常规群体决策由于群体成员的心理作用，容易屈服于权威或大多数人意见，形成所谓的"群体思维"。这种跟风型的群体思维严重削弱了群体的批判精神和创造力，损害了决策的质量。为了保证群

图3-16 头脑风暴法现场

体决策的创造性，提高决策质量，头脑风暴法就是较为典型的办法。有关头脑风暴法的应用效果，在很大程度上取决于主持人的能力和素质。这一点是值得重视的。所以头脑风暴会议应当由思想活跃、知识面广、富有创造精神的人来主持。主持人要善于启发、激励、引导，在与会者头脑中不断引起构思的连锁反应，掀起创新构思的风暴，使创新设想与方案不断增加，质量不断提高（图3-16）。

头脑风暴法主持人要运用好以下四点。

（1）运用好"联想反应"

联想是产生新观念或设想的基本过程。在集体讨论中，每提出一个新的观念或设想，都能引发其他人的联想，从而相继产生一连串的新观念或设想，这种产生出的连锁反应和形成的新观念或设想，为创造性地解决问题提供了更多的机会。

（2）运用好"热情感染"

在宽松自由的情况下，集体讨论问题能激发每个人的热情。人人平等自由地发言会相互影响、相互感染，容易形成高潮，突破固有观念上、知识上、逻辑上的束缚，能够最大限度地发挥每个人的设计思维能力。

（3）运用好"竞争意识"

集体讨论问题容易激发竞争意识，出现人人竞相发言，全力开动脑筋，力求产生独到见解和新奇观念或设想的局面。心理学家证明了争强好胜是人类的心理天性，在竞争意识

的驱动下，人的心理活动效率可增加50%或更多。

（4）运用好"个人欲望"

在集体讨论中，个人创造欲望的自由释放是非常重要的。头脑风暴法有一条原则：不得有批评别人意见的发言，甚至不许有任何怀疑的表情、动作、神色。这样才能使每个人畅所欲言，不受任何干扰和控制，提出大量的新观念或设想，即使是错误的、异想天开的、无厘头的和可笑的。

另外，为提高头脑风暴法的效果和质量，每次头脑风暴的问题不宜过大或过多；对问题的讨论应该紧扣课题，集中目标，切忌模棱含糊，注意回避两个不同性质的问题。对解决问题的新观念或新设想不当场作出任何判断性结论。

我国常用的"老中青三结合会"和"诸葛亮会"属于类似头脑风暴法的方法，可与后者结合应用。例如，要解决新产品的定位问题，可召集企业内部的设计、工艺、科研人员和生产、质检、销售、财会等管理人员，并邀请企业外部的用户代表和经销商、协作单位及科研单位等有关专家共同参加。围绕新产品的定位问题敞开思想，畅所欲言，互相启发，既发挥个人智慧又依靠集体力量，提出各种可行的产品定位。

3.3.2 综摄思维法

综摄法（synectics method）又称类比思考法、类比创新法、提喻法、比拟法、分合法、举隅法、集思法、群辨法、强行结合法、科学创造法。

综摄法是1944年由美国麻省理工学院教授威廉·戈登（W.J.Gordon）提出的一种利用外部事物启发思考、开发创造力的方法。

戈登认为，当人类在观察外部事物时，往往会得到某种启发和暗示，即一种类比的思考现象。这种暗示与个人自我意识没有多大联系，而是与个人日常生活中的各种事物有紧密关系。

事实证明：不少发明创造、设计作品都是在受到日常生活中这样和那样事物的启发而产生的灵感。这些事物，可以从自然界的高山流水、飞禽走兽到各种社会现象，包括各种神话、传说、幻想、微视、抖音等，范围极其广泛。这种利用已知的外部事物或已有的人类成果来启发思考、激发灵感，从而获得新概念或新生事物的方法便是综摄法。

（1）综摄思维法的基本思路

采用综摄法进行创新设想时，应该把要研究的问题适当地抽象化，以此来开阔思路，扩展想象力。将问题抽象化的过程是根据创意的程度，逐步从低级抽象走向高级抽象的过程，直到获得满意的创新方案。这就是综摄法中基本的抽象阶梯思路。

客观地说，综摄思维法是一种通过类比联想、引申、扩展，异中求同，同中求异的创新方法。特别是那些表面上看来似乎与研究对象并无关系的类似事物，往往却可从中得到重要的启发，找到解决问题的办法，获得创造性成果。

（2）综摄思维法的基本原则

① 异质同化。通俗地说，异质同化是指在我们碰到一个完全陌生的事物或问题时，要有意识地从原先熟悉的事物和知识的角度来进行类比研究，以驾轻就熟的态势处理陌生的事物或问题。例如，根据电子定时器的原理，设计出过去从未见过的可定时的燃气炉。再例如，瑞德公司的李琦和靳常宝先生根据洗碗机的原理，设计出过去从未见过的水槽洗

碗机（图3-17）。

② **同质异化**。所谓同质异化是指对待熟悉的事物要有意识地视作不熟悉。用陌生的态度、创新的视角来观察、分析和研究，以摆脱原有事物旧观念的桎梏，产生出新的创造设想。例如将我们所熟悉的热水瓶用不熟悉的态度来重新分析、思考、研究，创造出可煲粥的保温杯等（图3-18）。

（3）综摄法的通用方法

为了更好地发挥创造力，更灵活地运用综摄法的基本原则，戈登教授提出了四种极具实践性的通用方法。

① **人格性模拟**。人格性模拟是一种移情式的思考方法。移情是指将人的主观的感情移到客观的事物上的方法。而人格性的模拟是指先假设自己变成了事物，然后站在自己是事物的角度去思考，去感觉，去决定应该如何做，最后寻找出可行的创新解决方案。将创造对象模仿人的动作和特性，即"拟人化"设计，比如机械手（图3-19）、婴儿奶瓶。

图3-17 李琦和靳常宝先生与方太水槽洗碗机

图3-18 可煲粥保温杯设计

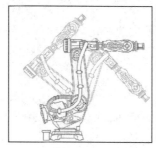
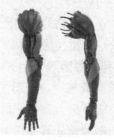

图3-19 拟人化机械手设计

图3-20 蓝牙音箱设计

② **直接性模拟**。直接性模拟是指以事物的原理作为模拟范本，直接把新问题与模拟范本联系起来进行思考，提出处理新问题的方案。从已有的技术成果中寻找与创造对象类似的事物，如仿照传统喇叭设计出"蓝牙音箱"（图3-20）。

③ **想象性模拟**。想象性模拟是指充分利用人类的想象力，通过童话、小说、幻想、谚语等来寻找灵感，以获取解决问题的创新方案。从我们向往的而在表面上看来似乎难以实现的想象中得到启发，扩展想象，如保密、防盗方面从天方夜谭中阿里巴巴与四十大盗

的故事中得到启发，发明了声控锁。从悬挂在空中的日月星辰想到了悬浮的灯具（图3-21）。

④ 象征性模拟。象征性模拟是指把人文情感问题想象成物质性的，即非人格化的，然后借此激励脑力，开发创造潜力，以获取解决问题的方法。从我们向往的而在表面上看来似乎难以实现的想象中得到启发，扩展想象。在西方把玫瑰象征爱情，在中国把竹象征君子（图3-22）。

图3-21 磁悬浮的灯具设计

西式玫瑰玻璃杯

中式竹节紫砂杯

图3-22 象征性模拟设计的西式玫瑰玻璃杯和中式竹节紫砂杯

3.3.3 列举思维法

列举思维法是将事物的相关元素按照一定的规律逐一列举出来，从而拓新思路和激发灵感的思维方法。常见技法如下。

（1）属性列举思维法

它通过对被研究对象进行分析，逐一列出其属性，然后着手探讨能否改进，如何改进。先要根据功能分析、功能评价的指向，确定一个明确的课题，课题一般宜小不宜大。如果课题较大，则可先分解为几个小课题，再从各个角度详尽地列举对象的各种特性。特性的列举一般分成三个部分：

第一，名词特性。如产品、材料、加工方法等各有特性，可用名词表述；

第二，形容词特性。如产品的性质、大小、轻重、厚薄、色泽等方面的物理特性，可用形容词描述；

第三，动词特性。如产品的技术性能、可靠性、维修性等功能方面的特性，可用动词描述。

运用特性列举法时，对事物的特性分析和列举越详细越好，并从不同的角度提出问题，启发构思，寻求答案。这种方法简单易行，尤其适用于具体的产品改良设计，但由于受产品具体形象的束缚，往往不易取得突破性的创新成效。

属性列举是偏向物性、人性的特征来思考，主要强调于创造过程中观察和分析事物的属性，然后针对每一项属性提出可能改进的方法，或改变某些特质（如大小、形状、颜色等），使产品产生新的用途。

属性列举的步骤是分条列出事物的主要想法、装置、产品、系统或问题的重要部分的属性。然后改变或修改所有的属性。其中，我们必须注意一点，不管多么不切实际，只要是能对目标的想法、装置、产品、系统或问题的重要部分提出可能的改进方案，都是可以接受的范围。

（2）优缺点列举思维法

优缺点列举法是一种逐一列出事物优点或缺点，进而有针对性地探求解决问题和改善对策的思维方法。这种方法有助于克服"熟视无睹"的麻木状态，摆脱惯性和惰性，发现拓展新空间的路径和措施。

缺点列举法是一种简便有效的创新方法，应用面广。它并不限于改进和创新产品，还可用于企业管理等软技术问题。但由于列举现有缺点和其他产品的优点，有时创意会受到现有缺点和优点的范围限制。

（3）希望列举思维法

希望列举法是一种比优缺点列举法更积极、更主动的创造方法。它不受原有事物状态的约束，而是将所希望达到的目的或要求，甚至将幻想——列举。它可以暂时不管目前是否能够实现，就能更大地开阔思路，增加创新的机会。

希望列举是偏向理想型设定的思考，是透过不断地提出"希望可以""怎样才能更好"等的理想和愿望，使原本的问题能聚合成焦点，再针对这些理想和愿望提出达成的方法。

希望列举法的步骤是先决定主题，然后列举主题的希望点，再根据选出的希望点来考虑实现方法。

有许多新产品（如无人驾驶汽车、中国菜肴烹饪机器人等）就是根据我们的希望或幻想研制、生产出来的（图3-23）。

图3-23 由李亦文参与设计、深圳繁星科技研发生产的中国首台中国菜肴烹饪机器人

（4）检核表列举思维法

检核表列举思维法是将需要解决的问题先制成一览表对每个项目逐一进行检查，以避免遗漏要点，很好地触发新方案的思维方法。

该方法首先由美国学者波拉在1945年提出，后来奥斯本（A.F.Osborn）、克劳福德（R.P.Crawford）、泰勒（J.W.Taylor）等人都在自己的著作中论述过这一方法。下面是奥斯本有关产品问题的检核表：

该产品有无其他用途？如产品的运用拓展到其他方面等。

该产品能否引入其他创造性设想？如产品借用或结合其他事物和方法。

该产品能否扩大？如范围、寿命和特征等。

该产品能否改变？如产品改变形状、制作方法、颜色、音响、味道等。

该产品能否被代用？如材料、配方、动力、工艺和技术等。

该产品能否减少？如缩小体积、减轻重量或者分割化小。

该产品能否组合？如几个产品的优势进行组合。

该产品能否有替换品？如结构、零部件、布局和程序等。

该产品能否颠倒？如产品的上下、里外、前后、任务和因果颠倒使用等。

3.3.4 "5W2H"设问思维法

"5W2H"设问思维法又叫七问分析法，是第二次世界大战中美国陆军兵器修理部首创。简单、方便，易于理解、使用，富有启发意义，广泛用于企业管理、技术革新和设计创新活动，对于决策和执行性的活动措施很有帮助，也有助于弥补考虑问题的疏漏。

Why?	如：为什么要创新、该产品为什么是这个样子等。
What?	如：创新对象是什么、该产品的定位是什么等。
Where?	如：创新从何处入手、该产品将在哪里使用等。
Who?	如：谁来创新、该产品为谁所用等。
When?	如：何时创新、该产品何时使用等。
How?	如：如何创新、该产品如何使用等。
How much?	如：创新程度如何、该产品水准如何等。

3.3.5 创新思维法

长期的设计实践使我们的设计思维形成了一个相对固化的思维边界。如果我们的设计思维能够突破这个旧的思维边界，我们就能激发出更大的创新力。

旧思维边界包括五个方面：领地的局限性（行业、专业、类别等）；常规的局限性（规则、习惯、经验、程序等）；己见的局限性（偏见、臆想等）；时代的局限性（科技、文化、社会、市场等）；惰性的局限性（抄袭、改造、模仿等）。突破旧思维边界的主要方法是逆向思维法。下面我们针对旧思维边界的五个方面采用跨界、反常、共识、适时、开原的逆向思维方法进行有效突破，寻求设计创新的机会（图3-24）。

图3-24 创新思维法

（1）跨界

跨界是指破除旧领地的思维方法。跨出行业、专业、类别界限，打破行业、专业、类别的壁垒进行创新性思维。从原理上讲，跨出领地就会有创新机会。

（2）反常

反常是指破除旧常规的思维方法。反对一切教条主义、经验主义、惯性思维，从拒绝惯性思维的角度进行创新思维。从原理上讲，反对常规的思维惯性就会有创新机会。

（3）共识

共识是指舍弃一己之见的思维方法。丢弃个人的偏见，杜绝个人的臆想，尊重多数人的意见，赢得多数人的共鸣。从原理上看，赢得普适的认同就会有创新机会。

（4）适时

适时是指冲破旧时代束缚的思维方法。与科技共进、与文化共生、与社会共发展、与市场共进退是适时的基础。从原理上看，与时俱进就会有创新机会。

（5）开原

开原是指破除人类共有的惰性束缚的思维方法。抵制抄袭、远离改造、回到原点。从原理上看，开启原始就会有创新机会。

3.3.6 问题思维法

因为设计存在着许多目标，许多限制，甚至有许多可能性的解决方案，所以设计问题通常是复杂的。设计一件新产品，你将面对较宽的消费人群、不同的销售渠道、不断竞争升级的市场、有限的企业制造设备、苛刻的供应商和为公司创造利润的压力，所以，要完成一个设计，不仅要考虑所有这些问题，而且要探研、扩展、定义和验明这些问题，因为我们只有明确了这些问题才能够有目的地设计。

（1）验明问题

验明问题是明确设计目标的基础。在验明问题的过程中，常常我们会涉及以下问题：

真正的问题是什么？

它是一个大问题，还是某个基本问题的一部分？

是否解决了基本问题，同样也能解决它？

是否抓住了最关键的问题？

什么是最理想的解决方案？

最理想的解决方案是否要在某个特定的条件下？

这些特定条件是什么？

要回答这些问题，就必须先要明确问题的目标、边界和缝隙，这样才有可能找到合适的解决方案。

① 对问题目标的探研是为了找到一个简单明了和可操作的定义。只有对问题的目标充分认清，我们才能在解决方案出现时及时发现。同时，在多个解决方案出现时，可以很好地鉴别哪一个更接近问题的目标。

② 对于问题边界的验明是为了排除太多的无价值的解决方案。

③ 对于问题缝隙的验明是为了发现问题目标与现存解决方案，以及问题边界之间的空间。这些缝隙就是我们的设计思维能够搭建沟通桥梁的空间，能够寻求到新的解决方案的土壤。

（2）探研、扩延和定义问题

探研、扩延和定义问题的主要方法有两种。

① **参数分析法**。用于探研问题的数量、质量及属性。

② 问题抽象法。努力将问题归纳到更抽象的概念层面，使问题本质化。问题抽象法要求我们回答为什么要在第一时间解决这一问题，这是寻找问题根源的最好方法。通过问题抽象法，对问题的探究会比较透彻。虽然问题的现有边界对新的设计方案有一定的影响作用，但参数分析通常扮演着更为重要的角色。

发散思维是问题解答准备阶段的主要方法。发散思维首先像撒开的一张大网，从不同角度全面捕捉有关问题的解决方案。然后将这个"全面"变成"单一"。然而这种对问题定义控制并不是指将问题缩小到某个单一的产品上，而是将其表现到已知的特征和属性上。虽然对一个问题的定义是可以相当宽广的，但它还是需要清楚的目标和边界，这就是这里单一的含义。

就解决问题而言，准备过程是十分重要的，良好的准备能降低问题的复杂性。其中定义问题是最直接把握问题的方法。特别是对于复杂的问题，定义过程可以通过采用分解的方法将问题简单化。创意的产生和选择源于问题的复杂性，而"问题抽象法"是寻找问题的根源和奠定激活问题的重要基础。

（3）激活问题

客观地说，激活问题的方法多种多样，不同的方法适合于不同的问题。这里有激活问题的三种基本方法：

① 问题归纳法。验明问题的成分、特征、功能，对其中的任何一部分进行改良，并从中寻找解决方案。它的问题解决方案只是改变了其中的一部分。归纳法只是关注现有的产品特征。

② 问题发散法。发现现有问题特征寻求灵感。问题发散是对问题的扩容与透视，以致打开更广阔的视野、寻求更多可能性的解决方案。

③ 问题偏离法。这是一种离开问题寻求灵感的横向思维。在有些情况下开始于原始问题，采用偏离方法去刺激横向思维，寻找问题的解决方案。在有些情况下直接进入无关的事物中，激发解决方案。因此，刺激横向思维亦是激活创造力的方法之一。

本章小结

创造能力的培养和发挥更多地有赖于活跃的想象力，这就是本章所讨论的设计思维与方法问题。对于文化水平高、知识经验丰富的人来说，如能有意识地发展扩散性思维，培养设计思维能力将会产生巨大的创造能力。对设计能力而言，设计是指创造力与智力的结合体。

第 4 章

产品设计
方法

谈到设计方法大家都十分关注，认为只要掌握了设计方法就可以做出优良的设计。其实不然，设计方法只是一种辅助手段，真正的决定因素还在于使用它的人，以及对设计方法的理解。

任何一种设计方法都是来源于设计实践（过往的设计活动），虽然其中有着一定的普遍性，但也存在自身的特殊性（时代和案例的局限性和时效性），特别是对于日新月异的当下。设计目标随着人类主流认知的变化而变化；设计目的随着企业战略决策的变化而变化；设计内容随着消费者需要的变化而变化。因此，要直接套用由过去经验形成的设计方法是不科学的。

理论上讲，"方法论"是一个依托于人类"世界观"的哲学概念。世界观与方法论之间存在着不可分割的相依关系。

什么是世界观？世界观是指人类关于"世界是什么"的观点，是人类认识世界的目的指向。人类用世界观去认识世界和改造世界，而在认识世界和改造世界过程中就存在着"采用什么路径"的问题，路径就是方法论。

方法论是帮助我们接近认识世界和改造世界目的的"路径"，而"路径"就是指在我们实现目的的过程中，起指导作用的"范畴""原则""理论""手段"的总和。所以，在方法论与世界观之间存在着的是"目的"与"路径"的相依关系。原理上讲，任何"路径"都需要有"目的"指向，可见，在逻辑上和时间上世界观都是先于方法论。不过，懂得世界观只是明确了目的指向，并不等于掌握了方法论。要掌握方法论就必须懂得把控"效率"与"效果"这两个关键的限定条件。

作为商业行为的产品设计，设计方法其实是指：以"效率"和"效果"为限定条件的，帮助我们实现产品设计目的（宏观和微观）的服务路径。

那么从商业的角度看，什么是产品设计的目的？产品设计的主要目的是：通过特定的产品系统在满足消费者需求的同时有效地获取商业回报。

为了确保设计商业主目标的实现，对设计过程客观存在的，相互依赖的"阶梯型"次目标的认识和实现是关键。而具体的设计方法就是帮助我们一步一步踩过这些"阶梯"，实现这些次目标，最终才能有效接近产品设计的主目标。不难看出许多设计方法是针对产品"阶梯型"不同的次目标而存在的。所以只有我们了解了某个新产品设计的"阶梯型"次目标，才能够选择合适的路径，也就是设计方法，帮助我们实现这些"阶梯型"次目标。可见从设计的全程看，采用的设计方法是多元的、混用的，并非单一的，这一点十分重要。人们在长期的产品设计实践中归纳出了产品市场定位、产品创意概念、产品商业方案、产品本体建筑、产品工程技术、产品测试调整、产品生产制造和产品营销推广八个一般性的"阶梯型"次目标（图4-1）。

现有的各种设计方法大多是以"效率"和"效果"为限定条件，为实现这些不同的产品设计次目标而形成的。因此，有些方法适用于解决产品市场定位问题；有些方法适用于解决产品创意概念问题；有些方法适用于解决产品商业方案问题；有些方法适用于解决产品本体建筑问题；有些方法适用于解决产品工程技术问题；有些方法适用于解决产品测试调整问题；有些方法适用于解决产品营销推广问题；等。

所以这里我们学习产品设计方法的意义，主要是了解前辈们在面对产品设计阶梯型次目标痛点时是如何应对的。特别是在面对竞争优势的挖掘、产品契机的把握、产品概念的对标、产品形象的塑造、产品技术的优化、产品配套的完善和产品消费欲的激活等痛点问

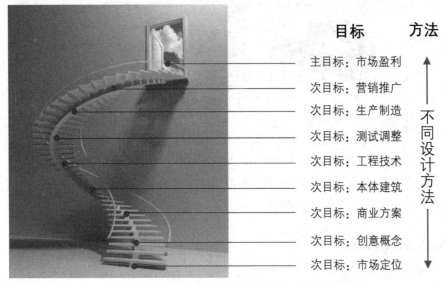

	目标	方法
	主目标：市场盈利	
	次目标：营销推广	
	次目标：生产制造	
	次目标：测试调整	不同设计方法
	次目标：工程技术	
	次目标：本体建筑	
	次目标：商业方案	
	次目标：创意概念	
	次目标：市场定位	

图4-1 产品设计阶梯型次目标与方法的关系

题时所采用的应对方法。

从过往的产品设计案例中我们发现，产品设计方法中的思维方法主要受到了来自形象思维和逻辑思维的影响，可以说是形象思维和逻辑思维的结合体。因此从方法特征的角度我们可以归纳为三大方法体系，即艺术创作方法、科学研究方法和设计创新方法。这三大方法体系虽然各有自身的特征，但也存在着相互融合的部分。下面我们讨论下这三大方法体系的特点、方法和应用情况。

4.1 艺术创作方法

艺术创作方法主要是指艺术家采取的创作方法。这种创作方法借用到产品设计活动中，广泛运用在产品设计的创意概念阶段，主要是为了塑造产品的人文精神和情感属性。

艺术创作方法不同于科学研究方法和设计创新方法，其主要特征如下：

首先，是以形象思维为基础。

其次，是受约于"创作者"的个人世界观、生活经验、艺术修养和心理因素。

最后，是愿意主动沉浸在"现实与想象"互渗的原始梦境中。

以形象思维为基础的艺术创作方法不同于以逻辑思维为基础的科学研究方法，其重要区别在于思维过程的情感性和人文性。

形象思维包含着某种典型性和普遍性特征，但还是带有着鲜明的时代烙印和历史痕迹。这些艺术创作方法，虽然来源于以往"创作者"的生活经历、艺术修养、美学观点、创作个性等人文因素，但有些世界观至今仍在传承与发展。例如大家熟悉的现代设计中的简约主义，虽然已有了近百年的历史，但还不断在向"极简主义"的方向发展，并且始终成为当今设计界许多设计师青睐的艺术创作方法。很明显，这是"Less is more"（"少即多"）价值观的作用（图4-2）。

20世纪初现代主义简约设计　　　　21世纪的极简主义设计

图4-2 现代设计"Less is more"价值观影响下的简约设计风格对比

从众多的艺术创作方法看，现实主义和浪漫主义是最为典型的和具有普遍性的两种方法，也是对产品设计有重要影响的两种方法。

4.1.1 现实主义方法

现实主义方法是指"创作者"偏重于把个人的审美理想融化在事物客观层面，努力从审美的角度还原生活本真的方法。主要特征是艺术表现的真实性、艺术形象的典型性、思想意识的倾向性和感情心境的隐蔽性；在表现方法上主要采用朴素的艺术语言表现事物的本真。

对于产品设计而言，借用艺术创作的现实主义方法更多的是体现在重视采用消费者对产品原始本真共识的层面上，例如产品的实用性、功能性、审美性和体验性等方面的定位。以早期工业社会消费者追捧的功能主义和实用主义设计为例，产品功能品质就是当时典型的产品本真代表。

而现如今信息时代消费者对产品原始本真共识发生了变化，产品情感的高品质体验成为这个时代的产品本真，因此对现如今的产品设计，现实主义方法更多的是把产品情感的高体验性作为关注的焦点（图4-3）。

重功能的实用性　　　　重情感的实用性

图4-3 不同时代现实主义的设计变化

4.1.2 浪漫主义方法

浪漫主义方法是指"创作者"采用比喻或象征的手法充分抒发个人的价值观、世界观、美学思想和主观情绪，充分发挥个人想象力的创作方法。在艺术表现形式上，主张具象的、有机的情感性表达，反对纯理性的抽象性表现；主张个性的、变形的、夸张的臆想表达，反对类型化和一般化的表现；主张自由的、奔放的、热情的主观表现，反对陈旧的、束缚的规则性表现。

对于产品设计而言，浪漫主义方法主要体现在有目的地抛开产品的实际情况，从产品本质层面追求某种精神外显和情感体验的设计方法。浪漫主义方法更多地被应用于产品设计中激活消费者拥有欲的人文性设计和情感化设计方面。例如英国戴森公司设计的无可视扇片的风扇，该设计打破了传统电扇的规则，从本质层面带来了全新的情感体验，充满了浪漫主义色彩，激活了消费者的拥有欲（图4-4）。

当然，无论是浪漫主义艺术创作方法还是现实主义艺术创作方法，虽然它们各有特点，但是它们的初衷都是建立在"创作者"个人价值属性和情感属性之上的创作方法。因此，在创作的动机上有着"创作者"个人的抒情性、兴趣性、成就性和个欲性。

图4-4 英国戴森公司设计的无风叶风扇

然而，这些方法应用到产品设计领域，其中的"个人价值属性和情感属性"，以及"个人抒情性、兴趣性、成就性和个欲性"将不再像艺术创作中那样纯粹，其更多地指向了消费者，这一点非常重要，否则我们所设计的产品将不被消费市场所接受（图4-5）。

带伞的座椅　　　　　　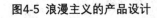镂空的花瓶　　　　　　树枝状的蜡烛

图4-5 浪漫主义的产品设计

4.2 科学研究方法

科学研究方法与艺术创作方法相比是抛开一切个人情感属性，以客观事实（客观经验）为基础，在价值中立（价值祛除）的条件下建立起的，具有检验知识性特征的逻辑思维模式。

所谓价值中立是指：在思维过程中不以自己特定的价值标准与主观好恶对思维资料和结论进行取舍评判，以保证思维的客观性和逻辑性。

科学研究方法可溯源到法国著名的哲学家、社会学家奥古斯特·孔德（Isidore Marie Auguste François Xavier Comte，1798—1857）先生创立的实证主义社会学。其理论基础源于经验主义哲学（一种朴素的现实主义）。

科学研究方法在对客体的认识方式上，承认在人的外部存在着一个真实世界。这个真实世界独立于并外在于人类的感官和意识，只有通过实证方法才可以直接地认识这一真实世界，并且这个真实世界又由社会事实所决定的。这就是科学研究方法的哲学根基和内核。借用到产品设计活动中，广泛运用在产品设计的产品本体建筑、产品工程技术、产品测试调整、产品营销推广等阶段，主要是为了把控产品逻辑功能和全产业链系统的合理性。

科学研究方法主要是由相辅相成的概念推理和实证研究两大板块组成。它们共同的特点都是抛开一切个人的人文色彩和情感属性，在价值中立（价值祛除）的条件下，以客观事实为基础的研究方法。应该说，科学研究方法对设计创新方法的影响是巨大的，许多方法被直接运用到各类的设计活动中。最为典型的两种方法是：概念推理法和实证研究法。

4.2.1 概念推理法

对于科学研究方法而言，概念推理是科学研究的基本方法。概念推理是人类在认识过程中，从感性认识上升到理性认识，把所感知的事物的共同本质特点抽象出来，加以概括的方法。概念推理是人类自我认知意识的一种表达，是形成科学研究的重要基础。

概念推理法包括：概念定义、概念划分、概念的抽象与概括、概念判断、概念演绎推理和概念因果法推理。

（1）概念定义

概念定义是揭示事物概念内涵的逻辑思维方法。具体方法是运用描述性的语言，对事物的概念从多角度、多方位，尽可能地以事实为根据，在大量丰富的感性材料基础上，抛弃非主要的、非本质的、表象的和外部的属性，抽象和概括出特有的、一般性的本质属性，然后用简洁的词汇加以表述。

概念定义的规则有以下几点：

定义概念与被定义概念的外延应具有同一性。

定义不能用否定形式。

定义不能用比喻的口吻。

定义不能循环定义。

例如，爱因斯坦对科学概念的定义：对于科学，就目的论而言，不妨把它定义为"寻求我们感觉与经验间规律性关系的条理性思想"。

（2）概念划分

概念划分是明确概念全部外延的逻辑方法。具体方法是将"属"概念按一定标准分为若干"子概念"。

概念划分的逻辑规则有以下几点：

"子项外延之和"等于"母项的外延"。

每个划分过程只能有一个标准。

划分出的子项必须全部列出。

划分必须按"属种"关系分层逐级进行，不可以越级。

例如，有关家庭居住空间概念的划分（图4-6）：

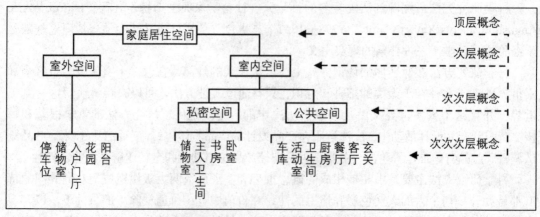

图4-6 家庭居住空间概念的划分框架

首先，我们可以将家庭居住空间分成室内空间和室外空间两大类。

其次，我们可以将室内空间分为公共空间和私人空间。

最后，公共空间可以分为客厅、餐厅、厨房、活动室、卫生间、玄关、过道楼梯、家庭衣帽间、储藏室、车库等；而私密空间可以分为卧室、书房、主人卫生间等。室外空间可以分为阳台、入户门厅、停车位、花园等。

（3）概念的抽象与概括

抽象与概括是建立在比较基础上的，抽象是高级的分析，概括是高级的综合。抽象与概括是互相依存、相辅相成的概念推理过程。

① **概念抽象**。概念抽象是指舍弃事物非本质属性，抽出能表现事物本质属性概念的思维方法。而分析、比较和综合是从事物诸多属性中抽出本质属性概念的基础。没有分析、比较和综合就找不到事物的异同，也就不能区分事物的本质属性和非本质属性，也就无表现事物本质属性的概念。

可见，抽象过程是在分析、比较和综合的相互作用、相互渗透中完成的。而分析、比较和综合过程其实就是形成概念抽象的分离、提纯和简略的过程。

"分离"是指暂时不考虑研究对象与其他各个对象之间的各种联系，通过分析进行属性分离，这是概念抽象过程的第一步。例如，研究某种产品的文化现象就要撇开产品的结构、材料、工艺技术等现象，只是把产品的文化现象从产品总体现象中分离出来。

"提纯"是指抽象过程中通过比较，排除模糊、忽略非本质因素的过程，以保证在纯粹状态下对研究对象的性质和规律进行深入考察的过程。这是概念抽象过程的关键一步。例如，研究某种产品的文化现象，关键要能够提取出文化现象背后的普适价值和有代表性的文化符号。

"简略"是指对提纯结果，通过综合做出简明扼要表达的处理。这是概念抽象过程中必要的环节。例如，车辆概念的形成：从众多的人造物中分离出"马车""汽车""人力车"等产品，再撇开它们的不同用途、不同材料、不同大小、不同长短、不同动力等属性，把它们的移动与轮子的关系抽取出来，提纯得到"在陆地上用轮子转动移动"这一本质属性，最后简略得到一个简化的"车辆"概念，即交通工具的总称。

在产品设计中，产品概念的抽象大致可分为"表征性抽象"和"原理性抽象"两大类。

表征性抽象是以产品现象为直接起点的抽象，即对产品所表现出来的表面特征的抽象。产品的表面特征包括形状、重量、颜色、功能等，根据这些特征抽象出的产品概念属于表征性产品概念。例如，"流线型产品""国潮产品"等。

原理性抽象是在表征性抽象基础上形成的一种深层抽象，即对产品表现出来的内在因果和一般规律特征的抽象。产品的内在因果和一般规律特征主要包括功能属性、技术属性、服务属性等。根据这些特征抽象出的产品概念属于原理性产品概念。例如，自助售卖机、保健家具、线上平台等。

② **概念概括**。概念概括是指把从事物中抽象出的若干本质属性，通过联合推演，形成一般概念的思维方法。

例如，我们经常看到路上会有许多绿牌汽车，如何将它们和其他颜色车牌（如蓝牌、黄牌）的汽车进行比较，我们发现从款式、大小等方面（非本质特征）看没有什么区别，所以我们无法定义绿牌汽车的概念。如果我们从汽车动力系统的角度（本质特征）来比较，发现绿牌汽车的动力系统没有采用蓝牌、黄牌汽车的动力系统（燃油发动机系统），而采用的是电动力、混合动力和天然气动力等，这时我们把这些本质特征综合起来就能够发现它们的不同点，它们都属于环保类动力系统，因此我们就可以将绿牌汽车定义为环保类汽车。

理论上讲，概括可分为初级概括与高级概括。

初级概括指在"感知"或"表象"层面的概括，即根据具体经验抽取事物共同特征，总结事物共同属性的概括。初级概括有益于个体逻辑思维的发展，但因受具体经验的局限而难以得到事物的本质属性。例如我们把更为节能的汽车称为环保汽车。但这种概括属于初级概括。而高级概括是指在把握事物本质特征基础上所进行的概括。例如采用新能源为动力的汽车就是环保汽车，这就是高级概括。

抽象与概括隶属人类认识事物的两个维度。人们通过感官接触客观外界会产生许多感觉印象，这是人们对外界事物的感性认识。要用这些感性认识来进行理性思维就必须对它们进行进一步的加工、提炼，才能形成具有理性思维特征的概念和知识。而概念的抽象概括过程，就是把感性认识上升到理性认识的思维过程。如果我们缺少了对概念的抽象和概括，那么我们所认识到的只可能是有关产品的表面现象，而不可能把握到产品的实质，这将会直接影响到我们对新产品概念的定义。如果没有新产品概念的定义，产品设计将会迷失方向。

（4）概念判断

概念判断是断定概念，分辨概念真假的过程。对于产品设计而言，正确的新产品概念是产品设计的重要开端，是产品目标的最终确认。常用的方法有：综合分析和类比分析。

① 综合分析。分析是指在思维中把对象分解为各个部分或因素，分别加以考察的逻辑方法。例如，对手机的分析，可以从手机零部件的角度加以分解考察，如机壳、屏显、功能键、机芯、电池、交互界面、软件等；也可以从功能的角度加以分解考察，如通信、娱乐、支付、社交等；从不同的分解角度对不同的分解部分分别加以分析考察，探索手机新概念的可能性。综合是指在思维中把对象的各个部分或因素结合成为一个统一体加以考察的逻辑方法。还是以手机设计为例，虽然手机的零部件可分解为机壳、屏显、功能键、机芯、电池、交互界面、软件等，但是作为一个统一体应对它们之间的相互关系、相互作用和整体呈现的产品价值，以及与使用者的关联性等进行综合判断，探索手机新概念的可能性。不难看出，分析是把事物和现象进行分割认识获得大量感性知识的过程，而综合是把剖析过的感性知识，结合成整体概念的过程。因此分析与综合是人们从感性上升到理性的不可分割的概念判断过程。

② 类比分析。类比分析是一种最古老的认知思维与推测方法，具体地说，类比分析是对未知与已知对象的属性进行归类比较，从而对未知对象的属性提出概念判断的猜测方法。如果未知对象与某种已知对象在属性上相似之处越多，则类比推测的概念判断结论的可靠性就越大。例如我们对产品"功能面"概念的推测判断，在产品设计实践中，产品上存在某些区域与人的使用操作有着较为紧密的关联性，并且在设计中又常常是设计师重点关注部分，这种现象几乎存在于所有的产品中。这种对不同产品、不同区域的分类比较，使我们形成了产品设计中首先需要重点关注的产品"功能面"概念（图4-7）。

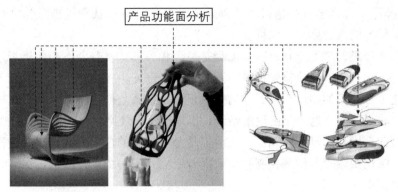

图4-7 产品功能面分析示例

（5）概念演绎推理

演绎推理是指由一般到特殊的推理方法，或者说，是以一定的反映已知事物的规律为依据，推断事物未知部分的概念的思维方法。理论上，推论前提与结论之间的联系是必然的，而不像"归纳法"，推论前提与结论之间的联系是或然的。因此，演绎推理是一种具有严格逻辑关系的推理。

演绎推理的具体形式可归纳为以下几种。

① **三段论**。三段论是指由两个含有一个共同项的性质判断作为前提，得出一个新的性质判断为结论的演绎推理。它包含三个部分：大前提（已知的一般原理）、小前提（所研究的特殊情况）、结论（根据一般原理对特殊情况做出判断）。

例如：产品设计过程的每一个环节都涉及产品最终的商业效果（大前提），设计创意是产品设计过程的环节（小前提），因此，设计创意涉及产品最终的商业性（结论）。

三段论的限定性：首先大、小前提的判断必须是真实的；其次推理过程必须符合正确的逻辑形式和规则。如果大前提错了，结论自然不会正确。

② **假言推理**。假言推理是指以假言判断为前提的演绎推理。假言推理分为"充分条件假言推理"和"必要条件假言推理"两种。

充分条件假言推理的基本原则如下。

小前提肯定大前提的前件，结论就肯定大前提的后件；小前提否定大前提的后件，结论就否定大前提的前件。

例子1：如果一个产品有轮子，那么这个产品是为了方便移动；这个产品有轮子，所以这个产品是为了方便移动。

例子2：如果一辆车是燃油汽车，那么它必须有燃油发动机；这辆车没有燃油发动机，所以，它不是燃油汽车。

这两个例子中的大前提都是充分条件的假言判断，所以这种推理尽管与三段论有相似的地方，但它不是三段论。

必要条件假言推理的基本原则是：小前提肯定大前提的后件，结论就要肯定大前提的前件；小前提否定大前提的前件，结论就要否定大前提的后件。

例子1：只有汽车的发动机马力大，汽车速度才快。这台车速度快，所以汽车的发动机马力大。

例子2：一般智能手机，只要达到零下30℃，手机将无法正常工作。这个地区环境温度已超过零下30℃，所以智能手机无法正常工作。

③ **选言推理**。选言推理是指以选言判断为前提的推理。选言推理分为"相容的选言推理"和"不相容的选言推理"两种。

相容的选言推理的基本原则是：大前提是一个相容的选言判断，小前提否定了其中一个（或一部分）选言支，结论就要肯定剩下的一个选言支。

例如：这个三段论的错误，或者是前提不正确，或者是推理不符合规则；这个三段论的前提是正确的，所以，这个三段论的错误是推理不符合规则。

不相容的选言推理的基本原则是：大前提是个不相容的选言判断，小前提肯定其中的一个选言支，结论则否定其他选言支；小前提否定除其中一个以外的选言支，结论则肯定剩下的那个选言支。

例子1：一件产品，要么是女性产品，要么是男性产品，要么是中性产品。结果它是件中性产品，所以，这件产品不是女性产品，也不是男性产品。

例子2：一件产品，要么是欧洲标准产品，要么是美国标准产品，要么是中国标准产品。这件产品不是"欧标"产品和"美标"产品，所以，它是"国标"产品。

④ **关系推理**。关系推理是指"前提"中至少有一个是关系命题的推理。常用的关系推理有三种。

第一种，对称性关系推理。例如"绿标"汽车是指节能型汽车，所以节能型汽车是指绿标汽车。

第二种，反对称性关系推理。例如"黄标"车/主城区限行，所以主城区/"黄标"车限行。

第三种，传递性关系推理。例如电动汽车比"混动"汽车节能，"混动"汽车比燃油车节能，所以电动汽车比燃油车节能。

（6）概念因果法推理

根据事物之间的因果联系，通过揭示论点和论据之间事理来论证概念的方法。其特点是由"因"推"果"，或由"果"推"因"，以论证概念的正确性。它是以原因的必然性证实结果的必然性。

例如，高效的电池技术将改变电动单车的造型。触屏技术将改变智能手机的外观形态。磁悬浮技术将彻底改变机车的移动方式（图4-8）。

图4-8 因果推理：磁悬浮技术与磁悬浮机车

因果关系的特点有：时间上的前后相继性；性质上的必然性、确定性和稳定性；发展过程中的共存性和共变性；表现形式上的复杂多样性。

探求因果关系的具体方法：

① **求同法**。在被研究现象出现的若干场合，如果只有某个情况是相同的，其他情况都是不同的，那么这个唯一共同的情况就是值得被关注的原因。例如电动单车的重量主要

来源于电池的重量，那么电池的重量是电动单车的设计瓶颈。

② **求异法**。如果被研究现象在某个场合出现，而在另一场合不出现，而在这两个场合中只有一个情况不同，其他情况都相同，那么这个唯一的不同情况就是值得被关注的原因。例如，在改革开放初期，中国大多数城市民众出行的主要交通工具是自行车，而重庆的自行车拥有量却很小，以摩托车居多，这是重庆特殊的地理环境原因造成的，重庆也成为我国早期生产摩托车的主要基地。

从科学研究的视角，概念推理法是寻求事物本质属性的基本方法，对于产品设计而言是揭示产品本质属性的重要途径，是验明产品概念的内涵和外延的推理方法。例如，杯子要有空间，才能承载，而承载的对象是水、酒等液体，所以杯子是器皿类，那么杯子的概念是：用来盛水、酒等液体的器皿。有了明确的产品概念，产品设计就有了明确的目标，这就是概念推理方法被引入产品设计方法中的原因。

4.2.2 实证研究法

实证研究法是指着眼于当前社会和学科现实，通过分析事实和经验，在揭示事物内在规律的同时，发现新现象、新事物，提出新理论、新观点的方法。

作为一种科学研究范式的实证研究法，起源于培根的经验哲学和牛顿、伽利略的自然科学研究。

实证研究的基本原则是科学结论的客观性和普遍性，强调知识必须建立在观察和实验的经验事实上，通过经验观察的数据和实验研究的手段来揭示一般结论，并且要求这种结论在同一条件下具有可证性。根据以上原则，实证研究法可以概括为通过对研究对象大量的观察、实验和调查，获取客观材料，从个别到一般，归纳出事物的本质属性和发展规律的一种研究方法。

实证研究法有狭义和广义之分。狭义的实证研究是指利用数量分析技术，分析和确定有关因素间相互作用方式和数量关系的研究方法。狭义实证所研究的是复杂环境下事物间的相互联系方式，要求研究结论具有一定程度的广泛性。广义实证研究是以实践为研究起点，认为经验是科学的基础。广义实证研究泛指所有经验型的研究方法，如：调查研究法、实地研究法、统计分析法等。广义实证研究重视研究中的第一手资料，但并不刻意去研究普遍意义上的结论，在研究方法上是具体问题具体分析，在研究结论上，只作为经验的积累。鉴于这种划分，我们将实证研究区分为数理实证研究和案例实证研究。在产品设计领域我们借用的主要是案例实证研究。

案例研究可以分为个案研究和多案例研究。个案研究不仅有助于积累不同广泛而深入的个案资料，形成对于问题的实感，也可以为调查者获得第一手资料，从现实获取灵感源泉。产品设计作为一个较为宽泛的领域，不同产品间差别很大，如果没有广泛而深入的个案调查经验，不可能对产品设计问题的状况有一个真实的判断。不仅如此，在许多个案调查的基础上，可以为构建产品设计理论框架提供坚实基础，在这一基础上提出的相关对策，就会既具有深度，又具有前瞻性和现实针对性。就产品设计研究来说，在个案的搜集和整理方面已经取得了相当成绩。但也存在着凭借个案研究试图推导出具有普遍性结论的问题。如何将个案研究获得的实感与理论构建结合起来，是当前产品设计研究必须解决的重大问题。个案研究容易犯以偏概全的错误，导致对于产品设计相关问题的判断失误。而通过多案例研究就有可能弥补单个案研究的不足，不仅可以有效扩展对于产品设计问题了解的全面性，而且可以在更大范围内验证个案研究的结论，防止以偏概全。

案例实证研究的主要方法：实地研究法和统计分析法。

（1）实地研究法

实地研究法又称现场研究法，是指在真实、自然的社会生活环境中，综合运用观察、访谈和实验等方法收集数据，以探讨客观、接近自然和真实规律的方法。实地研究法主要分为现场观察研究法、现场调查研究法和现场实验研究法。

① **现场观察研究法**。根据从现场获得信息的策略可以分为三类：第一类，观察并参与事件，这也就是参与观察；第二类，与当事人进行访谈，内容只涉及其他人和已过去的事件；第三类，既有调查，又有观察，但不参与事件。研究者可相应地获取三类信息：一是偶发事件和历史事件的信息；二是有关频率分布的信息，如参加人数；三是有关众所周知、约定俗成的信息，如权力和地位的信息等。

现场观察研究法比较适用于变量关系还十分模糊的课题，以及研究人们的某些态度、行为因素的相互作用的课题。

理论上讲，观察法是科学研究常用的一种方法。研究者依据一定的目的和计划，在自然条件下，对研究对象进行系统的连续观察，并做出准确、具体和详尽的记录，以便全面而正确地掌握所要研究的情况。

观察法的一般步骤是：

第一步，事先做好准备，制订观察计划，先对观察的对象作一般的了解，然后根据研究任务和研究对象的特点，确定观察的目的、内容和重点，最后制订整个观察计划，确定观察整个过程的步骤、次数、时间、记录用纸、表格，以及所用的仪器等。

第二步，按计划进行实际观察，在进行观察过程中，一般要严格按计划进行，必要时也可随机应变，观察时要选择最适宜的位置，集中注意力并及时做记录。

第三步，及时整理材料，对大量分散材料进行汇总加工，删去一切错误材料，然后对典型材料进行分析，如有遗漏，及时纠正，对反映特殊情况的材料另作处理。

观察法分为自然观察与实验室观察法，以及参与观察与非参与观察法。就产品设计而言，这种方法主要用于消费者行为分析和竞争产品使用状态分析等环节。实验法是在人工控制产品运行的情况下，有目的有计划地观察产品现象的变化和结果的方法。实验法可分为实验室实验法和自然实验法。前者基本上是在人工设置的条件下进行，可借助各种仪器和现代技术。后者在产品日常工作的正常条件下进行。两者都要保证受试产品处在正常的状态中。

② **现场调查研究法**。现场调查研究法是指一种到调查对象所在地搜集实际资料的分析研究方法。现场调查研究一般是在自然的过程中进行，通过访问、开调查会、发问卷、测验等方式去搜集反映研究对象的材料。

理论上讲，调查研究法是指通过考察了解客观情况直接获取有关材料，并对这些材料进行分析的研究方法。调查法可以不受时间和空间的限制，是科学研究中一个常用的方法，在描述性、解释性和探索性的研究中都可以运用调查研究的方法。

调查研究法一般通过抽样的基本步骤，多以个体为分析单位，通过问卷、访谈等方法了解调查对象的有关咨询，加以分析来开展研究。我们也可以利用他人收集的调查数据进行分析，即所谓的二手资料分析的方法。

实地调查法的一般步骤：

第一步，选定调查对象，确定调查范围，了解调查对象的基本情况；研究有关理论和资料，拟订调查计划、表格、问卷和谈话提纲等，规划调查的程序和方法及各种必要的安排。

第二步，按计划进行调查，通过各种手段搜集材料，必要时可根据实际情况，对计划作相应的调整，以保证调查工作的正常开展。

第三步，整理材料，研究情况，整理材料包括分类、统计、分析、综合，写出调查报告。

就产品设计而言，这种方法主要用于产品的市场定位和产品商机的调研环节。

③ **现场实验研究法**。现场实验研究法具有两大特点：第一，与实验室实验研究法相比提高了研究的外部效度；第二，与现场非实验研究法相比能揭示心理现象之间的因果关系。

现场实验研究法较适用于研究对象是复杂的社会影响因素及其变化过程的研究和应用性研究。为了保持现场的自然性，现场实验最好不被察觉。

一般来说，实验法分为单组法、等组法、循环法三种。

A.单组法　就一个组或班进行实验，看施加某一实验因子与不施加实验因子，或在不同时期施加另一实验因子在效果上有什么不同。

B.等组法　就各方面情况相等的两个班或组，分别施加不同的实验因子，再来比较其效果。

C.循环法　把几个不同的实验因子，按照预定的排列次序，分别施加在几个不同的班或组，然后把每个因子的几次效果加在一起，进行比较。

实验法一般有四个步骤：

第一步，决定实验目的、方法和组织形式，拟订实验计划。

第二步，创造实验条件，准备实验用具。

第三步，实验的进行，在实验过程中要做精确而详尽的记录，在各阶段中要做准确的测验。

第四步，处理实验结果，考虑各种因素的作用，慎重核对结论，力求排除偶然因素作用。

就产品设计而言，这种方法主要用于产品设计的基础研究中，例如"感性工学"的研究。同时也普遍应用于产品设计方案验证环节。例如产品样机测试、生产技术调试和商业推广运营的测试等。

（2）统计分析法

统计分析法指通过对研究对象的规模、速度、范围、程度等数量关系的分析研究，认识和揭示事物间的相互关系、变化规律和发展趋势，借以达到对事物的正确解释和预测的一种研究方法。

世界上的任何事物都有质和量两个方面，认识事物的本质时必须掌握事物的量的规律。现如今数学已渗透到一切科技领域，使科技日趋量化，电子计算的推广和应用，量度设计和计算技术的改进和发展，已形成数量研究法，这已成为自然科学和社会科学研究中不可缺少的研究法。

统计分析法就是运用数学方式，建立数学模型，对通过调查获取的各种数据及资料进行数理统计和分析，形成定量的结论。统计分析法是得到广泛使用的现代科学方法，是一种比较科学、精确和客观的测评方法。其具体应用方法很多，在实践中使用较多的是指标评分法和图表测评法。近几十年来随着统计学的发展，提出了实验设计的概念，要求在较严谨的实验研究中检验设计中所列的自变量和因变量之间的关系。

统计分析法的两个基本步骤：

第一步，统计分类（整理数据、列成系统、分类统计、制统计表或统计图）。

第二步，数量分析（通过数据进行计算，找出集中趋势、离中趋势或相关系数等，从中找出改进工作的措施）。

这些年在设计界出现的行动研究法就是实地研究法与统计分析法结合的应用形式。行动研究法是为了克服传统的设计研究脱离设计实际、脱离设计师实际的弊端，设计实践的参与者与设计理论工作者或设计组织中的成员共同合作，为了解决实际问题，按照一定的操作程序，综合运用多种研究方法和技术，在真实、自然的设计环境中开展的一种设计研究模式。

行动研究法是对某一个体、群体或组织在较长时间里连续进行调查、了解、收集全面的资料，从而研究其行为发展变化的全过程。就产品设计而言，这种方法主要用于消费者潜在需求和未来产品趋势的预测环节。

近几年来，我国许多设计理论的研究者也开始运用逻辑思维和科学研究方法对我国的产品设计案例进行归纳性总结，在设计理论上和中国设计未来发展方向上提出了许多有价值的成果。可见科学研究方法对设计研究的影响是巨大的。

4.3 设计创新方法

设计创新方法是以形象思维、逻辑思维相融合的设计思维为基础，针对现代设计成为专业和行业后所形成的工作方法，从方法的角度大量借鉴了艺术与科学的方法，其服务的目的与人类真正学理中的设计目的还是有区别的。学理中的设计目的是整合需求、制造、流通、使用各环节间的关系，实现人类可持续的健康发展（改善和提高人类生存品质）。现代设计更多的是以商业为目的。产品设计创新的目的主要是通过产品的形式创新、款式创新、技术创新、服务创新，以及成本创新等，去满足消费者在美学上、功能上、愿望上的某种短暂的消费欲或拥有欲，从而实现商业利益的最大化。因此，当今的设计思维和设计创新方法，就是为了实现某种商业目的，努力提高设计效率和获得最佳短期效果的工具。设计思维和设计创新方法有着自身为商业服务的特殊性。

创新是设计本质的要求，也是时代的要求，其中包括人类发展的需求、市场经济的需求和企业生存的需求。可见，设计创新是指充分发挥设计者的创造力，利用人类已有的相关科技成果进行创新构思，为人类的进步和发展设计出具有科学性、创造性、新颖性及实用性的成果的实践方法。

从设计创新的一般规律看，其出发点主要是以下三个方面：

从用户需求出发，以人为本，满足用户的需求。

从挖掘产品功能出发，赋予旧产品以新的功能、新的用途。

从成本设计理念出发，采用新材料、新方法、新技术，降低产品成本、提高产品质量、提高产品竞争力。

　　然而任何一个具体的设计创新项目，除了设计的主要目标会因为时代背景、社会环境、企业现状、设计对象的不同而不同外，设计过程中的阶梯性设计次目标也会随着主目标的变化而变化，复杂多变的设计目标需求，特别是对设计创新概念的广义定义（原创型、改良型、借鉴型等），催生了大量的有针对性的设计创新方法，其中不乏沉淀了一些具有一般规律的方法，归纳起来主要包括：和田十二法、趋势分析法、类比分析法、系统分析法、逻辑与反逻辑分析法、信息分析法、价值分析法和组合分析法。

　　当然，其中有些是针对原创型的设计方法；有些是针对改良型的设计方法；有些是针对借鉴型的设计方法；也有些是通用的设计方法。

4.3.1 和田十二法

　　和田十二法，又叫和田创新十二法，即指人们在观察、认识一个事物时，可以从十二设计落点考虑设计创新的可能性。和田十二法是我国学者许立言、张福奎先生在"奥斯本检核表"基础上，借用其基本原理，加以创造而提出的一种创新技法。它既是对"奥斯本检核表"列举法的一种继承，又是一种大胆的创新。如果我们在设计中按这十二个"一"的顺序进行核对和思考，就能从中得到启发，诱发人们的创造性设想。

　　① **加一加**：能否加高、加厚、加多、组合等？

　　案例：大家熟悉的瑞士军刀就是典型的"加一加"的设计案例，见图4-9。

　　② **减一减**：能否减轻、减少、省略等？

　　案例：充气沙发就是典型的"减一减"的设计案例，见图4-10。

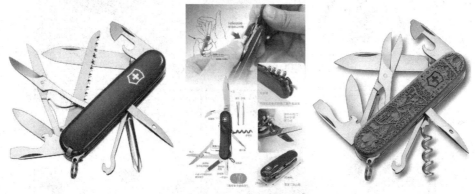

图4-9 瑞士军刀设计

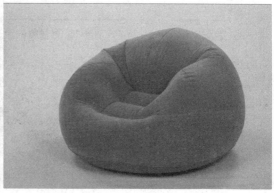

图4-10 充气沙发设计

③**扩一扩**：能否放大、扩大、提高功效等？

案例：可变换方向挡雨的非对称雨伞就是典型的"扩一扩"的设计案例，见图4-11。

④**变一变**：能否改变形状、材料、工艺、颜色、气味、声音、次序等？

案例：具有水开提醒的带"哨"的煮水壶是典型的"变一变"的设计案例，见图4-12。

⑤**改一改**：能否改掉缺点、缺憾，改变不便或不足之处？

案例：防绿茶过度浸泡的可倾斜绿茶杯是典型的"改一改"的设计案例，见图4-13。

图4-11 非对称雨伞设计

图4-12 带"哨"的煮水壶

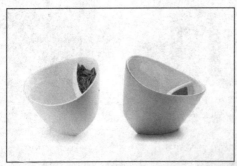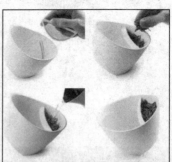

图4-13 可倾斜的泡茶茶杯

图4-14 可压缩折叠的小塑料水桶

⑥ **缩一缩**：能否压缩、缩小、微型化？

案例：可压缩折叠的小塑料水桶是典型的"缩一缩"的设计案例，见图4-14。

⑦ **联一联**：能否因果原理他用，把某些似乎不相干的东西联系起来？

案例：可用作手袋的鞋包装，把包装壳与手袋结合起来是典型的"联一联"的设计案例，见图4-15。

⑧ **学一学**：能否模仿他山之石（形状、结构、先进方法）？

案例：如从蒲公英飞絮原理得到启发的降落伞设计是典型的"学一学"的设计案例，见图4-16。

⑨ **代一代**：能否用别的材料代替，用别的方法代替？

案例：传统的餐具长期以来都是采用陶瓷材料制作，现如今随着密胺仿瓷材料技术的成熟，出现了密胺仿瓷材料餐具产品（图4-17），由于这类餐具弥补了传统陶瓷易碎的不足，深受快餐店青睐。这就是典型的"代一代"的成功设计案例。

图4-15 可用作手袋的鞋包装

图4-16 从蒲公英飞絮原理得到启发的降落伞设计

图4-17 密胺仿瓷材料餐具产品

⑩ 搬一搬：能否将好创意移作他用？

案例：采用传统"汤婆子"（取暖用品）的原理设计的儿童保温碗是典型的"搬一搬"的设计案例，见图4-18。

⑪ 反一反：能否颠倒一下？

案例：可颠倒泡茶的旅行杯是典型的"反一反"的设计案例，见图4-19。

⑫ 定一定：是否定个界限、标准，就能提高品质或效率？

案例：方便回收的绿色产品设计是典型的"定一定"的设计案例，见图4-20。

图4-18 采用传统"汤婆子"（取暖用品）的原理设计的儿童保温碗

图4-19 可颠倒泡茶的旅行杯

图4-20 方便拆卸回收的绿色产品设计

4.3.2 趋势分析法

趋势分析法亦称时间序列预测分析法，是根据事物发展的连续性原理，应用数理统计的方法，将与产品相关的各方面因素的历史表现和相关参数，按时间顺序排列，然后再运用一定的数字模型推演未来一段时间内产品发展走向（新产品契机和变化）的一种预测方法。

趋势分析法可以通过产品全方位的相关资料数据，也可以通过有选择的部分资料数据进行专项的分析预测，如产品的市场消费走向、产品的功能走向、产品的材料工艺走向、产品的技术走向、产品的形式风格走向等。也就是从已发生的事件资料中找到产品发展的规律，并演绎为辅助设计创新的有用数据。

该方法主要适用于产品设计初始阶段，如产品设计可行性报告的撰写和产品设计纲要的制定。

例如，根据对目前国际范围节能减排的现状、中国政府的支持力度和清洁能源技术的发展分析，预测应用清洁能源技术的终端产品将具有很大的市场空间和商业价值，并成为未来产品发展的一个重要走向。所以，无论是在汽车行业还是在家电

图4-21 全新Hyperion XP-1氢动力汽车（2020年）

行业的国际跨国大企业已经开始全面布局抢占市场份额，如氢动力、风力、水力、太阳能、生物能、地热能和海洋能等技术的产品应用领域。见图4-21，氢动力汽车将是未来新能源汽车的另一选择。

4.3.3 类比分析法

类比分析法主要是指从所掌握的相关产品信息资料中，通过对事物内在规律与产品的内在规律的归类排列分析，寻找彼此间的关联性和共同点，并从这些共同点中引发出种种的类比现象，在探究事物类似规律和揭示事物构成本质的基础上，引申出新产品概念。

常见类比分析法有：相似法、模拟法和仿生法。

① **相似法**。不同事物间有许多相似性，无论是各种静态的，还是动态的相似现象，对产品设计都具有许多直观经验的影响力，并可从彼此的相似上获得形态上、结构上、功能上的启发。对于这些种种的相似现象，我们可以采用科学类比的方法进行分析，并从它们相似的表面中分解和提炼出内在的相似内核，即共同原理。我们把这种避开"表象"，抓住"内核"，推导新的产品概念的类比法称为相似型产品设计创新类比法。

这类设计案例有许多，例如近年来市面上流行的"戴森"的空气净化风扇采用了空气过滤净化的原理，属于相似型产品设计创新类比法应用案例（图4-22）。

戴森空气净化风扇　　　　飞利浦空气净化器　　　空气净化器原理

图4-22 "戴森"的空气净化风扇与空气净化器设计比较

② **模拟法**。不同事物间除了存在着许多共同原理性的"内核"，同时还有着相似性的"表象"。采用科学类比方法对不同事物间这两大共同的特征，即原理性内核和相似性表象进行参数化提炼，从而将这些有效参数模拟到新产品设计中。我们把其他事物相似的"表象"和"内核"移植到新产品设计中的类比法称为模拟型产品设计创新类比法。

例如现在流行的"蓝牙"耳机，就是传统"蓝牙"音箱和传统耳机的模拟集成设计（图4-23）。

图4-23 各式"蓝牙"耳机设计案例

③ **仿生法**。自然生态规律始终是我们人类重要的学习的范本。在人类的造物历史上，我们不断地从自然生态中吸取有益于自身发展的营养，创作了大量的具有仿造自然特征的产品，无论是在原理上、构造上、形态上，还是外观上。从今天我们习以为常的各种材料制成的锅碗瓢盆中，我们可以看到原始瓜瓢的影子。从今天我们都不陌生的空调、电扇中，我们依旧可以悟到原始叶片生风的参照。从蒲公英传递种子的飘絮到降落伞、从雄鹰盘旋时的双翅到滑翔伞、从深海鱼类的身姿到潜艇的造型，这中间的关联性不言而喻。因此，我们把自然界相似的生态原理和表象移植到新产品设计中的类比法称为仿生型产品设计创新类比法。

典型的产品设计案例如英国和法国联合设计的协和飞机。协和飞机广泛运用的超声波、动力机械原理等，这些都是从自然生态现象中获得的灵感。

自然生态具有人类永远取之不尽的奥秘，人类能够不断基于某些自然现象有效启发和促进产品设计的发展。研究自然生态各个现象的构成原理，从物质构成规律上思索产品的构成，是一种非常有效的类比创新方法。许多设计师致力于仿生法的研究，并设计了大量的成功案例（图4-24）。

图4-24 仿生设计案例（灯具、家具和日用产品）

4.3.4 系统分析法

系统分析法起源于20世纪40年代，以后迅速发展起来并成为一门横跨各个学科的系统科学。系统科学是指从系统的角度去考察和研究整个客观世界，为人类认识和改造世界提供了科学的理论。系统科学的产生和发展标志着人类的"逻辑思维"由原先的以"实物为中心"逐渐过渡到现在的以"系统为中心"。

系统分析法应该到设计学科，它能在设计问题不确定的情况下，从系统的角度确定设计问题的本质和起因，有利于我们找准设计目标，并帮助决策者在复杂的设计问题和众多的解决方案面前做出科学的抉择。

系统分析的常见方法有：特征分析法、系统工程法。

（1）特征分析法

特征分析法是针对产品系统的集合性、相关性、目的性、层次性、适应性和动态性特征展开的分类分析技法。

① **集合性**。产品系统至少是由两个或两个以上可以相互区别的要素（或子系统）组成的，单个要素不能构成系统，完全相同的要素，数量虽多亦不能构成系统。所以对于产品系统集成子系统的分析验明有利于我们对产品主系统特征的理解，也有助于我们对产品概念的创新。

案例：一根铁丝只是单一的金属材料要素，不能成为产品系统。如果将铁丝弯了三弯，这就在金属铁丝的要素上增加了另一个特殊形态的因素，这时这根铁丝就成了可固定散页纸张的回形针产品系统。这就是运用集合性特征分析法进行设计创新的案例。

② **相关性**。产品系统内每一要素（子系统）的相互依存、相互制约、相互作用形成了一个相互关联的完整产品系统。产品相关要素（子系统）间的特定"关系"体现了该产品系统的整体性；如果产品相关的某个要素发生变化时，或产品相关要素相同而关联"关系"发生变化，我们就可以改变产品系统的整体特征。所以，对于产品系统的集成子系统各要素和各要素间关联关系的分析和验明有利于我们对产品整体系统特征的理解，也有助于我们对产品概念的创新。

案例：纯电动汽车系统与内燃机汽车系统在汽车的整体系统功能上基本相同，从外观上多数人都无法区分。然而由于纯电动汽车在汽车动力系统上的改变，决定了整个汽车系统在环保特征方面优于内燃机汽车系统，所以在许多限机动车上牌的城市能够直接上牌。这就是运用相关性特征分析法进行设计创新的案例。

③ **目的性**。任何产品系统都具有明确的自身目的，或者具有某种特定功能。产品主系统（整体目的）包含了产品的子系统（局部目的）。通常情况下，一个产品系统可能有多重目的性，所以对于产品系统的"主系统"和"子系统"的分级分析和验明，有利于我们对产品系统目的特征的理解和把握，也有助于我们对产品概念的创新。

案例：在中国，自行车曾是国人的家用主要代步工具，几乎家家都有。然而对于今天的国人，自行车已成为辅助代步工具，目的发生了很多的变化，因此家庭拥有自行车的市场概率非常小，共享自行车成为目的性特征分析法的典型创新方案（图4-25）。

共享自行车是现代城市人群便利出行的重要手段，受到了中国大多数城市年轻群体的青睐

图4-25 中国城市共享自行车

④ **层次性**。一个复杂的产品系统会由许多子系统组成，子系统可能又分成许多次子系统，而这个产品系统本身又是一个更大系统的组成部分，这就是系统的层次性。例如产品总系统由零件系统、结构系统、功能系统、服务系统等子系统的基本层次组成。而产品子系统的层次又由自己的次子系统的层次组成。一般来说，层次越多产品系统就越复杂。所以对于产品系统的层次分析和验明，有利于对产品系统不同层次特征的理解和把握，也有助于我们对产品概念的创新。

案例：著名的"徕卡LEICA"相机是德国莱茨公司生产的。它以结构合理、加工精良、质量可靠而闻名于世。20世纪20—50年代，德国一直雄踞世界照相机王国的宝座。"徕卡LEICA"相机就是当时世界各国竞相仿制生产的名牌相机，在世界上享有极高的声誉。华为的"徕卡LEICA"手机系列就是依托德国"徕卡LEICA"相机镜头的优势从手机镜头与其联合推出的，并取得了市场的认可。这就是采用"层次性特征分析法"获得市场竞争优势的典型创新案例。见图4-26。

徕卡授权

华为徕卡手机P20

图4-26 华为联手德国"徕卡LEICA"设计的"徕卡LEICA"手机

⑤ **适应性**。产品系统与环境间存在着各种形式的交换关系，以至于产品系统制约于环境因素，也就是说，环境因素的变化会直接影响到产品系统的功能及目的。因此，对于产品的系统设计就必须注重分析和验明产品环境的变化。针对产品环境的变化及时对产品功能做出相应调整，确保产品系统目的的实现。

案例：根据人们居住环境设计的城市公共健身器械是采用适应性特征分析法设计的案例（图4-27）。

图4-27 城市公共健身器械设计

⑥ **动态性**。首先，产品系统的功能和目的是通过与环境进行物质、能量、信息的交流实现的。因此，物质、能量、信息的有组织运动，构成了产品系统活动的动态循环。所以产品系统活动也是动态的。其次，产品系统的生命周期所体现出的系统本身也处在孕育、产生、发展、衰退、消灭的变化过程中。所以产品系统过程也是动态的。

案例：玻璃栈道设计是通过与环境进行物质、能量、信息的交流实现了产品系统的功能和目的；城市"藤蔓绿植"公共设施设计是通过系统本身的孕育、产生、发展、衰退变化实现了产品系统的功能和目的。这两个设计都是应用动态性特征分析法的创新设计案例（图4-28）。

图4-28 玻璃栈道设计和"藤蔓绿植"公共设施设计

（2）系统工程法

系统工程法是一种现代的科学决策方法。系统工程法把要处理的问题及其有关情况加以分门别类、确定边界，又强调把握各门类之间和各门类内部诸因素之间的内在联系与完整性、整体性，否定片面和静止的观点和方法。在此基础上，它没有遗漏地有区别地针对主要问题、主要情况和全过程，运用有效工具进行全面的分析和处理。系统工程法在设计中主要强调整体综合观。

整体综合观就是指在具体设计中要用系统工程法中的立足整体、统筹全局、全面规划、综合协调等方法，使新产品系统的总体与部分、部分与部分、系统与环境之间达到一种辩证统一的状态，同时将各种相关的经验和知识有机结合，综合运用，以发挥产品系统功能的高品质。这就是1+1>2的系统整体综合效果，现在我们经常讲的"整合资源""协同创新"，其实就是整体综合观。任何产品都属于自我运行的产品系统。而产品系统又由许多子系统组成，产品子系统的功能是有限的，所有的子系统聚合起来的产品系统的功能并不是子系统功能的总和，而是"积"的概念。这就是系统工程法强调整体综合观的内核。因此，在产品设计中只有以系统工程法中的整体综合观为基础，产品系统才能发挥出整体功能应有的效果。

案例：无人机的设计（图4-29），其实无人机所采取的所有的单项技术（子系统）都是在其他产品中运用成熟的技术，如远程控制技术、螺旋叶片技术、电机技术、电池技术、显示技术等。这些技术模块都具有自己的子系统功能，但是它们的确无法与组装后的无人机的功能媲美。这就是系统工程法所体现出的整体力量和综合智慧的真正价值。

图4-29 无人机的设计

理论上讲，大千世界万物间的内在联系决定了事物的构成和发展，而这种相互依赖又各具特点的构成赋能形式就是这里讨论的系统概念。任何一个产品系统都由总系统、子系统和基本元素构成，这种层级的聚合是赋能的过程。所以面对错综复杂的产品系统层级构成，如果我们的设计能够从系统层级的角度去理解分析产品系统，就能够从产品构成的本质关系上确立产品系统被赋能的内核，即产品"属群共性"与产品"独立个性"间的乘积系统关系。我们就能够在具体的设计创新中，使产品系统层级属性排列有序、层层相依，发挥出产品系统功能的最大能量。

系统分析法适用于所有的产品设计，即使最简单的产品。例如我们每天用的卫生纸设计。众所周知，造纸的原材料主要来源于树木，而树木对今天的人类而言是极其有限的自然资源。在当下许多卫生纸的设计中，那些温馨的节约用纸提示设计、纸张的易撕暗线位置的设计，以及尺寸大小和厚薄控制设计，其实都是采用系统分析法赋能的产物。

一般而言，系统分析法对产品系统的分析会从四个基本层级展开。

第一个层级："生活方式"分析（产品社会系统）。

第二个层级："服务体系"分析（产品服务系统）。

第三个层级："产品本体"分析（产品本体系统）。

第四个层级："产品零部件"分析（产品子系统）。

案例：手机产品系统的第四个层级是手机的外壳、按键、显示屏、外接插口、电池、主板、芯片、软件、通信卡和储存卡等。

手机产品系统的第三个层级是不同配置的零部件组成特定的手机，例如早期的模拟手机、数字手机，现如今的智能手机（4G手机、5G手机）等。

手机产品系统的第二个层级是与手机产品相配套的产品质量保修服务，通信服务、支付服务、网络服务等。

手机产品系统的第一个层级是由手机产品与服务所形成的社会形态。

不难看出，手机产品系统有着一个庞大的生态系统链，所涉及的设计内容和触点也是千差万别，但它们必须在同一个社会生态系统下有序展开，如果一旦脱开了这一生态系统，所有的努力只能白费，对于产品来说意味着退市。许多早期的手机明星企业就是没有很好地从社会生态系统变化的视角及时调整手机自身系统的设计创新，其所生产的产品只能淡出了我们的视野（图4-30）。

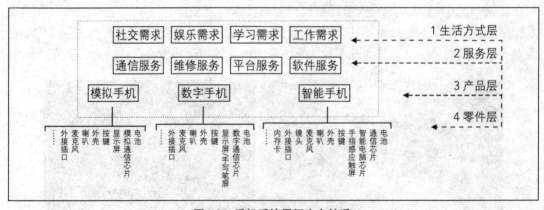

图4-30 手机系统层级生态关系

4.3.5 逻辑与反逻辑分析法

逻辑与反逻辑分析法是人类创造性思维中最为矛盾的，特别是反逻辑法属于人类思维的黑匣子，或灵感的潘多拉魔盒。

我们知道，人们在日常生活和工作中经常会感悟到这样和那样的痛点，这些痛点相对于已有的事物是一种来自我们潜意识中那种长期积累的矛盾冲突。这种痛点感悟其实就是我们对常规现象的反叛和创新意识。虽然它们常常产生于片刻之间，但这种潜意识的逆反心理却是我们人类创造力的根源。

逻辑与反逻辑分析法就是运用这种潜意识矛盾冲突的痛点感悟来对现有事物中的逻辑性大胆提出反逻辑的新方式、新形象和新思路的方法。

理论上讲，逻辑性是人对事物显性规律的正向思维，也可能是一种惯性思维；而反逻辑性是对事物显性规律，或惯性认识的质疑思维。因此，反逻辑并不是不符合逻辑，而是对旧逻辑的反叛，对于事物隐性规律的新逻辑的发现。因此逻辑与反逻辑分析法是创新设计的重要方法。

逻辑与反逻辑分析法，首先是根据事物构成和发展规律提出新产品的构成关系的技法，问题的焦点在于按照逻辑推理，提出新产品"应该是什么样子"；其次对逻辑惯性推理的方案提出质疑，以逆反的心理思考产品"还能是什么样子"，在逻辑与反逻辑的交替中探索新的可能性。

虽然逻辑与反逻辑出自完全不同的两种视角，而它们面对的是同样的设计问题，它们之间的交替是逻辑与反逻辑分析法的关键。

案例1：时尚的充气沙发就是对传统沙发的反叛与肯定。

案例2：各类新能源承载车就是对传统汽车的反叛与肯定。

案例3：微型的闪存盘就是对传统硬盘的反叛与肯定。

案例4：便捷的电子支付是对银行卡支付的反叛与肯定。

案例5：电动单车设计。目前中国市场上销售的电动单车都是单纯按"逻辑方法"设计出的方案。而由美国设计师Eric Lanuza设计的双轮电动单车，却是采用"逻辑与反逻辑分析法"的产物，最终设计方案看上去是反逻辑的但又是符合逻辑的（重力平衡原理）。不难看出该设计从结构和原理上颠覆了传统的电单车。

由这 设计推出的小米平衡车，现如今已成为中国市场年轻人的另一选择，虽然它们并不能取代传统的电动自行车，但也开辟了不小的消费市场。见图4-31美国设计师Eric Lanuza设计的双轮电动单车和小米推出的平衡车。

图4-31 美国设计师Eric Lanuza设计的双轮电动单车和小米推出的平衡车

4.3.6 信息分析法

信息分析法，亦称情报分析调研法，是根据特定设计需要，对大量相关信息进行深层次的思维加工和分析研究，形成有助于满足设计需求新信息的方法。

对信息分析的理解可以从信息构成要素展开。例如成因要素（信息分析的产生往往是由于存在着的社会需求）、方法要素（信息分析广泛采用的是情报学和软科学的研究方法）、过程要素（信息分析都需要经过一系列相对程序化环节）、成果要素（信息分析是形成新的增值信息产品）、目的要素（信息分析是为不同层次的科学决策服务，包括设计）。

因此，信息分析是一项具有研究性质的赋能活动，对于产品设计而言，是为产品创新提供增值信息的重要源泉。可以说，没有与时俱进的增值信息，就没有契合时代的新产品。例如，没有对5G技术的信息分析，就不会提出远程医疗手术的产品方案（图4-32）。

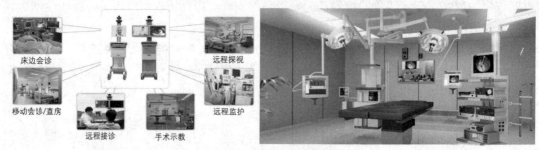

图4-32 远程医疗手术的产品系统方案

（1）类型分析

由于信息分析涉及社会的方方面面，如果能够有效地将它们分类，就会方便我们更好地分析研究。当然根据不同的划分标准，我们可以将信息分析划分成不同的类型。一般来说，我们将信息类型分为：领域类型、内容类型和方法类型。不管是什么类型的信息，对我们的设计创新都有着赋能的作用。

① **领域类型**。国际形势或国内形势总是由于各种因素变化而变化。信息分析也总是与不同领域的信息有关。例如：政治（外交）、经济（产业）、社会、科技、交通、通信、军事、人物等领域。无论是哪个领域的信息要素，其实都会直接或间接地关联到产品的设计创新。下面是一组按领域类型分类的设计案例。

政治驱动：中国的大国风范，催生了具有文化自信的"国潮风"产品的创新（图4-33）。

图4-33 "国潮风"手机保护套产品设计

经济驱动：中国国民收入的提高，催生了全屋定制产品的创新（图4-34）。
社会驱动：世界新冠病毒流行，催生了个人防疫产品的创新设计（图4-35）。
科技驱动：5G技术的成熟，催生了远程控制类产品的创新（图4-36）。
交通驱动：中国高铁的普及，催生了旅游产品的创新（图4-37）。

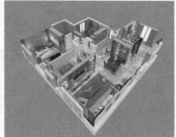

图4-34 全屋定制产品服务案例

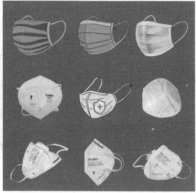

图4-35 个人防疫产品设计

远程手术　　　　　远程教学　　　　　远程会议　　　　　远程控制

图4-36 远程控制类产品

陶瓷杯　　　　　亚马逊电子书保护套　　　　　鼠标顶盖贴

图4-37 北京故宫旅游产品

通信驱动：人与人沟通方式的改变，催生了互联网产品的创新（图4-38）。

军事驱动：国家地位的提升，催生了中国武器装备产品的创新（图4-39）。

人物驱动：老年人群的加大，催生了"适老"产品的创新（图4-40）。

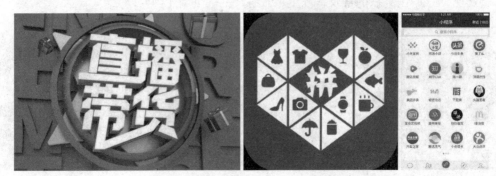

图4-38 互联网自媒体、销售平台和小程序产品

图4-39 中国双航母

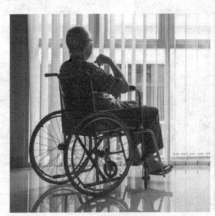

图4-40 "适老"产品：可爬楼梯的电动轮椅

② 内容类型。信息分析按内容大致可以分为：内容跟踪型信息、内容比较型信息、内容预测型信息。

"内容跟踪型"信息分析是信息分析的基础性工作。

无论哪种领域的信息分析研究，没有基础数据与资料的跟踪就难以展开后续的有价值的创新工作。内容跟踪一般分为：技术内容跟踪和政策内容跟踪。其主要目的是掌握各个领域的新动向和发展趋势，从而发现问题。常规方法是结合一定的定性分析，建立文献型事实和数值型数据库。

"内容比较型"信息分析是决策研究中广泛采用的方法。

比较是确定事物间相同点和不同点的方法，在对各个事物内部矛盾的各个方面进行比较后，就可以把握和认识事物间的内在联系和事物本质。只有通过比较才能认识不同事物间的差异，从而提出问题，确定目标、拟订方案并做出选择。

"内容预测型"信息分析是利用事物已知要素，预测和判断事物未来的未知要素的方法。

事物未来的要素主要包括：预测者（人）、预测依据（情况和知识）、预测方法（具体手段）、预测对象（事物未来和未知状况）、预测结果（预先推知和判断）。

按预测对象和内容可分为：经济预测、社会预测、科学预测、技术预测、军事预测等。

"内容预测"型信息分析的工作方法大致上可以分为定性和定量两大类。

例如经济预测中不同产业部门的产值、利润、就业人数、出口贸易都可以用作定量分析的数据来源，通过回归分析、时间序列分析、投入产出分析等方法进行预测；而对于那些政策性强、时间跨度大、定量数据缺乏的问题，则更多地要依赖专家的直觉和经验的定性分析。

③ **方法类型**。信息分析的类型也可以按照采用的方法来划分，一般可以分为定性分析方法类和定量分析方法类两种。

定性分析一般不涉及事物的变量关系，主要依靠人类的逻辑思维来分析问题；而定量分析就一定要涉及事物的变量关系，主要是依据数学函数形式来进行计算求解。

定性分析方法包括：比较、推理、分析与综合等方法。

定量分析方法包括：回归分析法、时间序列法等。

值得指出的是，由于信息分析问题的复杂性，很多问题的解决既涉及定性分析，也涉及定量分析，因此定性分析和定量分析方法结合的运用越发普遍。

（2）方法构成

信息分析法的方法构成主要包括信息联想、信息综合、信息预测、信息评估四个模块。

① **信息联想**。联想本来是指由感知事物联想到另一事物的心理过程，这里是指在事物之间建立或发现相关关系的思维活动，其关键是准确把握事物之间的关系。常见信息联想法有：比较分析、逻辑分析、头脑风暴、触发词、强制联想、特性列举、偶然联想链、因果关系、相关分析、关联树和关联表、聚类分析、判别分析、路径分析、因子分析、主成分分析、引文分析等方法。

② **信息综合**。综合是把研究对象的各部分、因素有机联结和统一起来，从总体上进行考察和研究的一种思维方法。常见的信息综合法有：归纳综合、图谱综合、兼容综合、扬弃综合、典型综合、背景分析、环境扫描、SWOT分析、系统识别、数据挖掘等方法。

③ **信息预测**。预测是人们利用已掌握的知识和手段，预先推知和判断事物未来发展的活动。常见的信息预测法有：逻辑推理、趋势外推、回归分析、时间序列、马尔可夫链、德尔菲法等方法。

④ **信息评估**。信息评估是在对大量相关信息进行分析与综合的基础上，经过优化选择和比较评价，形成能满足决策需要的支持信息的过程。通常包括综合评估、技术经济评价、实力水平比较、功能评价、成果评价、方案优选等形式。常见的信息评估法有：指标

评分、层次分析、价值工程、成本—效益分析、可行性研究、投入产出分析、系统工程学等方法。

（3）方法实操

对于产品设计而言，运用信息分析法的关键是对各种信息的关注，无论是对有关的还是无关的信息一视同仁地加以分析，因为在许多情况下，创新触点会隐藏在看似无关的信息中。例如5G技术与远程手术设备、自动驾驶汽车等看似无关，却至关重要。

在具体的信息分析中可以采用：归类分析法、级差分析法、相关分析法、质能分析法、价值分析法等，目的是尽量从不同信息的特征出发将它们有效参数化、有机合成化，最终形成对新产品设计有价值的参数值。

① **归类分析法**。归类分析法主要是指采用分类的方法对信息进行分析，目的是方便鉴别有效的参数以适合新产品设计的需要。例如：一种新产品的用户需求痛点可以分生理需求和心理需求，如果我们需要设计的新产品的痛点是心理需求，那么有关提高用户心理需求的信息就应该从众多的信息中划分（归类）出来，以便用于新产品的设计中。归类分析法的过程：可以用图示方式或列提纲方式，把新产品的设计痛点分类归纳成若干方面，从而确定设计内容的范围，在此基础上，收集相关的支撑信息并进行有效的参数化，从而作为新产品设计的参数值。

② **级差分析法**。级差分析法主要是对有关信息进行级差分析的方法。理论上讲属于归类分析法的延展。级差分类分析的目的是聚焦新产品设计的重要痛点和相关的信息，依次顾及相对次要和次次要的设计触点和相关的信息，从而合理调动和分配有限资源为新产品设计级差化提供有效的参数值。例如我们要为咖啡品牌设计一款礼品套装。从级差分析法的角度，第一层级应该是：礼品属性；第二层级应该是：品牌属性；第三层级应该是：产品属性。

③ **相关分析法**。相关分析法是对有关信息进行关联性分析的方法。相关分析法的目的是将表面上看上去没有联系的信息关联起来，挖掘潜在的、内在的关联性，从而获得新的视角和参数，为新产品的设计提供新的可能性。例如蓝牙音箱、智能手机支架和手机充电器，表面上看它们是不同类型的产品，如果我们将它们大胆地关联起来，就创造出了方便手机充电和支撑手机的蓝牙音箱。

（4）基本原则

① **整体分解原则**。将对象（事物）化为母本信息，按要素分解，展开成因子等级系列。

② **信息交合原则**。收集、引进多种科学信息（人类实践活动或认识活动）作为父本信息，与母本信息"杂交"（排列组合），发展联系，运用想象手法，拓展父本、母本各因子系列，寻找这些信息因子之间可能存在的新联系。

③ **结晶筛选原则**。评价、筛选信息结晶，输出新设想。

（5）工作程序

信息分析法的工作程序主要分为：选题、研究框架设计、信息收集与整序、信息分析与综合、撰写研究报告。

① **选题**。选题就是选择拟进行信息分析的题目，明确研究对象和内容。选题的三个要素：针对性、新颖性或独创性和可行性。针对性是指课题有无实际上的应用值，是否针对社会现实发展的迫切需要。对于信息分析这类应用性很强的项目来说，主题的针对性尤为重要；新颖性或独创性是指课题的创新之处和创新程度；可行性是指具有良好的研究基

础、研究能力和条件。

② **研究框架设计**。研究框架设计包括开题报告与制订更详细的研究框架和工作计划。主要内容：选题的意义、预期目标、研究内容、实施方案、进度计划、经费预算、人员组织及论证意见等。

③ **信息收集与整序**。通过各种方式获取所需要的信息，并按照信息的内容和形式特征，采用各种方法和手段实现信息有序化和增值的过程。

④ **信息分析与综合**。分析与综合的结果要与选题的针对性相适应，应能回答该研究所要解决的主要问题。

⑤ **撰写研究报告**。一般来说，研究报告由题目、文摘、引言、正文、结论、参考文献或附注等几部分组成，并应包括以下主要内容：拟解决的问题和达到的目标、研究背景描述与现状分析、研究方法、论证与结论。

4.3.7 价值分析法

价值分析法是在价值工程法基础上发展出来的一种以价值为触点提升企业竞争力的方法。从产品设计的角度看，产品的价值目标决定了产品的基本构成和范式，因此价值分析法是指以产品的价值为导向，通过认知和评价事物的价值属性，找出价值影响产品设计的增值点的方法。

客观地说，产品价值是由产品的功能、特性、品质、品种与式样等所产生的价值。它是顾客需要的中心内容，也是顾客选购产品的首要因素，因而在一般情况下，它是决定顾客购买总价值大小的关键和主要因素。产品价值是由顾客需要决定的。因此，在分析产品价值时，应注意在社会发展的不同时期，顾客对产品有不同的需求，构成产品价值的要素以及各要素的相对重要程度也会有所不同。

一般来说，产品功能与成本之间的关系是影响产品价值变化最基本的参数，常规的产品价值分析触点有以下几种。

① **产品功能提高，成本下降，则产品价值有望大幅度提高。**

例如，随着集成芯片技术的发展，智能手机的功能有了巨大的提高，而产品的成本在不断降低，新款智能手机的价值也有了大幅度提高。

② **产品功能有所改善，成本不变，则产品价值有望提高。**

例如，智能保护手机套，随着智能手机与人们生活的密切程度的增加，人们对保护手机套的要求不断增高，那些设计乏味的产品是不受人们欢迎的，而那些适应时代变化的式样，无须增加成本，就可改善它们的功能，尤其是美学功能，从而提高了产品的价值。

③ **产品功能不变，成本降低，则产品价值有望提高。**

例如，随着新材料、新工艺的出现，注浆陶瓷产品可以在产品功能要求完全不变的前提下，实现成本的降低，使得产品的价值得到提高。

④ **产品功能提高，成本稍增，则产品价值有望提高。**

例如，手机从原先单一的通信功能产品向包括摄影摄像等多功能产品的发展中，成本虽然有所提高，但是产品功能价值却成倍增加，使得产品在消费者心中的价值得到了大大的提升。

⑤ **产品功能稍微降低，成本大大下降，则产品价值有望提高。**

例如，城市SUV由"四轮驱动"功能降低为"两轮驱动"的设计，仍可满足多数用户的需要，但是由于实现该水平功能的技术条件不同，使得整车成本大大降低，使城市SUV类汽车产品的价值增高，受到了许多消费者的青睐，市场在不断扩大，各大品牌持续推出新款SUV车型的热度未减（图4-41～图4-43）。

图4-41 标志2021年推出的"插电混动"SUV汽车

图4-42 本田中国2021年发布的全新纯电动车品牌"e:N"三款全新SUV概念车

图4-43 斯柯达2020年发布的紧凑SUV概念车Vision In

提高产品价值，既是用户的要求也是企业的追求。但是企业不能单纯地追求提高功能，更不能片面地降低成本，而是在产品设计和产品改进设计中，运用价值分析法，有针对性地提高产品的价值优势，在满足用户实际需求的同时，提高企业的经济效益。

4.3.8 组合分析法

组合分析法是一种将两种（或多种）原理、方法、功能、工艺等事物有机地结合到一起，而获得具有新原理、新方法、新功能、新工艺或新方案的创新方法。世界科技史研究表明，技术发展已开始由单项突破走向多项组合，从单纯依靠发现新的科技原理而实现的创造发明已相对减少，更多的创造发明是将前人的独立发明创造组合运用，在应用上取得新的突破。组合创新的方法大致有以下几种类型。

（1）技术手段的组合

将不同的工艺、设备或软件等技术手段组合起来，形成新的技术功能系统，如设计程序、设计管理制度等。

（2）材料、零部件的组合

通过对现有材料、零部件等的选择和巧妙组合，达到创新产品、创新设计的目的。比如近年来被列为发展新材料首位的碳纤维复合材料，就是用碳纤维作强化材料，用合成树脂和铝、钨、硅等作基体组合而成的。

（3）技术手段与现象的组合

将某些已知的物理、生物、化学等科学现象与多种可应用这些现象的已有技术手段相结合，形成各种新工艺。

（4）现象与现象的组合

在彻底理解各种现象的本质、机理及相互之间关系与作用的前提下，将多种不同的科学现象组合起来，形成新的技术原理。

（5）技术原理的组合

将已有的某一种（或多种）技术原理引入本技术领域中，通过组合、改造、互补、扩展，形成一种新的组合型的技术原理或技术手段，比如将太阳能温室、风车和烟囱的原理组合起来，形成气流发电机。

在实际应用中，要针对具体的组合要素和要求，采用各种各样的组合方式进行创新。

本章小结

就设计方法而言，任何一种设计方法都是来源于前人的劳动实践（过往的设计活动），虽然其中有着一定的普遍性，但也存在自身的特殊性（时代和案例的局限性、时效性），特别是在当下日新月异的信息时代，人类的设计目标快速地随着主流认知的变化而变化；设计目的随着企业形态和战略决策的变化而变化；设计内容也就随着消费者角色和需要的变化而变化。因此，要直接套用由过去经验形成的设计方法是不科学的。本章只是从方法论原理的角度，对作为商业行为的产品设计方法进行了系统性的剖析，陈述了设计方法的一般性的规律和概念，即设计方法是以"效率"和"效果"为限定条件的，帮助我们实现产品设计目的（宏观和微观）的路径。

第 5 章

产品设计美学

20世纪初，第一次工业革命为设计创造了新的技术环境和人文环境。在大工业生产方式和分工管理制度的推动下，人类手工艺时代的造物行为（即产品设计制造行为）在人与自然、人与人、人与事之间的关系上发生了根本性改变，建立起了一种具有工业社会特质的关联方式，使得人类原先相对个人的、自发的造物过程在逻辑关系上得到了重组和分化，出现了设计教育、设计创意、设计制造和设计营商等相对独立的从业方向，职业化的设计师也随之诞生。设计成了大工业生产中的重要工种之一（美工）。设计扮演起美化工业品、促进工业产品销售的重要角色。产品设计美学成为设计师关注的重点。大多数设计师开始把精力放到了揣摩消费者审美喜好上，并把消费者审美喜好作为工业产品设计的美学准则。应该说产品设计美学促进了工业产品的市场化，在提高我们物质生活水平的同时打开了人类物欲的潘多拉魔盒。这使得我们不得不质疑具有商业成功业绩的"产品设计美学"是否存在着值得反思的地方；不得不从更宽阔的视野来认识产品设计美学的根基、现状，以及它的合理之处；不得不更好地拿捏产品设计美学的功能和作用，更好地为可持续的商品经济服务。

为了更好地认识产品设计美学的理论渊源，我们先来讨论一下美学的起源发展和哲学体系中的相关美学流派。

5.1　美学起源和流派

5.1.1 美学起源

尽管传统美学研究存在着种种困难，不过经过这两千多年历代学者的不懈努力，我们已经摸索出了一些带有规律性的认识，提出了不少假说，建立起了一些有价值的美学理论体系。虽然到目前为止，没有统一的观点，仍争议不断，但概括起来有代表性的传统美学理论可分为三大类，下面我们来一一解读。

（1）模仿说

"美"是一种模仿，这是传统美学理论中的模仿说。也就是说，对于人类而言，模仿人类生活中的"事和物""情和境"能够使人产生美的感觉。所以模仿说认为美源于模仿。自人类文明开始就表现出了这种现象。例如新石器时期人类的造物上的纹样就是模仿自然的实证（图5-1）。

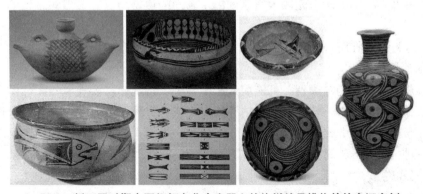

图5-1　新石器时期中国仰韶文化古陶器上的纹样就是模仿美的实证案例

再例如早期洞口绘画也是对自然或社会生活的一种模仿，这种模仿能使人产生美感。如图5-2距今三万年前的肖维岩洞壁画原始人对狩猎对象和狩猎场景的描绘就是实证。

再如小说也是对现实社会生活的一种模仿和再现，同样能使人产生美感。

很显然，用这种理论来解释人为的艺术作品是成立的。但它无法解释非人为的自然（植物、动物、地貌和风光

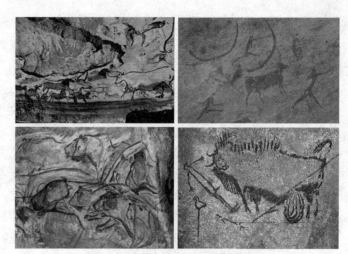

图5-2 距今三万年前的肖维岩洞壁画

等）的现象美，以及社会形态的现象美。因为这二者都不是对别的什么东西的模仿。比如一朵花，它并没有模仿任何东西，却能使我们产生美感。

另外，并不是所有的模仿都能使人产生美感。例如"东施效颦"就是典故实证。

（2）表现说

"美"是一种"表现"。也就是说，凡是表现了某种功能、规律、目的、秩序、意识、生命力、人的本质力量、价值观念或感情的东西，就能使人产生美感（图5-3）。这就是传统美学理论中的表现说。

图5-3 原始部落舞蹈

例如，一座美丽的桥梁，是因为它的外观构造表现除了符合物理力学的规律和人们的使用目的外，还展示了人类的巨大能力。

再如，一部感人的电影，是因为它表现出了高尚的道德情操和强烈的思想感情，所以显得很美。

显然，这种理论在解释人工美或艺术美方面比较顺理成章，但在解释自然美方面就显得比较牵强。

另外，并不是所有的"表现"都能使人产生美感。特别是"表现说"在解释"美的相对性"方面有些无能为力。比如，一种情感的表现或一种规律的表现，按理说，它们应该使所有的人都产生相同的美感，但实际上并非如此。不同人的审美差异性是客观存在的。不仅如此，同一人在不同时空中对同一事物的审美差异性也是客观存在的。

（3）形式说

"美"是一种特殊的、具有某种共鸣的形式。也就是说，只要某种东西具备了某种特

殊的、具有某种共鸣的形式，就能使人产生某种美感。这就是传统美学理论中的形式说。

比如对称、平衡、比例、数列、复杂与统一等都是属于具有人类共鸣的形式。只要具有这些形式的"事"和"物"就是美的（图5-4）。

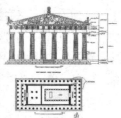

图5-4 希腊帕特农神庙建筑

虽然 "形式说"在解释自然美、人体美、设计美，以及一些其他空间艺术设计美方面非常成功，但在解释社会美和审美标准的相对性问题方面却显得有些力不从心。

"形式说"是产品设计美学中重点关注的触点之一。本书会在后面的章节中具体讨论。

从美学发展史的角度看这三大理论体系，它们各自有着能解释的审美现象和不能解释的审美现象，所以说它们都存在着某种局限性。特别是都不能很好地解释美感相对性和美感强度差异等问题；也不能很好地解释美感愉悦性的本质和美感愉悦性的来源等问题。

例如，为什么模仿和表现能使人产生审美愉悦感？为什么某种特殊有意味的形式能使人产生审美愉悦感？

在传统美学中，除了这三大理论体系之外，还存在着许多其他的美学理论。例如，有一种观点认为美感来源于"新奇"的"新奇论"；还有一种观点认为美感来源于"色彩"的"色彩论"；更有观点认为美感来源于模仿、表现、形式这三者的有机结合，或其中某两者有机结合的"综合论"。但所有这些有关美学的不同理论和论点都不如上述模仿说、表现说、形式说更有影响力，这里就不一一列举。

（4）"陌生＋熟悉"的美学思路

2001年戎小捷在他的《陌生＋熟悉＝美》一书中提出了一个新的美学思路，即"陌生＋熟悉说"。下面我们就戎小捷的观点来反观三大美学传统学说（模仿说、表现说、形式说）。

首先我们来看看"模仿说"。

"模仿"确实能够使人产生美感。使人产生美感的根本原因并不是模仿本身，而是因为在模仿的东西中，存在着某种使人感到既陌生又熟悉的情景，这种模仿出来的既陌生又熟悉的情景才是激发美感的真正原因。

一般来说，模仿的东西不会百分之百地像被模仿对象；也不会完全不像原来的被模仿对象。换句话说，模仿的不像之处使我们产生陌生感，而模仿的相像之处使我们产生熟悉感。正如中国绘画大师齐白石所说，"绘画美"的关键就在于"似"与"不似"之间。其实"不似"讲的是陌生感，而"似"讲的是熟悉感。正是这种"似"与"不似"才是美感产生的根本。

因此，模仿只是创造美感的形式之一，而美感产生的实质却是在模仿中对有关"陌生与熟悉"之间"度"的拿捏。显而易见，若模仿得百分之百不像原物，或百分之百像原物，都不能产生与模仿相关的美感。

接下来我们来看看"表现说"。

"表现"确实能够使人产生美感。就审美对象而言，都或多或少地表现出了我们所认同的某种情感、某种伦理、某种社会精神、某种自然规律。可见，表现只是创造美感的形式之一，而被表现的内容才是核心。特别是所表现的内容中对有关"陌生与熟悉"之间"度"的拿捏才是美感创造的关键。

也就是说，审美对象所表现出的必须是我们似曾相识的和意识层面（生活经验）所认同的价值观，这种"似"与"不似"的、熟悉与陌生的价值观表现才是美感产生的根本原因。

最后我们来看看"形式说"。

许多特定的形式确实能使我们产生美感。这些形式之所以能使我们产生美感，并不是由于这些形式本身，而是因为这些形式是我们似曾相识的和意识层面（生活经验）所认同的形式。

戎小捷的"陌生+熟悉说"是比较贴近产品设计需要寻求的、具有实用价值的美的规律。因此，就产品设计美学而言，对消费者审美定式的认知，以及对"陌生与熟悉度"的把握和控制就显得格外重要。

当然"陌生+熟悉"能使人产生美感并非戎小捷的原创，这一原理在历史上就曾被多位心理学家和美学家关注过。如心理学家舒帕尔·卡格安（Schubel Kagan）先生提出的"差异原理"。

20世纪赫尔巴特（U. F. Herbart）的形式主义美学也证实了这一点："与旧经验又联系又差异的新经验，最易产生审美愉悦。"

因此，对人类而言，"陌生+熟悉"是产生美的重要原因。在新概念汽车设计中，设计师就是在消费者熟悉的语境下加入新的陌生感，所以新概念汽车在车展上永远是最亮丽的风景线（图5-5）。

图5-5 新概念汽车设计

5.1.2 美学流派

人类探讨"美的本质"已经有两千多年，从古希腊的亚里士多德到当代众多的美学流派的学者，可以说是各种观点令人目不暇接。至今为止，仍然没有一个统一的结论，也没有一个可以直接适用于产品设计的美学结论。其焦点问题就在于"美"的现象和"审美"的标准是否有规律可循。

有兴趣的学习者可以扫码了解一下主要的美学学派，为我们更好地研究产品设计美学奠定哲学根基。

▶ 美学流派 ◀

5.2 产品设计美学的概念与特征

众所周知，第一次工业革命推动了人类科学技术的快速发展，彻底改变了人与自然的隶属关系。人类开始以自然征服者、主宰者的姿态面对自然的一切，产生了人类个人主义的"以人为本"思想，并深度影响了人类设计行为的定性和定位。

对于工业社会的消费经济时代，消费者被视为上帝，消费者也是设计服务存在的基础。所以对设计师而言，设计的目的是建立在激活和满足消费者消费欲基础之上的为资本牟利的工具之一。设计师竭尽所能地通过视觉审美设计去激活和满足人类的消费欲是消费经济时代赋予设计师的天职。客观地说，这也是产品设计美学研究产生的重要原因。

应该说，通过产品设计美学，改善商品流通是设计师的职能所在。然而，如何发挥产品设计美学的真正价值与作用？如何通过"设计美"正确引导消费者的合理消费？这就成了我们定义和讨论产品设计美学的重要内容。

5.2.1 产品设计美学概念

从哲学和社会学的角度来看，产品设计美学不只是视觉感知层面的美感喜好问题，它还包括了设计物与自然、设计物与社会、设计物与人类和谐相处的伦理问题。

可见，如果抛开我们生存的自然环境、社会环境、人文环境，以及人类发展的长远利益，仅仅只考虑消费者眼前的"即时欲"，那么这不是真正意义上的产品设计美学，或者不是我们这里所讨论的产品设计美学。

客观地说，一件真正为"人"而设计的"产品"绝对不只是一件单纯的实用品，也不只是在它能够满足某种基本使用功能的基础上加些个体化的审美功能，而应该是在物质和审美的基础上，融入人与环境（自然环境和人文环境）的和谐性、人与时空的协调性、人与未来的可持续性。因此，产品设计美学不仅包含了物质美和精神美，还包含生态美。"设计美"应该是集"实用""品位""和谐"为一体的大美，而不仅仅是帮助商家促进消费的外在妆颜。

"设计美"的基本规律与产品的功能和外观有关，同时也与一定的人、社会、时代、文化、环境的生态观和价值观有关。所以，这里我们所讨论的"设计美"，其实是指设计的"实用美""艺术美""和谐美"。

不过，由于我们生活在不同历史时期、不同文化、不同地域、不同社会、不同阶层和不同人群中，我们在审美标准上存在着较大的差异性；即使我们生活在同一个历史时期、同一个文化、同一个地域、同一个社会、同一个阶层和同一个人群，我们的审美标准也会存在这样或那样的差异。事实证明，人类的审美标准属于人类的心理认知现象，不属于与生俱来的生理现象，因此，审美标准的"异同性"是存在着因人而异现象，并且这种现象是可以因情景和环境的改变而改变的。这正是产品设计美学值得研究的地方。

对产品设计美学而言，研究生活在不同历史时期、不同文化、不同地域、不同社会、不同阶层、不同人群中的人们在审美上的差异性和共同性就显得十分重要；当然持续关注生活在不同自然环境和人文环境、不同的时间和空间中的人们在价值观上的差异性和共同性也是十分重要的。这便是产品设计美学的科学性所在。

总而言之，产品设计美学与传统美学相比，产品设计美学是以设计对象（产品）为主线，对设计对象（产品）的美感来源、美感特征、美感种类，以及消费者的审美定式等方面展开的实用性研究。其中包含了设计中客观与主观、物质与精神、自然与社会、群体与个体、历史与当下、感性与理性诸方面的产品美学研究。

从渊源看，产品设计美学与现代设计的发生和发展有着直接的关系。应该说，是现代设计催生了产品设计美学。因此，产品设计美学是以现代设计为中心、以市场经济为基础的应用型美学。

虽然产品设计美学具有现代设计的科学性、艺术性和服务性，但在人文精神层面和价值观层面还有着自身的追求。例如在产品设计如何与科学技术、功能效用、商业价值、社会形态、文化观念和自然生态的结合问题上，探索具有可持续发展理念的、净化人类审美品位的、提升产品设计精神品质的美学路径。所以，产品设计美学不仅仅是现代设计中为了满足商业需求的产品外在美的研究，同时它还是人类美学理论发展过程中提高人类审美品质的内在美的研究。

因此，产品设计美学的宗旨是赋予产品更高品质的"物质美"和"精神美"。这种高品质的设计"美"不仅能够满足消费者的物质与精神需求，同时还能够促进人与自然的和谐，实现人类以可持续发展为目的的生活追求。换句话说，产品设计美学是重点研究和应用"设计美"的规律，通过商业途径，为人类创造更高品质的人文环境和生活方式，并以此来推动现代设计和人类文明的可持续发展。

为了更全面地探讨产品设计美学的边界，下面我们将对什么是设计美感、设计美感是如何起源的、什么是设计审美经验、什么是产品的美、什么是消费者审美定式等问题展开讨论。

5.2.2 产品设计美感与审美经验

（1）产品设计美感

什么是设计美感？设计美感是指人类消费者在对"设计"进行审美过程中获得的主观愉悦感，一种对"设计美"的情感体验和审美认同。

人的美感并非只来源于动物的本能，而是人类在进化过程中情感思维高度发展的产物，远远超越了动物的本能，与人类的天性有关。研究证明，美感起源有以下四个要点：其一，美感是人类社会实践的需要；其二，对美感的审美活动是人类的精神行为；其三，美感在内容和意义上具有不断生长性；其四，美感只有起点，没有终点。

对于美感的起因学者们有着不同的解释，归纳起来有下列四种学说。

① "模仿说"。"模仿说"认为美感产生于对于客观对象的模仿。这是对美感起因最早的解释。

例如，亚里士多德先生认为：人与动物的重要差别之一就是人善于模仿。人类最初的知识就是从模仿外界对象中获得的，不仅如此，人类还在模仿中获得了快乐。可见美感与人类善于模仿的天性有关。就产品设计而言，在众多的产品中，"仿生设计"占据了非常重要的位置（图5-6）。与此同时，设计师之

图5-6 李亦文2013年设计、杨联伟制作的仿生紫砂原矿壶

间的相互"模仿"也从未停止过。

② "游戏说"。"游戏说"认为美感产生于人类的游戏活动，审美是没有功利目的的，只是单纯地寻找自由和快乐，故美感是来自"游戏冲动"，一种人类追求自由和快乐的天性。

就产品设计而言，当下备受重视的与服务设计存在裙带关系的"体验设计"，其中所表现出的诱人价值，其实就是游戏说在信息产品中的运用，使得产品用户在娱乐中提高

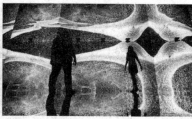

图5-7 沉浸式多媒体交互娱乐体验设计案例

信息交互的速度和质量，特别是随着近年来数字媒体技术的发展，商业空间和展示空间越来越多的交互体验娱乐设计进入了我们的生活（图5-7）。

③ "巫术宗教说"。"巫术宗教说"认为美感是从一种神性崇拜中获得的。原始民族由于缺乏科学知识，对一些自然力量或社会现象具有莫名的敬畏之情，从而对巫术和宗教有一种强烈的信赖性。例如有些先民把某种动物视为神灵，作为部落图腾或祖先进行崇拜等。

就产品设计而言，今天设计中所包含的触及心情的某种象征符号和色彩寓意，其实所表现出的就是类似于先民们的那种具有触动心灵的神性美。

④ "劳动实践说"。"劳动实践说"认为美感产生于劳动过程。例如，原始民族的舞蹈、绘画、装饰、文学均起源于劳动。

"劳动实践说"认为，劳动启示了审美对象的形式、审美创作技巧和美感。

就产品设计而言，功能主义的设计所表现出的就是这种劳动实践的美（图5-8）。

图5-8 菲斯卡工具设计

（2）产品设计审美经验

在传统美学中，我们常常用"审美经验"一词来代替"美感"，而在产品设计美学中，两者的意思是有区别的。

根据传统美学家的论述，无论是"美感"还是"审美经验"都是指人对审美"形象"的直觉。这里"形象"是指"审美对象"固有的形状和现象，并且对它的感受是直接的，不是间接的、抽象的和概念的。

在产品设计美学中，"美感"是指消费者在对设计的审美过程中所产生的愉悦感。是指消费者对"设计美"的主观反映、感受、欣赏和评价。消费者都有不同程度的美感能力，但不是天生的，而是在社会生活实践中产生和发展起来的。

从产品设计美学的角度，"审美经验"是指人类对产品进行审美时所获得的某种美感，并形成了某种审美定式，是"产品美"创造的重要依据，是审美活动中人与产品之间、产品与自然之间所形成的某种关联性的美感体验定式。因此"产品美"的创造是设计师将理解后的消费者审美经验附着在新产品上，并且通过对审美经验度的拿捏，在获得消

费者认同感的同时给消费者带来新的审美经验。

对设计师而言，有消费者的存在才有可参考的审美经验。消费者的审美经验是设计师认识美和创造美的基础。而设计师创造美的结果，又给消费者带来新的美感体验，产生新的审美经验。不难看出，设计的"审美经验"是建立在产品与消费者的生存空间和时间基础之上、物质和精神基础之上，以视觉审美、触觉审美、听觉审美、嗅觉审美、动作审美和意念审美等方式予以体现。

对产品设计美学而言，消费者的审美经验并非无功利性（disinterested）的活动。消费者在关注、购买、拥有和使用某件产品时是存在以自己的审美经验为依据，进行不同等级的功利交换的。如果产品看上去能很好地满足消费者物质和精神两方面的需求，这说明产品满足了他期待的视觉美感体验，这为消费者购买奠定了重要的基础；当消费者拥有该产品后，在拥有和使用过程中真的能很好地满足消费者物质和精神两方面的需求，这说明产品满足了他期待的审美体验，并建立起消费者对该产品或品牌之间的相互信任和交换关系。可见，消费者的审美经验对于商业化的产品设计是具有功利性的。当然，随着消费者和商家环保意识的提高，跨越了单纯功利性的生态美也成为市场热衷的焦点。

不过无论是审美经验的功利性还是审美经验的无功利性都是促进设计师从"创优"和"享用"两方面积极改变现有产品审美经验的重要动力。"创优"是指设计出在审美经验上让消费者满意的产品；"享用"是指设计出在审美经验上让消费者陶醉的产品。

在审美经验上的满意和陶醉是消费者在情感上的升级关系，对于产品设计而言，"创优"和"享用"必须保持与自然的平衡，这样才能使人类的产品生活走向高品质。

理论上讲，"审美经验"包括专注、着迷、和谐和共鸣四个基本要素。

① **专注**。专注是指我们面临一个审美对象（设计）时，它的外在形式吸引和打动了我们，使我们对其产生出强烈的注视和接近的冲动。这种现象会立刻触发我们的某种情感，唤醒我们的某种记忆，使我们的想象开始活跃，并出现理解上的升华。

② **着迷**。着迷是指我们的情感、想象和理解达到某种饱和的程度，并与我们的自由思维形成了某种程度的和谐，这时我们便自然进入某种精神亢奋的状态。对人类而言，着迷是一种强烈的愉悦、感动、舒畅的情感经验，会使我们的主观意志中止和停顿。

③ **和谐**。和谐是指在设计构成因素（产品与人、产品与自然）之间，达到了某种协调和统一，并因为这种协调和统一（相互均衡、力量互补、比例合适、尺度适中、构造合理、关系平稳、对称同一）的形式而使我们赏心悦目，形成美的感受。

④ **共鸣**。"共鸣"是人在审美过程中获得美感时常见的心理现象，也是设计师实现了与消费者美感相通的心理状态。简单地说，消费者与设计师设计的产品之间，在情感上产生了某种认同，便是这里所说的共鸣。可见，所谓"共鸣"，一方面，审美对象（产品）必须要有感动消费者的魅力（消费者熟悉的美感定式）；另一方面，审美主体（消费者）必须要和设计师有类似的审美经验和思想情感。

总而言之，设计审美经验是指消费者在设计审美过程中获得的某种"美感"定式，而这种"美感"定式又是以"自我"形态为基础的感知行为。消费者的"自我"形态取决于消费者的文化观和价值观。因此，消费者拥有的文化观和价值观是形成消费者"自我"形态的根本。而"自我"形态又决定了消费者的"主观愿望"。

因而，设计师如果能够准确地把握消费者的审美经验，就等于把握了消费者的"主观愿望"。如果在此情形下创作出的产品就能够很好地服务于消费者的"主观需求"，也就是说能够在给消费者带来美感的同时也能更好地创造商业价值。

5.2.3 产品美的特征

"产品美"是一种非自然的人工美。"产品美"的目的是在满足消费者物质与精神需求的基础上，追求商业利益、展示人类智慧和关注人类可持续发展。因此，"产品美"具有很强的科技色彩、人文色彩和生态色彩。

客观地说，"产品美"的本质是建立在"自然人化"之上，并是为了创造人与自然和谐统一的，符合人类可持续发展的产品环境。

"自然人化"是一个广义的哲学概念。虽然天空、大海、沙漠、荒山野林，似乎未经人工改造，但其实也"自然人化"了。因为这里的"自然人化"指的是人类征服自然的历史尺度。人类社会发展达到一定阶段，人与自然的关系就已发生了根本性的改变。

我们所创造的任何产品都不是孤立的，产品和产品的产业链，其实都是对人类生存的自然系统进行了不同程度的改变和干预。毫无疑问，其中有些改变是负面的，例如产品生产和报废过程所释放的废气、排出的废水和丢弃的垃圾污染了空气、水源、环境和气候。当然更多的是正面的，使人类的生活品质有了根本性的提升。然而，就自然人化而言，人化的范围是全方位的，其中包括了人类自身。

图5-9 设计思想家维克多

正如设计思想家维克多（图5-9）在他的著名论著《为真实的世界设计》（*Design for the Real World*）中这样写道：我们改变了这个世界，而这个世界反过来改变我们自身。当然，产品设计美学所追求的并不是维克多先生论及的那种过度物质化的负面改变，而是一种具有更高伦理道德的、有利于人类可持续健康发展的正面改变，一种物质与精神融为一体的美的改变。

毫无疑问，"产品美"首先是诞生于原始工具的实用性。因为"原始工具的实用性"直接关乎原始先民们的生存利益。因此，对原始先民们而言，实用的工具就是最"美"的工具；然而，除了这种实用性的物质美之外，还有一种由原始感性思维（现象和想象互渗思维）产生有利于原始先民的、借助超自然力量的神性美。我们可以从原始洞窟壁画和崖刻的描绘行为中看到这种原始实用主义神性美的存在。这应该就是人类精神美的原始形态。

如今，我们在传承先民们具有实用功利性指向的物质美和精神美的长期实践中，开始逐渐意识到短期功利化的行为并不利于人类的可持续发展。人类开始寻求具有长期功利且有助于人类发展的生态美。生态美是一种不同于传统实用型的那种只注重满足即时消费欲的审美类型。生态美是一种具有更高伦理道德的、注重人类长远利益的审美类型。例如产品采用成本高出普通材料的环保材料，高出普通技术的环保技术。而这些产品对当下的消费者而言并没有眼前的即时利益，相反要付出更多。今天的消费者之所以消费这类产品，很明显是因为他们看到这类产品具有一种为未来的消费者多保留一些资源、减少一些污染的生态美。

显而易见，无论是产品的物质美、精神美，还是生态美都是由于消费者的审美需要而形成的审美经验。而正是产品美中这些审美经验的存在，使新产品与消费者之间能够不断构筑出新的审美经验，从而与时俱进地满足消费者日益变化中的物质需求、精神需求和人类可持续发展的需求。这就是产品美的特征所在。

5.2.4 消费者产品审美定式

在人类长期的产品消费实践中逐渐形成了相对稳定的有关产品物质美、精神美和生态美的审美经验，而这些审美经验为了方便设计师在具体的设计中加以应用，我们可以将它们分解为八种消费者普遍认同的产品审美定式，即功能美、科技美、流行美、古典美、浪漫美、形式美、自然美和社会美。下面我们就这八种审美定式——展开讨论。

（1）功能美

"功能美"是产品最基本的审美定式，不仅体现在产品的可用性，更重要的是产品的易用性。前面我们说到，产品"美"最初诞生于实用性。因此，产品的功能美是产品"美"的基础。

20世纪初，随着制造业和新材料、新技术的发展，以德国包豪斯为中心兴起的现代设计思潮就是以产品"功能美"为美学基础的设计思潮。他们反对一切多余的装饰，提出了"form follows function"的设计原则，其内涵就是"美的形式"应该服从功能。换句话说，就是应该从产品的材料、结构和功能中去寻求"美的形式"。

功能美开创了今天大家熟悉的简约设计风格。法国美学家保罗·苏里奥（Paul Souhau）先生在他的《艺术的启发》（1893年著）中写道：产品只有明确地表现出它的功能特征才具有审美价值。不难看出，功能美是产品实用价值的基本样貌，是产品合理性的自然流露。功能美是在产品功能（结构、材质和功效）方面给人带来审美体验，其中易用性是功能美核心，而不是与产品功能无关的形式感。所以，功能美的基本原则是"形式服从功能"。

例如，中国剪刀的设计，其优美的结构曲线和比例关系是因为力学和手持舒适度的需要。西方园艺剪刀的设计，其奇特的结构曲线和比例关系，以及诱人的材质设计也并非寻求某种与功能无关的形式感，而恰恰出于更合理的力学原理和人机品质。见图5-10。

再例如，由Marco Hemmerling（马可·黑墨林）和Ulrich Nether（乌尔里克·奈施尔）设计的Generico（泛型）椅（图5-11），采用了计算机功能优选生成算法设计，即在设计过程中使用计算算法来满足特定的功能需

中国传统剪刀　　　　　德国园艺剪刀

图5-10 中国剪刀的功能美设计和园艺剪刀的功能美设计

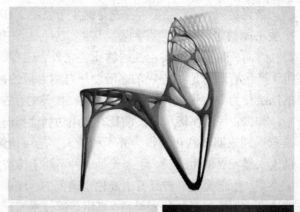

图5-11 由马可·黑墨林和乌尔里克·奈施尔设计的泛型椅

求参数，使得椅子在保持强度的同时具有一个非常灵活的靠背。Generico椅子不仅减少了体积，从人体工程学角度坐起来也很舒服。椅子保留了一种骨骼功能美的魅力。

（2）科技美

"科技美"是一种与人类智慧相关的审美定式。人类的科学精神主要是以理性、客观性、逻辑性的方式探究自然界的"真"。因此，"科技美"重点表现在揭示物质世界的规律层面。主要有下列两个特点。

① "真"。物理学家韦尔先生曾说道："我的工作总是力图把真和美统一起来。"

美国科学哲学家托马斯·塞缪尔·库恩（Thomas Sammual Kuhn，1922—1996）先生在论述科学"美"的重要性时指出：爱因斯坦先生于1905年提出的具有革命意义的狭义相对论，是逻辑的必然，是事物的真，因而具有美学的性质，是一种对"对称美"的追求。他认为，在新的科学规范代替旧的科学规范时，"新规范"比旧的科学规范"更真""更恰当"，也"更美"。

② "简"。这种"简"类似于建筑的结构美和音乐的节奏美。自然现象是纷繁杂乱的，但对于科学而言，它的内在和谐往往可以用极其简明的公式表示出来，科学家就是这种简明美的发现者。

法国哲学家德尼·狄德罗（Denis Diderot，1713—1784）先生说过：数学中的美是指"一个困难而复杂问题得到简明的解答"。著名物理学家阿尔伯特·爱因斯坦先生也具有类似的信念，他认为，尽可能把自然的规律归结为某个简明的原理，这就是科学美的形式。

因此，评价科学美的标准正是科学原理中的简明性，而不是技术上的困难性。爱因斯坦在构造一种科学理论时，他采取的方法和现代设计师采取的方法极其相似，他的目的都是在于追求事物的简明性。对他来说，美的本质就是事物的简明性。

不难看出，"科技美"是以最真的、最简洁的抽象形式表现自然事物的自由、感性和复杂的自然美。然而，自然美与科技美的区别在于：一个是生机勃勃的物质世界；一个是简明抽象的数字结构模型。因此，科学的"美"就在于结构上的合理性、匀称性、逻辑性、关联性、包容性和丰富多彩性。

随着科技的飞速发展和大众教育程度的普遍提高，人们对于许多科学规律的认识已从高大上的实验室走进了平民家庭。现代科学的规律和样貌也已经在当代人的意识中形成了反映事物本质的"真"与"简"的审美经验。因此，从某种程度上说，科学美中对"真"的追求，对"简"的执着，已经成为广大消费者所认同的审美定式。

例如20世纪末出现的"极简主义"设计、"机芯或结构裸露"设计和"超级平常"设计都属于科技美的表现形式。典型的实例为美国苹果公司推出的消费电子产品（iPod、iPhone等，图5-12），都是以"真"和"简"为美学基础的设计，在众多单纯追求"形式美"的手机中脱颖而出，引起了市场的普遍追捧。

图5-12 美国苹果公司推出的消费电子产品的设计

（3）流行美

"流行美"是一种与当下生活形态和文化形态息息相关的审美定式。"流行美"是相对"古典美"而言，当下消费者普遍喜欢的由某种观念或价值观触发的现时性的美感现象。它的不同之处在于它有着自己特有的周期性、变异性和当下性。

从本质上说，"流行美"是一种广泛通行于大众层面的审美定式。从文化特征看，属于大众流行文化的一部分，具有鲜明的世俗性、反常性、广泛性、娱乐性、时尚性、现时性和当下性特征。历史上典型的"流行美"有：野兽派、立体派、未来主义、表现主义、构成派、风格派、达达主义、超现实主义、抽象主义和波普艺术等。近年在中国年轻人中流行的"国潮风"（图5-13）。

图5-13 "国潮风"的设计

（4）古典美

"古典美"是一种与传统生活形态和文化形态息息相关的审美定式。"古典美"属于人类传统智慧之集大成，是一种经过历史沉淀具有人类某种共识的观念性文化美。

德国哲学家黑格尔（Hegel，1770—1831）先生认为，"古典美"表现在精神和身体之间的均衡性；法国艺术史学家奥特克尔（Louis Hautecoeur）先生把"古典美"视为调节各种冲突的重要法宝；而德国的历史学家威斯巴赫（W.Weisbach）先生则将"古典美"视为一种理想美，一种现实与观念的调和美，一种符合人们共同尺度的和谐美。

可见"古典美"是一种有别于"前卫、急躁、冲动、粗俗、现代"等因素组合的美感定式，而是一种由"优雅、高贵、气质、经典、传统"等因素组合的审美定式。它代表了过去文化中优秀的、正统的、经典的美感形式，对于任何时代的消费者都有着无比的魅力。例如古埃及的美、古希腊的美、古罗马的美，以及古代中国的美等都属于具有鲜明古代精神文明和物质文明相融合的观念文化特质的古典美审美定式的典范（图5-14）。

图5-14 具有中国古典美的新中式家具

（5）浪漫美

"浪漫美"是一种来源于人类情感中反叛情结的、多变的审美定式。

"浪漫美"在反映客观现实上更侧重于个人主观内心世界，重点抒发对理想世界的情感追求，常常采用热情奔放的语汇、瑰丽抒情的色彩和大胆夸张的手法来营造美的形象和氛围。

"浪漫美"与我们生活中的"常理"是相对立的，更多的是一种个性化的感情表达。"浪漫美"在形式上是一种不拘一格，自由奔放，反对程式化和一般化，与古典美相反个性化的审美定式。浪漫美反对纯理性和抽象表现，强调具象的、重视情感特征描绘的表现形式。浪漫美反对刻板的外观造型和统一的"形式美"规则，强调形与色的强烈对比，强调动感的结构、奔放而流畅的线条，并且常常运用比喻或象征的手法塑造产品形象，以此抒发具有浪漫情感的美。

不难看出，浪漫美是一种激情之美、想象之美、诗意之美和抒情之美，是一种具有反叛精神的无定式之美，也是一种集奇异美、无限美、繁杂美、象征美于一身的神秘之美和震撼之美。

古典美的价值观在于正统的、经典的唯美主义，而浪漫美的价值观在于个性的、情感的自由主义。因此，浪漫美的设计是一种依赖于情感、直觉、冲动、热情和信仰的自由设计，是一种人类心灵深处禁锢已久的各种非理性意识得到释放时的情感宣泄和喷发的现象。毫无疑问，浪漫主义是一种反对形式主义的、追求无定式的、精神优于形式的审美定式。从浪漫美中，我们能体验到美的张力和美的非主流性。例如达达主义、波普艺术、无厘头设计和趣味设计都具有明显的浪漫主义色彩（图5-15）。

图5-15 日本设计师"坂本 史&内山 知美"设计的Flowerman花瓶

（6）形式美

"形式美"是一种存在于物体线条、形态、色彩、肌理和材料工艺等组合关系中的审美定式。目前重点关注和研究"形式美"的产品设计行业是CMF设计行业。因为CMF设计就是从产品外在的线条、形态、色彩、肌理和材料工艺出发，赋予产品具有吸引消费者视觉感知的形式美。

什么是"形式美"？它与"美的形式"有什么区别？

"美的形式"主要分为"内在形式"和"外在形式"两种类型。

"内在形式"指的是美的事物内部诸要素之间的结构、组织和联系。因此，美的"内在形式"所展现的是美的存在方式和存在状态，它与事物内容有着直接的关联性。而"外在形式"是内在形式"感性外观"的表现状态，它与事物内容的关系不像内在形式那样密切直接，而是间接和松散的。

无论"美的内在形式"还是"美的外在形式"与"形式美"都不是一回事，它们之间的区别主要表现在内容上的不同。

"美的形式"体现的内容是事物本身的"美的内容"。"美的形式"与"美的内容"之间是一种对立统一的、不可分割的关系。"美的形式"依赖于"美的内容"，制约于"美的内容"，也就是说，"美的形式"离开了特定的"美的内容"，便是空洞的、无生命力的、无"审美"价值的。

因此，"美的内容"不能游离于形式之外，而是必须借助于"美的形式"才能得以表现，富于魅力。由此可见，人们在观察"审美"对象时，绝不会脱离相关的"美的内容"单纯地去品味"美的形式"。

而"形式美"则不同。"形式美"体现的内容是形式本身所包含的内容，而不是"美的形式"所要表现的"美的内容"。因此，"形式美"的内容其实是我们对形式意义的个人解读。因此是朦胧的、隐匿的、概括的、宽泛的、间接的、不确定的。不同的是我们会根据自身不同的实践活动与生活经验，以及所继承的传统经验，对具体的"形式美"展开联想，并获得某种符合自身情感心理诉求的某种审美意味，即"形式美"审美经验。

可见，我们在进行"形式美"审美体验时，可以消除事物本身的内容，置事物内容的美于不顾，而完全沉浸于事物外在的"形式美"之中，将"形式美"作为独立的审美对象。

对于"形式美"而言，"形式美"本身所体现的内容是脱离于事物本身的美，而独立存在的美的内容。所以，"形式美"所体现的美的内容，它们是不受事物本身美的内容所制约的。它们是自由的、独立的、自身形式的内容。在此意义上，"形式美"具有独立的审美特性。然而"形式美"这种独立的审美特性不是绝对的，而是一种相对独立的审美特性。原因如下：

首先，从"形式美"的形成看，"形式美"是由"美的形式"的外在形式演化而来。人们在长期的审美实践中发现，在观察"美"的事物时，最初直接作用于我们的是美的外在形式，而这种外在的形式与事物的内容是可以分开进行审美的。随着人类审美实践活动而不断丰富、完善，事物的外在的形式美被独立了出来。但是，这种外在的"形式美"的独立不可能完全脱离事物本身的内容美，这中间或多或少带有事物本身的审美内容，所以，"形式美"的独立审美性是相对的。

其次，从"形式美"本身看，它亦非是纯形式的，同样离不开内容。只不过它所体现的内容不是事物本身的内容美，而是形式自身所蕴含的具有自身独特意义的内容美。而这种内容美需要经过差异化的我们去感悟和认同，形成某种信息、某种情感、某种意味，进而形成特定的"形式美感"。可见，由于审美者的差异性，"形式美"的独立审美性也只能是相对的。

"形式美"的自然属性是由色彩、形态和声音三要素构成。

① 色彩。色彩主要指红、黑、白、橙、黄、绿、青、蓝、紫等众所周知的色彩体系。色彩本身具有独特的审美特性。

A. 联想性　色彩能使人产生丰富的联想，如红色能使人联想到红日、鲜血、火等。不同的人对同一色彩会有不同的联想，这主要是由人类不同的实践活动和生活经验所决定的。不过色彩感觉是人类美感中最为普遍大众化形式，在人类长期的发展中色彩的联想形成了许多共性的东西（表5-1）。如蓝色使人想到广阔的天空和湛蓝的大海等。

表5-1　常见色彩的联想

色彩	抽象联想	具体联想
红	热情、革命、危险	火、血、口红、苹果
橙	华美、温情、嫉妒	橘、柿、炎热、秋
黄	光明、幸福、快活	光、柠檬、香蕉
绿	和平、安全、成长	叶、田园、森林
蓝	沉静、理想、悠远	天空、大海、南国
紫	优美、高贵、神秘	紫罗兰、葡萄
白	洁白、神圣、虚无	雪、面粉、白云
灰	平凡、忧恐、忧郁	阴天、老鼠、铅
黑	严肃、死亡、罪恶	夜、黑墨、煤炭

B. 表情性　色彩具有表情性。色彩虽然是一种物理现象，但它能够向人传达出一定的情感意味，使人的内心产生不同程度的情感波动，我们会自觉或不自觉地将这种情感表

现到我们外在的面部表情和身体体态方面，并引发内在心理和生理反应。这就是色彩表情给人带来的情感反应。色彩表情带给我们的作用要比形态带给我们的作用更为明显和强烈。德国心理学家、艺术理论家鲁道夫·阿恩海姆（Rudolf Arnheim，1904—2007）先生在他的《艺术与视知觉》一书中这样写道：说到表情作用，色彩却又胜过形态一筹，那落日的余晖，以及地中海碧蓝的色彩所传达的表情，恐怕是任何形态也望尘莫及的。

色彩的表情性主要是色彩具有激活观察者内心的情感响应，如暖与冷、轻与重、前进与后退、活泼与抑郁、华丽与朴素、肃穆与活跃和亢奋与沉静等。这些不同的色彩情感响应会给"观察者"带来不同的心理和生理变化。这种变化意味着观察者已受约于色彩表情和色彩意味作用的引导，并进入了情感联想状态。

当然对于不同的场合、民族和图像，色彩的表情性和色彩的意味作用可以是完全不同的。例如：在新春佳节，红色就是热烈、喜庆、吉祥的意味；而在交通十字路口，红灯就是警告、停顿的意味。可见，色彩的表情性和意味作用不是固定不变的，而是多样化的。当然它也具有共性的地方。例如，红色通常显得热烈奔放、活泼、热情、兴奋振作；蓝色显得宁谧、沉重、抑郁、悲哀；绿色显得冷静、平稳、清爽；白色显得纯净、洁白、素雅、哀怨；黑色显得压抑、哀痛、庄重、肃穆；黄色显得明亮、亢奋；等。

象征性　色彩具有象征性。具体的色彩对人类而言可象征某些具象的事物。例如红色常常与血、火相联系，意味着热情奔放、活泼，不怕牺牲，是革命、勇敢的象征。绿色常与万年松、微风中摇曳的劲草相联系，意味着长青不老，旺盛不衰，是生命、友谊的象征。

② **形态**。形态是指物体物理形体的样貌，是"形式美"构成的基本要素之一。形态分自然形态和人工形态两大类。

形态构成的基本要素是点、线、面、体，也是形态具有表情性的关键元素。由点、线、面、体构成的物体外观形体和表面肌理能够从形式意味上使人产生不同的情感认同和审美经验。

如：对人类而言，直线具有力量、稳定、坚硬、刚强、劲健、挺拔、耿直、呆板等意味；曲线具有随和、流畅、轻婉、优美、流动、柔弱、灵活等意味；折线具有转折、突然、改变、断续等意味；正方形具有公正大方、固执、不妥协、刚劲等意味；正立三角形具有安定、平稳意味；倒立三角形具有动荡、不安、危险等意味；圆形具有柔和完满、封闭、烦闷、圆滑等意味。

不难看出形态的表情性与色彩一样也不是单一的，而是根据不同的审美者、不同的审美环境的变化而变化的。不过形态的表情性除了表现在视觉方面外，还在触觉和动觉方面给审美者带来意想不到的、丰富变化的、生动有趣的审美体验。

③ **声音**。声音指由物体振动产生的声波，是通过介质（空气或固体、液体）传播并能被人的听觉器官所感知到的波动现象。声音也是"形式美"构成的基本要素之一。

声音的快慢、强弱、高低、急缓都会给审美者带来不同的审美意味。例如：高音显得激昂高亢；低音显得凝重深沉；强音显得振奋、进取；轻音显得亲切、抒情；急促的声音显得急骤、烦躁、催人奋进、令人紧张；缓慢的声音显得舒缓、闲适、温柔。当然，声音所传递的信息及表达的感情是因人而异，复杂多变的，因此，声音使人获得的美感也是丰富多样的。

在产品设计中，产品发出的声音，在情感意味的引导下会影响到消费者对产品品质的判断。但是，在多数的产品设计中，对声音"形式美"的关注不如色彩和形态要素那么受到重视，常常处在被忽视的范畴。其实，从产品高品质的角度，有关声音的"形式美"值得设计师重视。

当然，有关"形式美"的自然属性，即色、形、声三要素，无论是自身的内容本身，还是各要素间的组合关系，人类在长期的审美实践中已经积累了大量有关"形式美"的知识，并总结了相对完整的"形式美规律"或"形式美法则"。有关这部分的内容我们将"形式美规律"一节中详细讨论。

（7）自然美

"自然美"指自然界中原来就有的、不是人工创造的，或未经人类直接加工改造过的"美"。"自然美"包括日月星云、山水花鸟、草木鱼虫、园林四野等自然万物的美。

自然美是相对人而言的美感现象，没有人类的情感认同，自然无所谓美。所以"自然美"是自然处于人类的社会关系中，与人产生了联系，在人类社会劳动实践中被利用、改造、控制之后，人类才有对自然的审美意识，才有对自然进行审美活动。可见，自然美是一种与人类进化过程（社会劳动实践）相关的审美经验，属于人类最为古老的审美定式。

从理论上讲，自然美虽千姿百态，丰富多彩，但究其根源，无外乎有以下三个基本特征：

① **自然美具有固有的物质属性。** 构成自然美的先决条件是自然事物本身的物质属性，如色彩、形状、材质等。没有这些自然的物质属性，也就没有自然美。在古希腊哲人亚里士多德（Aristotle，公元前384—公元前322）先生看来，自然的物质属性还包括自然的规定性、形式感、可变性和目的性等，这些也都是自然美的先决条件。所以，根据亚里士多德先生的观点，虽然自然美的内容往往是朦胧的、不确定的，但自然美的形式却是具体的、能够直接引发美感的。因此，形式在自然美中占据了显要的地位。与此同时，自然物的不断演化性也是自然美不可忽视的重要物质属性。

② **自然美是人心灵中的样貌。** 英国哲学家大卫·休谟（David Hume，1711—1776）先生把自然美归结为人心灵上的特殊样貌。他认为：美不是自然本身的属性，它只存在于观赏者的心里。在每一个人的心灵中，都有一种不同的自然美。这个人觉得丑的东西，另一个人可能觉得是美的东西，这就完全否定了自然美的客观性。这与古希腊哲学家柏拉图（Plato，公元前427—公元前347）先生有关"自然美只是美的影子"论述是一致的。因为自然美是人们心中的自然样貌。

③ **自然美具有暗示和联想性。** 自然物之所以给人美感，往往与人们由此产生的联想有关。人们的联想越丰富、越奇妙，这种美感就越浓烈。正如俄罗斯哲学家尼古拉·加夫里诺维奇·车尔尼雪夫斯基（Николай Гаврилович Чернышевский，1828—1889）先生认为的那样：构成自然界的美是因为我们想起人类（或者预示人格）的某种东西。自然界美的事物，只有给人带来某种暗示，它的美才有意义。在中国美学史上，同样认为自然美来源于联想。正所谓"智者乐水，仁者乐山"，山水成为人的品格、情操的象征物。再以竹为例，文人喜竹，是因为竹的虚心挺拔，比喻做人的高风亮节，所以"美"。当然这种联系性和象征性不是一成不变的，常常受到审美主体情感活动变化的影响。例如"高兴时山欢水笑，哀痛时月愁天惨"。不管怎么说，自然美能够给我们带来天然气息、生命韵律、美好暗示，所以在产品设计中自然美是一种非常受消费者欢迎的审美定式。例如大家熟悉的仿生设计、有机设计等。

（8）社会美

"社会美"是一种来源于人类社会生活和社会实践的观念美、文化美、人性美。由于人类社会生活和社会实践的丰富性和复杂性,社会美也是比较繁多的。理论上说,"社会美"首先表现在人类改造自然的群体性的社会生活和劳动实践活动中;其次表现在与社会生活和劳动实践相关的造物(产品)中。

人类在征服自然、改造自然和变革社会的群体性社会生活和劳动实践中,体现了人类的本质力量。因此,"社会美"往往被视为与"自然美"是相对应的,体现人类价值的"观念美"、文化美、人性美。"自然美"所呈现和歌颂的是一种不经雕琢的,甚至是尽可能地表现出拙朴的原始风貌。然而"社会美"所显现的却是以"非自然性"为主体的,表现特定的社会现状和价值取向的观念形态和人文形态。例如"社会形式""社会规范""价值取向""道德标准"都是形成"社会美"呈现的基础。例如,绿色设计、低碳设计、可持续设计、生态设计、健康设计、共享设计和无障碍设计(图5-16)都包含了社会美的特征。

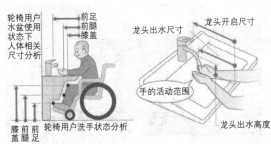

图5-16 无障碍设计

5.3 形式美法则

有关形式美的规律归纳起来有下列五种:"对称与平衡""协调与对比""比例与尺度""节奏与韵律""变化与统一"。

5.3.1 对称与平衡

对称与平衡是"形式美"在物理量能上呈现出的美。

"对称",是以一条中轴线为基准,形成左右或上下的均等形式,即在物理量能上的均等。它是人类在长期的生活和实践活动中,通过对自身、对周围环境的观察而获得的。它体现了人类自身结构的一种规律。如人的手、脚、眼等器官都是对称的。早在古希腊时期,美学家们就发现了"人体的美"确实是存在于人体的对称中。

　　"均衡"，是一种对称的延伸，是事物的两部分在形体与布局上虽然不相等，但双方在量能上却大致相当，是一种不等形但等量的对称形式。

　　均衡较对称更自由，更富于变化；而对称则显得更庄重、正统，但也会显得机械刻板。

　　在产品设计中，大多数的产品外观都采用了对称和平衡的"形式美"规律。例如，智能手机、座椅和交通工具等。

5.3.2 协调与对比

　　协调与对比是形式美中的一种在矛盾中求统一，在统一中求对立的美。

　　协调是指相近的但不同的事物相融合，或并列在一起，使其在统一的整体中呈现出差异性，同时在差异之间又趋向于统一的一致性感觉。协调能使人感到融合、亲切、惬意、不孤独。

　　而"对比"则不然，它是将截然不同的事物并置在一起，使其在统一的整体中呈现出明显而强烈的差异性，突出各自的个性，令人感到醒目、鲜明、耀眼、强烈、振奋、活跃。

　　在设计中常用的协调与对比手法有：体量的协调与对比；形态的协调与对比；虚实的协调与对比；方向的协调与对比；肌理质感的协调与对比和色彩的协调与对比。李亦文2012年设计的亚克力&竹家具采用的就是材质与形态协调和对比的形式美法则（图5-17）。

图5-17 李亦文2012年设计的亚克力&竹家具

5.3.3 比例与尺度

　　比例与尺度是形式美中的一种主、客体与时、空体间合适关系的美。

　　比例是指各个客体（事物）之间、整体与局部之间、局部与局部之间所具有的某种合适的体量和尺寸关系。

　　而"尺度"则相对比较复杂，它包括了客体（被考察对象）、主体（考察者，通常指人）和时空（主、客体所处的时空环境）三个不同的维度。尺度并不单纯是指客体的体量、尺寸和时空关系，最为重要的是包含了与主体相关的空间概念和时间概念。

　　因而，尺度是指客体（事物）的构造、功能、形态与主体（人的感官和使用需求）在特定的时空环境中所形成的体量、尺寸和时空关系。

　　比例和尺度是形态构成中不可分割的两要素。在产品设计中，首先要考虑尺度问题，然后才能考虑比例。因为产品的尺度对于具有使用功能的产品而言，是直接影响使用者感觉的关键要素。

　　例如，当一位身材高大的欧洲消费者去试驾一辆面向日本本土市场的新车时，车内的空间顿时会让他感觉拥挤和压抑。很简单，该车的尺度不对，因为不是为他设计的。

　　而"比例"却不同，它是一个单纯的视觉问题。在西方美学中，古希腊人就曾经试图寻找一种大多数人所公认的完美比例，并以此为标准来指导设计。这就是我们熟知的"黄金比"。当然，有关比例的问题并非像"黄金比"那么简单。特别是对于三维形体而言，不同的形态、不同的角度、不同的材质、不同的色彩都会产生不同程度的视觉比例上的误差。因此，如何寻找一种合适的"比例关系"也不是"尺度"可以解决的。李亦文为南京地铁设计的靠墙高凳就是聚焦在比例美的层面（图5-18）。

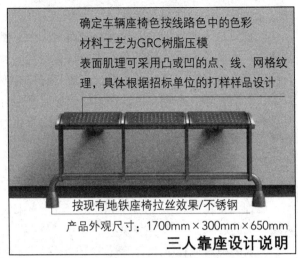

确定车辆座椅色按线路色中的色彩
材料工艺为GRC树脂压模
表面肌理可采用凸或凹的点、线、网格纹理，具体根据招标单位的打样样品设计

按现有地铁座椅拉丝效果/不锈钢
产品外观尺寸：1700mm×300mm×650mm
三人靠座设计说明

图5-18 李亦文为南京地铁设计的靠墙高凳

5.3.4 节奏与韵律

节奏与韵律是形式美中关于事物在动态中体现出的一种有规律、有秩序和富于变化的连续运动的一种美。当然也包含了这种运动痕迹的静态图形。

"节奏"是指有规律的重复运动。并且在这种重复运动中，有强弱的变化、时间的变化和有规律的变化。"节奏"是一种事物自身运动规律的外显形式。如我们的心跳。

而"韵律"却是"节奏"的延展，是赋予一定情韵、格调、色彩的节奏。"韵律"与"节奏"相比，更能够给人带来更多的韵致和情趣，能够在精神上给人带来更大的审美享受。如随风飘荡的秀发。

其实，自然界本身就存在着大量的韵律和节奏现象，人类对节奏与韵律的审美经验就来源于自然界。例如"斐波那契数列"就是意大利数学家列昂纳多·斐波那契（Leonardo Fibonacci，约1170—1240）先生从自然野花的分枝中抽取出来的具有节奏和韵律规律的例子。当然还有我们熟悉的大海潮汐、岩洞水滴、水面涟漪、沙漠山丘等。

大自然是设计师最好的老师，物体的节奏与韵律规律是形式美中至关重要的表现形式。因此，在产品设计中有大量应用（图5-19）。例如扎哈女士设计的参数化建筑等。

5.3.5 变化与统一

变化与统一是在外在差异性中寻求内在关联性的美的形式，是一种孔子所说的"和而不同"的大美。这种美是差异化的物与物、物与人之间的共生美、和谐美和包容美。当然，这种变化与统一的关系存在着

图5-19 李亦文设计的体现节奏和韵律美的《同心同德》托盘分酒器

"比例与尺度"拿捏有致的问题，拿捏不当会适得其反。

例如在具体的产品设计中，仅有统一没有变化，产品会让人觉得枯燥单调。只有变化没有统一，产品会让人觉得杂乱无章。只有难捏好变化与统一之间的"度"，产品才能给人一种由秩序感、节奏感、比例感和尺度感带来的丰富感。如果变化与统一拿捏不当，就会显得不和谐。

由于在"变化与统一"规律中包容了"对称与平衡""协调与对比""比例与尺度""节奏与韵律"所有内容，因此，"变化与统一"的规律体现出的是整个宇宙的多样

性、变化性、统一性和差异性。

宇宙万物千差万别，差异性是显而易见的。然而在各色各样的差异性中却蕴藏着宇宙整体规律上的统一性，这就是万物所具有的共同性。虽然在人类看来，万物在形式上有大有小、有方有圆、有高有低、有长有短、有粗有细、有正有斜、有曲有直；在质量上有刚有柔、有润有燥、有轻有重；在发展趋势上有疾有缓、有动有静、有聚有散、有抑有扬、有进有退、有升有沉。而这些看似相对立的矛盾因素却有机地存在于万物之中，给我们带来了一种变化与统一的"和谐美"。

"和谐美"是一种赋异予同、同中见异、赋多予一、一中见多、矛盾统一的"大美"，是形式美的最高层次。

这种"变化与统一"的"和谐美"，在人类长期生活与劳动实践中早就成为人类普遍认同的美的形式。

例如中国古代哲学家老子就这样写道："道生一，一生二，二生三，三生万物。万物负阴而抱阳，冲气以为和。"这其中的阴与阳的和谐统一便是万物的灵性所在，也是美的根源。

再例如古希腊哲学家和数学家毕达哥拉斯（Pythagoras，约公元前580—约前500）先生在用数学研究乐律时，提出了"和谐"的概念，对此后的古希腊哲学产生了重大影响。他认为"人类幸福是新人格的、新生态的、和谐共进的结果"。

当然，"形式美"法则不是固定不变的，将会随着人类的生活、劳动和审美实践的发展不断积淀与更新，将随着审美对象的不断变化而拓展。

本章小结

从产品设计美学研究的角度，我们应该在借鉴哲学家、艺术家、数学家、文艺批评家、生理心理学家、语言学家等美学观点的基础上走自己的路。

其一，应该把研究的目光放到人与产品、产品环境以及自然的和谐上。

其二，应该重视随着人类文明的不断发展"产品"应担负的职能，存在的真正目的和意义。

其三，应该认真挖掘大众的审美经验和审美定式，以及它们的发生、发展和变化的相关因素。

其四，应该主动探讨如何把"以人为中心"提升到"以人的健康发展为中心"的新的高度，完善有关自然、环境、产品、制造、消费、生活、文化和社会等方面和谐一致的美学思想。

产品设计美学要研究的不是哲学家头脑里的哲学架构，亦不是艺术家头脑中的审美定式，而是普通百姓头脑中具有公众意识的、可持续发展的审美定式和规律。产品设计美学的研究不是针对某个个人，而是针对具有普遍性的某人群、某文化、某社会、某阶层、某时期等。

产品设计美学似乎是因产品的商业目的而存在，但它又同时肩负着净化大众心灵，改善生存空间，提高生活品质，与人类生存环境和平相处的伦理职责。

"产品设计美学"不是一门独立的学科，它只是产品设计理论中不可缺少的重要组成部分。它可以作为美学的一个分支，其特点是重点关注产品价值的美学研究。

第 6 章

产品 "款风"
设计

产品的"款式"和"风格"，简称为产品"款风"。"款风"是指设计师赋予产品的某种具有商业价值和审美价值的视觉形式。

产品"款风"的要点在于对消费者注意力的操控，而这种操控性，会使消费者沉醉于产品款风带来的美感体验而忽视对产品使用功能的单纯依恋。所以在产品功能品质不变的情况下，产品"款风"是产品增值的重要手段和产品外观的灵魂伴侣。

当然产品"款风"并不是指那些浮躁的和无目的的修饰，而是指设计师对产品视觉品质和视觉吸引力的创造。

绝大多数的设计教育都特别注重产品外观的表现。对于外观表现技能的学习，学校通常是通过模拟或实际的产品设计项目进行练习，但是多数采用的是草图和效果图临摹的方式提高学生在产品外观方面的视觉表达技能，如草图能力、手绘效果图能力、电脑3D建模能力及模型制作能力。但这种技能不是我们这里所讨论的"款风"设计能力，而只是设计表现能力。

产品"款风"设计能力是指：在产品功能的基础上创造具有商业价值和审美价值的产品外观视觉灵性，即能够赢得消费者共鸣的产品腔调的设计能力。要达到这一点，设计师一方面要很好地认识产品"款风"创造的基本原则，另一方面要很好地认识如何采用最有效的程序和方法来完成产品"款风"的创造。

目前的设计教育中普遍缺乏这类专项性训练，很少有课程真正提供有关产品款风（款式与风格）设计原则的系统教学。并且没有一个设计程序将"产品款风设计"作为独立的系统贯穿其中，也没有一个训练把"产品款风设计"的程序和方法提供给学生。在大多数的设计教科书中，设计程序和设计方法很少涉及"产品款风设计"的神圣领域。

其实产业界在"产品款风设计"方面已经做了大量的尝试。"产品款风设计"已经以CMF设计方法的方式出现在许多大型企业中，并起到了与传统产品设计同样的作用。例如企业CMF设计部门和职位的设立。这里将"产品款风设计"当作产品功能之一进行系统化的论述，只是为专业地学习CMF设计方法奠定基础。具体有关CMF的设计理论和方法请参考《CMF设计教程》一书。

6.1 产品的视觉知觉特征

在谈到一种产品吸引我们的原因时，我们很少提及产品的声音和味道，而主要是产品的外表。这是因为人类的视觉知觉占据了主导位置。然而本章讨论的产品"款风"就是围绕人类视觉知觉的学问。产品之所以吸引人无疑与人类（消费者）的"视觉知觉"特征有关。

当光线进入人的眼睛时，物体通过神经送到人的大脑。由于视网膜和神经细胞感应器的作用将物体通过光线连续传递，使人的大脑能够读取到图像，对这种物体模拟图像的读取就是人的视觉知觉。

人类的感应细胞能把视觉图像分解成点、线、面、体、肌理、颜色和运动等基本元素。人的视觉系统将图像分解成了基本元素或视觉的信号后，它们将被传送到人的大脑中，大脑便会对这些视觉信号内容进行审查、整合和储存。这就是人的视觉识别和记忆的简单过程。

应该说，当人的大脑在接收到视觉信号后，能很快地对视觉信号碎片做出快速和智慧性处理，使人看到一幅幅完整的视觉图像。除非，头部被猛击一拳，两眼金星直冒，或在某些药物刺激下，才能出现视觉乱码现象。因此，人的大脑在处理这些"咒文符号"时，采用的是无比神奇的方式。这正是我们要研究的有关"款风设计"的基本议题。首先我们来看一看人的视觉知觉有哪些特征。

6.1.1 视觉二段式处理特征

人的视觉知觉在分析处理视觉信号碎片数据时通常先后采用的是"无意识视觉扫描"和"有意识视觉信号碎片处理"两种处理方式。

（1）无意识视觉扫描

在视觉感知的第一阶段，人的视觉系统会对图像进行没有思维，或潜意识的扫描，感知到的对象是由碎片化信息组成的粗略整体图像，如式样、色彩和形状等。由于这个阶段的视觉感知是一个非常迅速的过程，所以是一个不受我们意识控制的过程。

（2）有意识视觉信号碎片处理

这一阶段是发生在我们有意识视觉感知的信息处理状态。人的大脑会有意识地聚焦在视觉感知到的信号碎片的细节上，有意识地审视它们在构成元素上的区别。

举例说，我们粗粗一看图6-1所展现的由字母A组成的图像时，首先会觉得该图中间的字母有些异常，这是潜意识视觉知觉的结果。

```
AAAAAAAAAAAAAAAAAAAAAAAAAAAA
AAAAAAAAAAAAAAAAAAAAAAAAAAAA
AAAAAAAAAAAAAAAAAAAAAAAAAAAA
AAAAAAAAAAAAAAAAAAAAAAAAAAAA
AAAAAAAAAAAAAAAAAAAAAAAAAAAA
AAAAAAAAAAAAAAAAAAAAAAAAAAAA
AAAAAAAAAAAAAAAAAAAAAAAAAAAA
AAAAAAAAAAAAAAAAAAAAAAAAAAAA
AAAAAAAAAAAAAAAAAAAAAAAAAAAA
```

图6-1 字面A组成的视觉优先权示例

但此时你并不清楚该图的中间字母异常的原因。只有当仔细观察时，我们才会发现该图像的中间部分的A字母要比外围的A字母略粗了些，并且组成的是一个正方形。这就是人的视觉感知从无意识到有意识的二段式视觉感知处理过程，也就是人视觉知觉的特征之一。

6.1.2 视觉优先权特征

由于人在潜意识视觉感知阶段所看到的是发生在第一时间的视觉感知对象的整体性图像信息，而不是视觉感知对象的具体的组成元素。因此，存在着一种"视觉优先权"现象。换句话说，就是在视觉感知对象整体图像信息中，那些先入为主的信息印象会首先取得进入人的有意识视觉处理阶段的优先位置。这种现象就是人类在解读"虚实图像""并重图形"时，视觉感知出现的视觉优先权特征。这种视觉优先权现象或优先权互换现象被称为人类视觉知觉的统觉现象。

例如著名的《鲁宾之杯》（图6-2）就是典型的前景和背景互换性的统觉图

图6-2 《鲁宾之杯》

形。在我们观看《鲁宾之杯》时，我们的视点有时会注意图中的黑色部分，呈现出的是一个杯子；有时会注意图中的白色部分，呈现的是两个侧面人像。

视觉"优先权"意味着视觉感知对象整体图像的信息中，部分视觉印象优先发生在人的潜意识视觉处理阶段，从而影响了后来将发生的人的有意识视觉处理，即具体的图像信息处理阶段，使得我们锁定了具有视觉"优先权"的图像。例如在图6-1中，潜意识视觉处理使你注意到了图的中间有些不一样，而且很快使你聚焦到那一个正方形中的字母比其他的要粗。但你是否发现在左边角落的字母也是不同的呢？如果没有，这不奇怪，因为你的"潜意识视觉知觉"，即"视觉优先权"给了正方形，而其他区域的细节被排除了。

这里有另外一个经典的视觉感知（从无意识到有意识的）识别图形的视觉优先权图例。该例子最初出现在1888年的一张德国明信片上，后来被英国漫画家威廉·伊利·希尔（William Ely Hill）改编为一副模棱两可的妇女形象（图6-3）。

在图6-3中，你也许首
先看到的是一个年轻女人
的头和肩，她的脸正转离
我们的视野；如果换一种
视野，你也许首先看到的
是一位年长女人的低头侧
面像。很明显无法同时看
到她们，因为这是一种
"并重图形"，这完全取
决于你的"视觉优先权"
先给哪一位。当深入观察
细节时，你会发现：那位

少妇关键优先　　老妇关键优先
线条的提取　　　线条的提取

图6-3　妇女图像视觉优先权（统觉）示例

年轻女人下巴的挺拔线条、优雅的项链、飘动的头饰以及豪华的外套，简直是栩栩如生；而那年长女人的鹰钩鼻子、凸起的下巴、干瘦的嘴唇及忧愁的眼睛，也是活灵活现。

通常，先入为主的图像将会锁定你的视觉感知，使你自然而然地继续挖掘图像的细节。如果要用另一个图像替代你优先选择图像时，你必须先要将你的视线移开，或眨眨眼睛，调整一下注意力，重新激活你的视觉感知，这样才有可能找到新的潜在图像。

解读"图像虚实和并重"的统觉能力会依赖于"对称""相对尺度""合围"和"定向"四条"格式塔"基础规则。

当图像中的部分图形比较对称，比其他部分小，同时有被其他部分合围的感觉，或在垂直或水平线轴上有明显定向时，这部分的图形就容易被视为"实体图形"，或"前景图形"，或"重点图形"。我们在《鲁宾之杯》的基础上进行了位置上的适当调整，制成了三个图像来探讨虚实图形优先权的变化规律（图6-4）。在图6-4左面的图像中，人脸或花瓶的幻影都是对称的，两者的尺度是大约相等，两者皆不包围另一方，而且两者都垂直定向。因此，很难说谁是"主"谁是"次"，谁是"虚"谁是"实"，视觉优先权各半。在中间的图像中，花瓶变得偏向于主体一些。因为刻意将脸的角度调整到65°，偏离垂直定向，减弱脸的视觉优先权，花瓶的优先权有了适度的提升。而在右面的图像中，花瓶远比脸更明显，这是因为它比较小，而且被合围，成了主要图形。

图6-4 虚实图形优先权的变化规律示例

6.1.3 内在图形特征

隐晦的或不完整的视觉数据会在我们的思想上产生视觉上的"错觉图形"。例如，当观看图6-5时，你的视觉感知会在不停地猎取圆形，而这些圆形并不存在，只是一种错觉，这种错觉图形属于该图像中的内在图形。内在图形常常是在错综复杂的混合图像中构成某种局部形状，以某种相似形状呈现，使我们的视觉感知快速地产生"错觉图形"。这就是视觉图像中的"内在图形"现象。

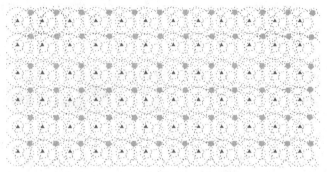

图6-5 "圆"的内在图形示例

"内在图形"在视觉图像中扮演着非常重要的角色，它们是组成可辨认的错觉式样或图案。例如从图6-6中我们看到的是一系列杂乱无章的斑点，但大多数

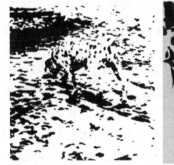

图6-6 "斑点狗"的内在图形示例

的观者很快就会从左图杂乱的斑点中发现一只头正面对左上角"嗅找气味"的斑点狗；在右图杂乱的斑点中发现一只正面坐立的斑点狗。当斑点狗一旦被识别出来后，它便成了特征非常明显的斑点狗视觉图像。这是因为在我们的头脑中已经形成了狗的内在图形。这样的例子还有很多，当我们参观一些岩洞时，导游会指向一堆石头，说那是"猴子观海"，你会越看越像。这就是"内在图形"的作用。

可见，我们通过视觉观察事物时，出现奇特的、反直觉的视觉现象是受到事物内在图形的作用。虽然眼睛是读取世界的一扇神奇的窗户，但所谓的眼见为"实"其实其中存在着某些错觉成分。因此，我们所看到的图像，其实是我们主观意识中"想要看到的图像"，并非无意识图像。虽然最初捕捉的是事物的基本特征，但随后我们就会用大脑去解读这些特征，并从中找出形成该图像的"内在图形"。也就是说，我们会在"潜意识"视觉知觉引导下，进入"有意识"阶段，学习图像构成的成分，从而开始认知图像。图像也就开始变为观察者主观意识中"想要看到的图像"了。

例如我们从图6-7中可以看到两个白色的三角形。但是，实际上这两个三角形是不存在的。左边的三角形只是由三个带有缺口的圆、三条折线启发我们大脑联想的结果；右边的三角形是带缺口的格栅启发我们大脑联想的结果。这两个三角形在视觉知觉中，我们毫不怀疑它的存在，并

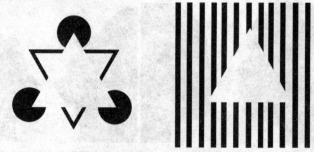

图6-7 "三角形"的内在图形示例

且能够感觉到这两个三角形特别明显，有种要跳出基本面的感觉。

从这种视错觉现象中我们认识到，眼睛能够告诉我们另外一个非真实的而内心想要看到的虚幻世界。

6.2 产品"款风"的知觉

上文这些视觉知觉现象对产品"款风"意味着什么？可以说，产品"款风"指的就是我们潜意识视觉知觉阶段所感知到的产品的内在图形。

任何产品设计，在形象上设计师都希望自己的设计具有吸引力（醒目或抢眼）。要达到这一点，产品的视觉吸引力必须第一时间发生在消费者的潜意识视觉知觉阶段，而不应该是发生在消费者有意识的状态下，即消费者对产品深思熟虑地观察之后。这就离不开产品内在图形的作用。

应该说，消费者对产品视觉形象的解读来源于对产品内在图形的视觉知觉。因此，款风至少"款风"的一部分应该是在潜意识视觉知觉阶段所得到的视觉印象。因为产品第一印象（吸引力）主要就发生在这一阶段。如果我们将一件人类公认的极具吸引力的产品展示给其他物种，例如小猫、小狗等，由于它们的感觉系统与我们的有差别，它们对这些产品的感觉与我们相比是完全不同。这就是我们常说的"对牛弹琴"。其实人群的不同也存在着这种现象，当然我们这里讨论更多的是人类的共性现象。

产品的"美"，或吸引力确实是视觉美的现象，但它是人类共同的"视觉知觉"特征和规律决定的。所以，我们所设计的产品"款风"要想得到多数人的认同，只有采用符合人类共识的视觉美形态元素，即"视觉知觉"的共性特征和规律。可见，对于设计师而言，认识和理解人类共同的视觉知觉特征，或"视觉知觉规则"是创造"产品款风"的重要前提和基础。

6.2.1 视觉知觉规则

人类是一种以视觉知觉为主导的高级动物。其视觉系统的工作方法主要是依赖于对过往信息的经验积累。在日常生活中，人类使用视觉超过听觉、味觉、触觉和动觉等其他感觉系统。所以人类的视觉系统，无论是对于人类的进化，还是对于人类文明的发展都起到了十分重要的作用。

有些人类学家认为，人类之所以站立起来，就是为了有一个更好的视野和视觉感，能

够看得更远些。不管这种推论是否真实，但视觉在人类进化中扮演了非常重要的角色是无可非议的。视觉系统使早期人类具有了及时发现危险事物的能力，如蛇、攻击性野兽及其他的入侵者。同时，也使人类具有了正确区别食物和认知工具的能力。随着人类社交的扩大化，视觉系统使早期人类开始获得许多社会交流的能力。如正确地识别不同个体，敏锐地读懂对方脸色，看出对方心情，使自己能和其他人和睦生活。

正是这些视觉感知，使人类能够进化到我们现在的样子，具有了识别和欣赏较高视觉艺术形象的能力。从达尔文进化论的视角，人类今天所具有的判断美的视觉规则，只可能来源于人类进化过程中所面临的各种影响人类生存的压力。因此，就视觉知觉规则而言，我们可以将其分为两个层次来讨论：

第一个层次是关于获取环境中"视觉数据"的一般规则。

第二个层次是关于保证在特定视觉感知中，或为特定的生存理由，获取"视觉数据"的特定规则。

6.2.2 视觉一般规则——格式塔视觉规则

20世纪中期，德国心理学家们发现了人类视觉感知中存在的一般规则，后来被命名为"格式塔"视觉规则。"格式塔"是德文Gestalt的中文译名，其原文含义是"式样"的意思。

当最初看到一个图像的时候，我们的大脑便会开始"规划"吸取某种类型的视觉式样。而这些视觉式样将会在人的大脑中形成具有某种含义的图像。不过这一程序不是先天就植入我们的大脑之内，而是依照后天的视觉感知逐渐发展起来的。

举例来说，如果我们是在一个只有垂直线组成的人造环境中长大，视觉系统将会无法判断水平线。"格式塔"视觉规则告诉我们：视觉规则其实是我们大脑的"工作规则"。

最重要的"格式塔"规则是"对称"规则。人类具有发现对称图案的超强能力。在复合形态中，在不完全对称的天然形态中，甚至在扭曲的原先对称形态中，我们仍然能够轻易地找出那些对称的形态（图6-8）。

图6-8 自然界的对称图形示例

对称规则是几何学规则，也是形式美规则。相对不规则形态或较复杂的几何学形态而言，我们比较容易识别简单的几何形态。这可能是由我们具有对对称形态容易产生敏感的先天性能力所致，因为所有的简单几何形态都具有对称的特征。

理论上讲，整个世界千奇百怪的形态都是由简单的几何形态所组成。而人类在长期的感知世界的劳动实践中形成了辨别规则图案的超强能力，并被格式塔心理学家们发现了出来，将其归纳为以下三条人类对物体形态视觉感知的一般规则，即近似的规则、类似的规则和延续的规则。

① **近似的规则。**物体形态特征在结构上的近似性，容易在人的视觉感知中形成某种熟悉的式样。

举例说明，图6-9左边图形中的方形会被我们视为是一种水平线式样，因为这些形体的水平位置比较靠近；而当它们的垂直位置比较靠近时，就形成了近似于垂直线的式样了，见图6-9右边图形。这就是人类对物体形态视觉感知近似的规则。

② **类似的规则。**物体形态特征在结构上的相似性，容易在人的视觉感知中形成某种熟悉的式样。

举例说明，在图6-10中，不管它们是水平方向比较靠近一些，还是垂直方向比较靠近一些都是不重要的，但类似图形元素却是组成图形栏的关键。这就是人类对物体形态视觉感知相似的规则。

③ **延续的规则。**物体形态特征在结构上按一定轨道延续，并形成某种连续性，这种形态特征的延续性容易在人的视觉感知中形成某种熟悉的式样。

举例说，中国书法艺术中的"笔断意连"、中国结图案设计中的"形断意连"都具有一种形态特征上的延续性（图6-11）。这就是人类对物体形态视觉感知延续的规则。

图6-9 近似的规则

格式塔规则无论是从狭义层面，还是从广义层面，都对产品"款风"设计具有深远的意义。

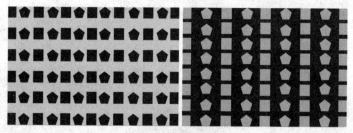

图6-10 类似的规则

① **有效整合产品形态的构成因素。**从狭义上说，可以运用格式塔规则有效整合产品外观的构成因素和形态特征，从而提高用户视觉交互的潜在认同感。

产品形态特征与产品功能之间存在着某种关联性，运用格式塔视觉知觉规则能把这种关联性进行有效整合，提高产品视觉识别性和使用过程的体验感。例如电脑键盘设计（图6-12），把正方形和不同比例的长方形分类整合设计后，使得按键视觉识别性和功能"区块化"更为清晰，大大提高了

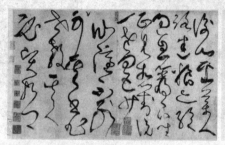

图6-11 延续的规则

图6-12 电脑键盘设计

键盘按键的视觉辨识度和操作便利性。

很明显，电脑键盘的原创设计师就是运用格式塔视觉知觉规则，把按键形态和按键功能有效关联，使之成为经典之作，沿用至今。

严格来说，视觉"协调"性并不是格式塔心理学家们制定的。但是它属于"简约"视觉规则的重要式样。因此"视觉协调性"常常也被归入"格式塔"规则中来讨论。

当从一件产品中发现了一种熟悉的形态类型时，并且它还在不同的细节中不断出现，我们会很自然地把它们联系到一块，从而形成一种整体的协调感，这其实就是"格式塔"规则中"类似"的规则。

相同的形状多次重复会产生一种比不同形状多处出现更棒的视觉"协调感"。我们的视觉系统能自然地识别到这种"类似"现象。可见，视觉"协调性"是"格式塔"基本规则的延展。

应该说，在设计中，非刻意地违背格式塔规则容易引起产品视觉上的支离破碎感，产品容易缺乏人类公认的美感。所以在现代设计审美中我们更多地强调的是设计的协调性。见图6-13中左手边的吧椅设计，该吧椅的设计关注了较为单一几何相

图6-13 吧椅协调性设计对比

似图形的重复语言，创造了视觉上简洁的协调感。而右手边的吧椅设计混合了多种几何图形，其结果就显得比较混乱，缺乏视觉上的协调感，多数人会觉得有点怪异。但是该设计是设计师的刻意之作，是为了迎合热衷"后现代"风格人群需求的设计。我们不得不承认，刻意的"混搭"和"不协调性"设计亦有一定的接受度、流行性和市场，但不属于大众视觉感知的一般规律。

② 简约。从广义的角度来看，格式塔理论对产品"款风"的最大影响，当属"简约"规则，即所谓"低调的奢华""平平淡淡就是美"。这是格式塔最有力的规则。

在"简约"规则中，对称感是重要的手法之一。除此之外就是去掉一切过分的修饰，保留最干练的线条，形成简约抽象的几何形态。

当下现代主义设计就是遵循了格式塔"简约"规则的设计。在过去的百年间，采用格式塔"简约"规则创造了大量的优秀产品，并由此发展成为当下主流的设计风格，占据了世界范围的主流市场。这种优雅的、纯粹的、简约的线条和形态成了当代设计师的最爱。

图6-14所示的机械打字机，其"款风"设计证明了从繁到简的变化过程。

依照格式塔的理论，从本质上解释，我们可能会终结在最简单的和最纯粹的视觉形式中，也就是说从主流趋势看，产品形态会终结在最简单的和

图6-14 机械打字机"款风"设计证明了由繁到简的变迁过程

最纯粹的形态上。这种现象在设计界已经出现。

　　然而，有关什么是"简约"，加拿大心理学者丹尼尔·保尔尼有着不同的解读。"简约"并不只是形态上的繁简，而是取决于观察者的逆反心理，即对形态认知的高低。这种观点来源于丹尼尔·保尔尼（Daniel Berlyne）所领导的一项"关于物体形态与人类视觉吸引力之间客观规律的基础研究"。研究结果显示了一个有趣的事实。保尔尼只用一条曲线展示了他的研究结果（图6-15）。

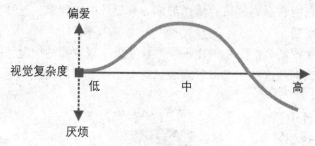

图6-15 保尔尼曲线

　　这条曲线说明了："非常复杂"和"非常简单"的产品视觉形态，对视觉系统的刺激性并不大，也就是说没有太大的吸引力。而那些处于中间的产品视觉形态就比较具有吸引力。而那些特别复杂的产品视觉形态，不但没有吸引力，反而会产生视觉上的反感心理。保尔尼用一条曲线也许为我们预示了未来产品的"款风"走向。

　　保尔尼的研究得到了以下四个主要结论：

　　第一，视觉吸引力的主要决定因素，不在于物体的复杂性，而在于观察者能否领悟它。

　　也就是说，即使是视觉形态非常复杂的产品，对于能领悟它的观察者来说，也可能会被视为是一件视觉形态简单的产品，从而具有吸引力。

　　例如，对一位化学家，在面对他熟悉的错综复杂的化学结构链时，他会被它的单纯和优雅所吸引；而对于化学盲，却因为它的复杂和陌生，自觉或不自觉地会将视线移开，不愿去多看它一眼。

　　第二，复杂与亲昵的交互作用，随着时间的加长，将会发生视觉吸引力的变化。

　　就是说，起先一件视觉上复杂而陌生的物体对我们并没有多大魅力，但随着我们对它的不断亲昵，它会逐渐地变得具有吸引力，当然这中间存在"陌生与熟悉度"的控制问题。这一点在听觉和视觉上都得到了证实。

　　例如，对多数中国人来说，西方的交响乐，由于复杂和陌生，可能不具备立刻吸引人的特点。但是，随着我们反复欣赏而产生的亲昵感会使它的吸引力不断增大。相反地，一首非常简单的流行音乐，由于它通俗易懂，通常具有立即吸引我们的特点。但是，随着我们不断地反复欣赏，它的吸引力会逐渐衰退，最终由于它过于简单和熟悉而使得它变成毫无魅力。这种由于亲昵而引起物体吸引力的改变，使我们对为什么那些曾经流行一时的"款风"，经过了一个时期之后，能够再展魅力找到了理论根据。

　　第三，当某个物体被判断为吸引人之前，它通常被说成是"有趣"的。

　　就是说，如果某个事物有趣，它就能够捕捉到观察者的注意力，就能够使观察者有足够长的时间对它产生亲昵感，从而被吸引。

　　在产品设计中，如何使观察者产生"兴趣"呢？常用的方法是采用"熟悉和陌生"相结合的形态语言。其中熟悉的形态语言是激发观察者对已知事物的记忆，以避免物体被看成是复杂无趣的形态而失去吸引力。陌生的形态语言能激发观察者的新鲜感，产生进一步对形态探索和理解的兴趣，从而增加视觉的吸引力。例如，近些年出现的"新中式"设计风就是很好的案例（图6-16）。

图6-16 李亦文1997年设计的"新中式"竹家具

第四，熟悉的语意符号是鉴别物体亲昵性的重要因素。

就是说，一个物体的视觉形式可以是从未见过的，但是如果我们使用了视觉形式中熟悉的语意符号，便能够给我们带来似曾相识的亲近感。可见，物体形象符号所包含的熟悉语意能够引发观察者对过往事物的联想，并形成不同程度的亲昵性。因此，对于产品"款风"设计而言，探究消费者对过往物体的熟悉符号和语意能够拓宽设计师的视野。

保尔尼的研究成果为我们剖析了客观对象为什么能够吸引人的决定因素，也为我们回答什么是我们选择某一产品"款风"的动因、我们的大脑是如何判断一个物体是否具有吸引力的、这种判断力是本能性的行为吗等问题奠定了理论基础

"格式塔"规则告诉我们，什么是物体给人的第一视觉印象。人对物体的知觉的第一视觉印象主要依赖于我们的记忆、情绪、感觉，以及与其有关的过往的物体。因此，在具体的设计中，我们可以运用"格式塔"规则，在把握观察者最初的视觉知觉基础上，创造性重构产品的"款风"，形成视觉吸引力的重要方法。

当然，产品形态的吸引力，并不完全取决于我们多么忠实地遵守"格式塔"规则。保尔尼的研究成果告诉我们，"吸引力"是由复杂与亲昵有机结合而产生的人类心理认知现象。而复杂与亲昵间视觉感知的平衡点，才是能够被大多数人所认同的，并且是最具视觉吸引力的视觉形式法则。

视觉形态太简单的产品，观察者在观察了一段时间后，会逐渐对其失去兴趣。理想的产品应该是复杂与亲昵间的有机结合，它不仅能够迎合观察者对产品的兴趣，同时也能够具有随着时间的加长变得更亲昵，更吸引人的特质。

观察者对物体的亲昵感完全取决于观察者思想中过往经历形成的那些熟悉的语意符号和视觉认知。这正是设计师应该关注与研究的重要内容。

6.2.3 视觉知觉的特殊规则

"格式塔"规则是视觉知觉的一般规则，它适用于分析所有的视觉图像。但在人类的视觉知觉体系中还存在着一些较为特殊的视觉知觉规律，也是作为产品"款风"设计不可忽略的部分。例如脸面知觉规则、神奇的斐波纳契数列和黄金比规则、幽默魅力规则。

（1）脸面知觉规则

实验证明，脸面知觉是一种当我们出生时就具有的视觉感知能力。

对于人类而言，平均年龄为9分钟的婴儿，对于脸面图形的吸引力要与其他任何图形更明显。婴儿到了一个月大小就能识别看护者（母亲）的脸面特征；而到了成年阶段，对脸面特征的解读能力就达到了空前的高度。例如成年人能够从某人眉毛微小的变化中解读出他（她）的情感和情绪；从某人额头的形状变化中能够解读出他（她）的年龄；从某人

鼻子的形态中能够解读出他（她）的气质；从某人说话时嘴唇的运动状态就能够感受到他（她）演讲的感染力。不难看出，如果我们能够有效地把这种脸面解读能力应用到产品"款风"设计中，将会收到意想不到的效果。

研究者通过对于不同面部特征的比较研究，发现有一种面部特征几乎受到大多数人的青睐，不管你是来自哪个国度、哪

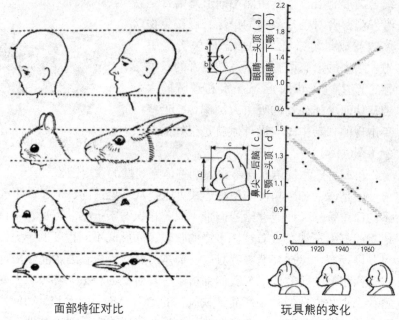

面部特征对比　　　　玩具熊的变化

图6-17 面部特征对比和玩具熊的变化

个民族、哪种文化群体，那就是"幼婴天真"的面部特征。

图6-17中面部特征对比图中左手边的面部特征属于"幼婴天真"的面部特征与右手边的面部属于"年长成熟"的面部特征，两种面部特征相比，"幼婴天真"的面部特征更会受到多数人的偏爱。这种对"幼婴天真"脸面的偏爱，在米老鼠和玩具熊等形象的升级换代设计中就得到了充分的体现。今天玩具熊的形象与它1900年首次进入市场的形象相比有了很大的变化。很明显这种变化是朝着广大消费者偏爱的"幼婴天真"脸面方向发展的。

从生物学发展的规律看，动物的智力发展要比身体的其他机能发展迅速。因此，幼婴特征就是显得头大，特别是额头大。眼睛在整个头的比例中亦大。我们对这些脸面特征的偏爱或许是一种自然的生物现象，即一种类似对新生儿强烈的、父母般的呵护感。

面部特征的设计还应用到了其他的许多产品中。这里有一个汽车前脸的设计故事：日本客户曾经拒绝了让美国人设计的一辆新款汽车进入日本市场，理由很简单，就是汽车前脸没有"微笑"。后来美国人将该车的"前脸"进行了重新设计，形成了一张"微笑"前脸，这下被日本客户高兴地接受了。

这里给我们带来了两个对产品"款风"设计有价值的启示。

首先，人类在看到像脸面这类视觉形态时，视觉感知力特别强。因而，在产品"款风"设计上可以尝试运用这一特性，赋予产品拟人化的脸面，能够提升视觉感知的价值。产品可以微笑，亦可皱眉头，甚至可以是像吃了苍蝇似的无奈。当然微笑的产品一定是会受欢迎的。

其次，必须重点关注具有"精神价值意义"的任何视觉符号。在使用之前，这些视觉符号的象征意义必须被彻底破译，同时必须充分认识它在人类心理学上的地位。

（2）斐波纳契数列和黄金比规则

在"款风"设计中，人类一直在探讨能否在自然的有机形态中找到某种人类偏爱的形态规律和暗示。如果有，那么是什么呢？

经过先辈们坚持不懈的研究，他们神奇地发现了一些构成这个世界上植物和动物形态的数理规律，例如斐波纳契数列和黄金比。

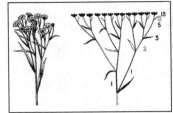

图6-18 野花中的数理

这里有一束杂乱无章的野花，看上去似乎没有什么规律，但当我们将其展开时，一连串的有趣数字开始浮现在我们的眼前（图6-18）：1，1，2，3，5，8，13，21，36，55，89，164……

这一连串的数字组成一个有规律的数列，即该数列中的任何一个数值都是前面两个数值的"和"。

这个数列规律是意大利数学家斐波纳契在13世纪中叶首先发现的，因此，被称为"斐波纳契数列"。不过后来人们发现，这个数列的数字延伸到数千之上时，一个新的规律开始浮现：后面的数值与前面数值之间出现了一个有趣的比值关系，即1：1.618的比值关系。这就是众所周知的"黄金比"。

英国数学家为了证实"黄金比"偏好的正确性做了以下调查：

调查内容1：把一条线分为两个部分，让测试者选择最令其喜爱的比例。

调查内容2：让测试者选择最喜欢的矩形。

结果是"黄金比"确实是大多数人偏爱的比值关系（图6-19）。原因不得而知，但结果是神奇的。

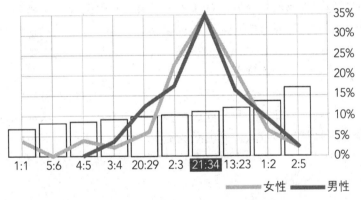

图6-19 英国数学家对比值的调查结果

其实，这神奇的"黄金比"是约公元前3世纪的古希腊数学家欧几里得首先发现的，并且在古希腊建筑中得到了广泛的运用。

"黄金比"的几何规律：一个任何大小的正方形，只要在它的一边增加一个长方形，长方形的短边只要是最初的正方形边长的 0.618，这样新增加的矩形就形成了黄金矩形。而新增的矩形加上最初的正方形，正好形成了一个大的黄金分割的矩形，见图6-20左图。

黄金比的神奇之处还不止于此，它不仅与我们熟悉的"螺旋形"有着内在的联系，同时与人体和动植物形体也存在内在的联系。也许正是这些自然界所存在着的、潜在的比值，在人类长期的生活和劳动实践中的潜移默化影响，从而形成了人类的这种共同偏好。

图6-20右图是"螺旋线"与"黄金比"之间的内在关系图示。图6-21是自然界存在着的"螺旋线"与"黄金比"之间神奇的斐波纳契数列关系。

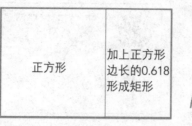

正方形

加上正方形边长的0.618形成矩形

黄金比矩形

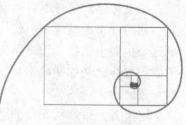

黄金比矩形与螺旋线

图6-20 黄金比矩形和黄金比矩形与螺旋线

图6-21 自然界中"螺旋线"与"黄金比"之间神奇的斐波纳契数列关系

下面来讨论一下所有这些特殊规律对产品"款风"设计的影响。

从远古时期开始，人类对植物和动物天然形状和式样就具有一种特别的辨识力。例如哪些式样有食欲、哪些式样有危险、哪些式样亲切等。如果人类没有这种辨识力，人类不可能发展到今天这个样子。这种辨识力似乎是一种我们与生俱来的本能，并且直接影响到了今天人类对产品"款风"的偏好。

人类所偏好的形状有可能与黄金比或螺旋形有关，即大自然形态中隐藏着的斐波纳契数列密码有关。因为它们的确符合我们先天视觉识别的偏好。例如从远古时期的人类就开始认识到"黄金比"是符合多数人认同的最为完美的比例。无论是古希腊时期的神殿建筑（图6-22）设计，还是文艺复兴时期意大利艺术家米开朗基罗的"创世纪"壁画（图6-23）都大量采用了"黄金比"。

0.618

1

图6-22 古希腊神殿建筑

这种现象意味着什么呢？很明显，这些蕴藏在植物和动物的形状和式样中的数理规律伴随了人类的诞生，并长期影响了人类的视觉系统。无论你有意识还是无意识，它们其实已"塑造了人类的视觉感知习惯"。如果我们在设计产品"款风"时无视这一点，那将是不明智的。

图6-23 米开朗基罗的"创世纪"
壁画中"黄金比"的运用

所以，如果我们能够巧妙地把这些隐形的自然形态规律运用到产品设计中，我们就能够更全面地认识和理解这些在人性本能层面起作用的规则，并且让这些规律自然地融入"款风"设计中，从而赢得消费者深层次的共鸣。

（3）幽默魅力规则

幽默是人类的生命中极具魅力的情感归属。幽默能把我们的精神感知带到意想不到的愉悦境地和反常理的快乐中。当然幽默也会受到文化的制约，在不同的文化背景下，幽默的接受度是有较大区别的。

有些产品能吸引我们的关注是由于它们背后的幽默感。如图6-24左图灯具下蹲的人形、中图板刷包装男人的胡须、右图纸杯上的嘴鼻图形与产品截然不同的形态糅合在一块，效果完全出乎人的意料，当你第一次看到它们的时候不可避免地会带来幽默的一笑。

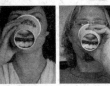

图6-24 幽默设计示例

应该说，幽默感对人类而言是一种有益的、放飞心情的精神体验。幽默的产品不仅具有较好的回味性，同时还有较高的经典性。

赋予产品视觉上的幽默感，是使产品吸引人的设计手段之一。然而，幽默感需要精妙提炼。无论是传统戏剧中的丑角，还是小品、相声和脱口秀中的幽默大师，他们的过人之处就是在于他们能够很好地把握观众接受幽默的"度"，从而赢得消费者。设计亦如此。

6.3 产品"款风"的决定因素

前文已讨论了视觉知觉的基本因素，这些基本因素是如何影响我们观察形态的方式和如何决定形态的视觉吸引力的呢？很明显，对于产品"款风"来讲，视觉知觉的基本因素并不是唯一的决定因素。其实，社会因素、文化因素和商业因素也扮演着重要的角色。有时，由于这些因素扮演的角色过于重要，以至于我们会忽略那些最基本的视觉知觉因素的存在。

6.3.1 社会、文化和商业的影响力

（1）社会影响力

对于产品"款风"来讲，社会的影响力是最直接多变的重要因素。

我们所穿的衣服，清晰地反映了当今社会趋势对产品"款风"的影响。应该说，时装工业是受社会趋势影响最大的行业。每年甚至每个季度，服装设计行业都会通过社会趋势推演出下一阶段的流行趋势。他们会告诉世界的"美人们"，今年将穿什么。同时，通过同时代的电影明星、歌星以及社会名流，向公众传递这些流行的元素和信息。当这些流行趋势开始进入市场时，便形成了每年春季、夏季、秋季、冬季的流行热卖时装。这些流行元素在媒体广告和评论的渲染下，逐渐形成了某种消费者跟随潮流的价值观，并且把时尚潮流与个人的社会价值和社会地位画上了等号：如果你的眼光跟不上潮流，那你的社会价值和社会地位将会被降低。

许多衣服本来可以有好些年的使用寿命，但由于社会趋势变化和新款的出现，它们常常在一年内被淘汰。从商业的角度，这当然是最好的生意。

因此，许多社会趋势的变化，其实商业资本才是真正的始作俑者。他们把流行的追随者看成是时装工业的最佳商业资产。而设计师却被看作吸引和聚集追随者的最好的商业工具。

目前，越来越多的行业亦已经加入这种由商业驱动的社会流行趋势之中。例如消费电子行业的手机，手机从第一台模拟机、数字机到智能手机，仅仅只有二十多年时间，但其中的手机款式变化和企业变化可谓是沧海桑田。现

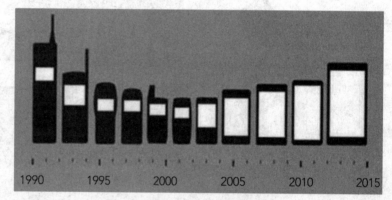

图6-25 1990—2015年间手机的变化

如今手机的流行意识几乎赶上了时装，淘汰期已进入了一年期的水平。如果企业和设计师跟不上社会的发展那必将被淘汰，虽然摩托罗拉开创了移动电话的先河，但现如今已淡出了手机市场（图6-25）。

因此，对于设计师而言，不了解社会的流行走向，是很难设计出入流的款风的。虽然这种流行性设计是一种不符合设计伦理道德的资源浪费，但作为商业行为的产品设计，有时还得面对这一残酷的现实，在顺应社会主流的基础上，逐渐导入健康设计的理念，从商业的角度让可持续发展的设计真正落地。

（2）文化影响力

文化影响力不同于社会影响力，它具有历史渊源性和长效性。应该说，文化是构成社会价值体系的灵魂，属于社会中不同群体的共同信念。显而易见，文化直接影响着人们对

产品"款风"的偏好。

人类的历史证明，对于任何一个"社会体"，由于长期共同生活的积淀，都会形成一种相对稳定的"价值观"和"精神信念"。这种"价值观"和"精神信念"潜移默化地影响着该"社会体"中的每一个成员，并形成一种共同的文化。这种共同的文化是决定他们对某种产品"款风"偏好的基础。因此，熟知不同人群背后的文化，是认识他们产品"款风"偏好的敲门砖。

从宏观层面看，最大的文化差别来源于东西方文化的差别。因此，东西方在"款风"偏好上有着较为明显的差别。从微观层面看，即使是中日文化，虽然都属于东方文化，但在"款风"偏好上还是有差别的。甚至就中国文化本身而言，不同朝代、不同民族、不同时期，在文化上的差别仍然是存在的，产品的"款风"偏好也是有区别的。

例如，中国二十世纪六七十年代改革开放前和二十世纪八九十年代改革开放初期，人们对产品"款风"的偏好有着很明显的区别（图6-26、图6-27）。

图6-26 中国二十世纪六七十年代的产品款风

图6-27 中国二十世纪八九十年代的产品款风

就时间而言，文化的影响力可以跨世纪。例如，在古代，无论是东方还是西方，由于生产力的低下，对自然的驾驭乏力而祈求神灵护佑，人类的造物多半依赖于手工工艺。所以，当时的产品价值多半偏向于神灵护佑的题材+工匠雕琢的文化认同感。

当然，在题材设计上，同一题材的设计，在寓意表达上也是有区别的。从工艺设计上看，同一产品用不同的"款风"制作所花的时间也是不同的；同一产品的"款风"用不同的材料制作所花的时间也是不同的。

因此，象征寓意、复杂装饰、加工难度和材料贵贱奠定了古代文化中的审美价值偏好，也成为产品增值和"款风"设计的价值导向。所以，在古代越是难以制作的产品，越是有象征寓意的产品，价值就越高。视觉上的复杂性、寓意上的象征性变成了产品高身价的标签。这就是文化的影响力。这种文化的影响力会使人们背离人类单纯的视觉形态规律。当然如果我们能够将文化影响力和视觉形态的规律相结合，当然这样的产品"款风"将更有吸引力。

（3）商业影响力

商业上的成功决定了产品的生命力。但是对于产品而言，市场的瞬息万变给产品带来太多的不确定性。特别是产品功能趋向同质化的今天，产品的风险开始向产品"款风"设计上倾斜，"款风"成了产品生命力的重要砝码。因此，从商业的角度看，如今产品设计在"款风"上的决策就显得非常重要。

这里有一个有关"款风"设计最为经典的，但也是最为荒诞的例子。1930年，美国设计师Wayne Earl（韦恩·厄尔）为了博得消费者的眼球，突发奇想将飞机的机翼作为"款风"元素简单地移植到了汽车上，出乎所有人的意料，在商业上获得了巨大的成功。这使得该款风被各大汽车制造拷贝，最终成为当时美国汽车普遍认同的视觉语言和标准（图6-28）。

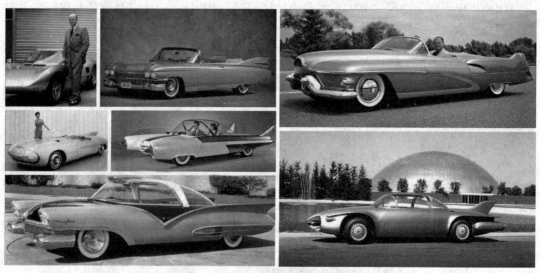

图6-28 加机翼元素的汽车"款风"

假设你正处在所有的竞争对手都在采用带翅膀的汽车"款风"设计的年代，客户需要你设计一辆新车，这时你只有两个选择：

① **突破主流，开创新款风。**这时你的风险可能不是来源于是否有技术上的革新，而是视觉特征上由于不像主流的汽车而在市场上可能失败。

② **顺应主流，微微改动。**也许在视觉特征上多加几个翅膀，或在翅膀的形态上、比例上、色彩上，做改良设计。

也许，第二个选择显得有点保守，但却是当时多数汽车企业的主流做法。抓住这种市场主流偏好，强调翅膀的视觉特征，是多数汽车企业市场份额的基础。这种带有翅膀的汽车"款风"设计在美国市场出乎意料地流行了近30年。直到1959年，在现代设计的功能主义理念影响下，消费者才开始质疑：为什么我们仅仅为了这种"款风"，必须整日要多搬近半吨的钢铁呢？这种质疑很快结束了这一今天看了有些荒诞的汽车款风。但是，这并没有改变商业对"款风"设计影响力的存在。

从市场的角度来说，产品的某种视觉特征一旦被主流消费群所接受，一种新的"款风"便开始形成，并逐渐流行开来。一种新的流行的"款风"，在商业层面一般都会被充分地利用、扩展和发展到极致。因为被市场接受的新"款风"短时间内会给企业和行业带来较高回报，因此，许多龙头企业会在某一"款风"流行的同时，前瞻性地探索和培育新的"款风",虽然创新具有一定的冒险性,但从企业发展的角度出发是值得的。下面就是一个很好的成功案例。

在20世纪70年代,还是发生在美国的汽车制造业领域。当时美国的汽车以有棱有角的方形"款风"为主流。在这个时期,福特汽车公司开始关注节油的问题,并要求工程师们认真研究空气动力学,以便达到节油的目的。根据空气动力学的原理,发现平滑的流线型要比锐利的棱角阻力小。这一发现意味着福特的新车款风将要偏离主流款风。

第一代的流线型汽车,在冒着巨大市场风险的情况下推向了市场。然而风险转换了高回报,流线型的汽车(图6-29)一下得到了市场的追捧,成为市场的领头羊,开创了一种新的款风。到现在为止,我们还能从许多汽车设计中看到当年的痕迹。

图6-29 早期的流线型汽车设计

6.3.2 "款风"决定因素的层次

决定产品"款风"视觉知觉的因素存在着不同的层次,归纳起来大致可分为三个不同的层次。

① **潜意识视觉层**。产品的最初印象是由我们的潜意识视觉决定的。这第一印象不仅给了我们产品的最初印象,同时决定了我们是否要对该产品展开进一步的审视。"格式塔"的视觉一般原理在潜意识视觉层扮演了非常重要的引导作用。所以,"格式塔"视觉感知的一般原则可以作为产品"款风"设计的基本规则被广泛使用。

② **特定图形因素层**。特定图形因素是我们通过对视觉图像属性的感觉认知,寻求到的图形具有的某种特殊的意义和寓意。例如脸面图形就是一个典型的例子;许多天然的形态对人类而言,也会具有非常重要的、特殊的、丰富的寓意。例如对于中国古人而言,蝙蝠图形的寓意是吉祥有福,莲藕图形的寓意是多子多福。

③ **社会、文化和商业因素层**。人类的历史证明,社会趋势、文化价值和商业规律对产品"款风"的偏好、流行和更替起到了决定性的作用。与文化相关的社会潮流,在商业规律的助推下决定了产品"款风"的流行性。而"流行性"便是"款风"设计中"主流视觉特征"的重要表征。

可以想见,产品的"款风"设计是一个复杂的设计过程,受到许多因素的制约。因为它不是简单的美和丑的问题,而是产品吸引力的创造。因此"款风"设计必须贯穿整个设计程序,切不可把它当成设计的某个阶段或某个环节来处理,更不可在设计完成后加点"款风"上去。

许多制造业在聘用设计公司时,常常会犯这类错误。他们从技术上和功能上将产品设计完成后才开始委托设计公司介入,进行"款风"设计。这样使得"款风"设计只能做一些表面的CMF设计,加加装饰曲线、变变包装式样和换换颜色肌理等。不是说CMF设计不重要,而是"款风"设计应贯穿产品开发设计的全过程,这样才能由内至外与整个产品的气质吻合,腔调一致。

6.3.3 吸引力与产品"款风"

产品之所以具有"吸引力"主要是指我们心中期待的视觉特质被产品准确地表达了出来。具体的表达方式主要有以下两种。

（1）视觉亮点

产品在视觉上必须具备抓取消费者注意力的地方，也就是说，在视觉上具有能够引起消费者愉悦感的视觉亮点。例如，当商店橱窗里的或屏幕上的产品在我们眼前闪过时，我们的眼睛突然一亮，被它们的形象瞬间吸引，并引发我们对它们有了进一步关注的现象。

（2）拥有欲

具有拥有欲的产品视觉特质是指产品在视觉上包含了消费者心灵深处想要的东西，而这种触动心灵的东西是触发消费者拥有欲的关键。这种光凭产品外观（视觉特质）就能使消费者产生"拥有欲"是产品具有吸引力的重要表现。

当然，在产品"款风"设计中，如果能够把"视觉亮点"和"拥有欲"合二为一的话，这将能够使产品"吸引力"达到最佳状态。

6.3.4 产品的视觉吸引力的四要素

有关产品的视觉吸引力，无论是视觉亮点还是拥有欲，其实都与以下的四个要素有关。

（1）认知性（前知识）

形成产品视觉吸引力的，最为明显的是消费者的认知性（前知识）。许多类型的产品是依赖消费者的"前知识"而实现重复购买的。因此，产品的"前知识"对消费者而言是非常重要的，当然对设计师而言也是非常重要的。因为一件传统产品以全新的面貌出现并不是一件好事。因为它的视觉外表脱离了消费者前知识（原先的认知），因此会减弱消费者对该产品的吸引力。

我们说，只要消费者曾经购买并使用过某种产品，便会对该产品形成一定的认知性（前知识）。如果第一次的认知性是正面的，那么在他们需要再次购买时，这类产品对消费者来说就有一种强烈的吸引力。因此，当设计要对某种消费者熟悉的产品进行重新设计时，应该注意保留原有产品中关键性的视觉符号和视觉认知特征，使消费者能一眼就认出来，否则将会丢失那些曾经对这类产品有良好认知的消费者。

可见认知性是产品"款风"设计中增加产品吸引力的重要元素之一。然而，现如今有许多设计师盲目地追求形式创新而往往容易被忽略产品"前知识"的价值。

（2）语意性

理论上说，没有"前知识"的产品相对于有"前知识"的产品，对消费者的吸引力相对会弱些。因而，对于没有"前知识"的产品，产品的语意性就显得格外重要。

不难看出，如何让消费者从视觉语意上能够清楚地看出产品的功能和品质状况是弥补没有"前知识"产品劣势的方法。换句话说，通过语意使产品在外观上让消费者第一眼就能够看到他们想要的产品功能特性和品质优势。因为对大多数消费者而言，产品功能与品质永远是第一位的。

一般来说，消费者对产品功能和品质的判断多半只限于视觉感知层面，也就是产品看上去功能和品质如何。所以，没有"前知识"的产品，在"款风"设计上应重视产品实际功效的可视化设计，通过产品语意让产品告诉消费者自身所具有的的功能和品质是他们所期待的。

（3）象征性

在消费者购买产品时，产品外观的象征价值常常也是促使消费者决定是否购买的重要依据之一。

外观具有象征要素的产品能够更好地激发消费者的美好联想和迎合消费者的品位，这样将大大增强消费者的购买信心。如果消费者发现产品形态是他自己心目中具有特殊象征意义的形态，或者正是他想象中应有的样子，无疑该产品对他的吸引力是巨大的。

因此，设计师在设计产品"款风"时，应认真研究产品所对应的消费人群，并挖掘出该人群所熟悉的和公认的，与他们的生活态度、美学品位、情感属性合拍的象征符号，并巧妙地将它们应用到具体的产品"款风"设计中，这样能够大大提高产品对该人群的吸引力。

（4）视觉形式的固有吸引力

视觉形式的固有吸引力是指形态的构成美。对任何一件产品而言，形态的构成美和视觉的形式美是指"产品外在高雅和内在优美的美学诉愿"。可见有关视觉形式的固有吸引力属于人类的审美知觉范畴，具有十分复杂的背景因素。

就产品视觉形式的固有吸引力而言，它的高雅、美丽和美学诉愿，其实都是相对的，并没有统一标准，这是因为它们与每位消费者独特的视觉感知系统、文化背景和社会环境有关。因此，对于产品"款风"设计而言，只有从这些复杂因素中寻求到特定消费者人群所认可的，具有一定共性的固有视觉形式，才能够真正赋予产品应有的吸引力。

6.4 产品"款风"的限定与规范

虽然"款风"设计与美学有关，但它不可以像艺术家那样自由发挥，随心所欲，跟着感觉走。"款风"设计必须围绕产品目标和商业契机，理性地随着产品设计程序同步展开。"款风"的设计空间是一个"限定空间"，而不是无限空间。因而，在款风中，"空间"与"约束"是两个基本的构成因素，受约于消费者的审美定式。图6-30是"款风"与艺术形态的不同特征。

图6-30 "款风"与艺术形态的不同特征

作为"款风"，首先，必须符合某个企业的品牌形象和总体商业目标。也就是说，一件新产品的"款风"能够适合于这个企业的相关市场定位，但不一定适合另一个企业的市场定位。

其次，"款风"必须符合产品自身的"内在品质"，也就是说，"款风"要建立在产品本质之上，要能够告诉消费者：该产品的真正意义何在？该产品究竟能提供什么样的服务？产品"款风"是产品与人交互的重要途径。

商业目标市场（人群）和产品自身的内在特征组成了产品"款风"的"限定空间"在产品设计计划中，应该给出这一"限定空间"的边界，并且制定出款风的"限定空间"的条例，以便指导下一步具体的"款风"设计。

"款风"的"限定空间"是"款风"的目标，在产品设计计划中应得到明确，并纳入产品设计纲要中。

6.4.1 "款风"承启因素

"款风"承启因素（图6-31）包括四个方面：前产品形象、企业品牌形象、竞争产品的"款风"和"款风"标准。

图6-31 "款风"承启因素

（1）前产品形象

"前产品"（现有产品或称之为"前产品"）是新产品"款风"的重要承启因素之一。如果一件新产品是企业现有产品的升级版本，那么"款风"承启因素必须要保留"现有产品"中的一些重要视觉特征。这将有助于曾经购买过该类产品的消费者对新产品的识别和认知，这就是前文提到的"前知识"。如果新产品的"款风"与"前产品"完全不同，这样就会使曾经熟悉这类产品的消费者重新认知，这将有可能失去重复购买的消费者。

由此可见，应该善待前产品，应该认真研究"前产品"，验明前产品"款风"的视觉特征，并将"前产品"款风中的精华部分，用于新产品的"款风"设计中，这样就能够通过与前产品的承启关系来吸引曾经购买过"前产品"的消费者。

（2）企业品牌形象

企业品牌形象能够使消费者产生稳定的购买欲和购买信心。

如果消费者曾购买过某种品牌的产品，那么在新产品上应延续该品牌的"款风"特征，这将会增强这些消费者的购买信心。这一点非常重要。

其实，产品设计的过程就是"品牌"打造的过程。当企业的第一代产品问世之后，好的产品功能设计和"款风"设计会在消费者心目中留下美好的印记，随着企业好产品的不断增多和延续，企业就会逐渐形成了自己相对固定的品牌形象和消费群，此时的"款风"视觉特征就开始形成。对企业而言，企业是通过消费者熟悉的"款风"来体现对产品品质承诺的；所以对消费者而言，也是通过他们熟悉的品牌"款风"来产生对产品的信任的。因此，品牌背后的玄机还是在产品本身的品质和"款风"设计上。

现在，许多企业误认为品牌的打造在于大量的广告宣传。其实广告宣传只是表面行为，如果品牌的广告宣传与产品品质不符，所有的广告就成了虚假广告，品牌也就失去了承诺，失去了信任，品牌形象也就毁了。

对企业来说，企业的品牌形象需要精心的策划，需要建立一个相对稳定的较为特别的产品"款风"视觉特征来维系品牌形象的品格和高识别性，而不只是通过企业标志简单地维系。

建立企业品牌的产品"款风"体系，也是属于产品设计的重要内容之一，即品牌的血统设计和品格设计。

（3）竞争产品的"款风"

竞争产品的"款风"有时也影响着消费者对新产品的"款风"目标。

在设计前，应该清楚：什么才是新产品的"款风"标准？竞争产品的"款风"有什么重要的特征？什么是当下盛行的款风？"前产品"提供了哪些"款风"信息？这些信息是否是表达产品功能和产品方式的关键符号？能否是体现消费者价值观的关键符号？

收集竞争产品的形象，关注竞争产品的"款风"，有利于界定竞争产品"款风"中那些具有吸引力的特征，其目的是更好地确立新产品的"款风"标准。

（4）"款风"标准

"款风"标准是因品牌、产品、市场的不同而不同。"款风"标准主要要适合产品定位，同时也应该符合产品综合品位、品质。具体的标准将包括对产品所采用的材料、色彩、肌理、形态，以及特定的产品语意和符号特征的具体要求。因此，研究不同市场的产品"款风"有助于我们制定新产品的相对应的"款风"标准。

在制定标准前，我们可以通过对市场的综合研究，尝试回答下列问题，也许会有所帮助。

① 是否有什么"款风"正好符合新产品的定位？

② 对该服务对象而言，什么是最受欢迎的"款风"？

③ 哪些产品的"款风"设计具有最佳的产品语意和符号特征？

④ 什么材料、色彩、肌理和设计细部在目标消费者心目中表现出的效果是最佳的？

6.4.2 象征符号与产品语意

象征符号与产品语意是"款风"的内在因素。

语意（semantic）的原意是语言的意义，而语意学（Semantics）则为研究语言意义的学科。而产品语意学就是设计界将研究语言的构想运用到产品设计上而产生的。其理论架构始于1950年德国乌尔姆造型大学的"符号应用研究"，更远可追溯至芝加哥新包豪斯学校的查尔斯（Charles）与莫理斯（Morris）的记号论。

自1976年开始，设计师格鲁斯（Jochen Gross）有关产品语言的理论开始接近于现代产品语意学的概念。他提出：产品语言（产品的意义）与文化情境（技术、经济、生态、社会问题和生活方式）有关。

1983年，美国学者克劳斯·克里彭多夫（Klaus Krippendorff）先生和德国学者雷思哈特·布特教授（Reinhart Butter）在他们合作撰写的一文中正式提出了"产品语意学"概念。他们在美国克兰布鲁克艺术学院（Cranbrook Academy of Art），由美国工业设计师协会IDSA举办的"产品语意学研讨会"上首次给出了"产品语意学"的统一定义："产品语意学是研究人造形态在使用状态中的象征特性，并将此象征特性应用于设计中。"

"产品语意学"突破了传统设计理论，终结了原先简单地将人因研究全都归入人体工程学中的做法，从此拓宽了人体工程学的范畴，突破了传统人体工程学仅对人的物理及生理机能的考虑，将设计因素深入到人的心理和精神的更高层面，使产品给人以更丰富的情感交互。图6-32中，手表镂空结构外露的设计语言给我们带来一种产品精致感的象征；蜂蜜瓶结晶体的设计语言给我们带来一种天然感的象征；而手机保护套的盔甲型设计语言给我们带来一种坚固感的象征。

精致感　　　　　天然感　　　　坚固感

图6-32 产品语意与情感象征示例

1986年后，设计师、心理学家和信息传播学家们开始进一步扩展了产品语意的概念。美国学者克劳斯·克里彭多夫对产品语意学给出了更为广义的陈述："产品语意反映了心理的、社会的及文化的连贯性，产品从而成为人与象征环境的连接者，产品语意构架起了一个象征环境，从而远远超越了纯粹生态社会的影响。"

随后，克劳斯·克里彭多夫又进一步定义道：产品语意学是对旧有事实的新觉醒，产品不仅仅具备物理机能，并且还具有指示如何使用、具有象征功能和构成人们生活中的象征环境。

从文脉的视角来说，产品语意的观念可以源于较早的有关建筑理论的探讨。当现代主义建筑运动使得设计风格日趋教条化与学院化，特别是成为单一的"国际风格"后，设计界渐渐涌现出对人造物世界象征意义的关注。自维多利亚时代起，许多在古典建筑原则支配下的建筑，如寺庙、宫殿等就表现出较明显的象征意义，如宗教的神秘性与敬畏感，以及体现了世俗的权力与财富等。甚至在某种程度上，这些意味的再现是一座建筑各项要素中至关重要的内容。这种传统从未在学院派圈子里彻底消失，即便在现代主义全盛时期，也是如此。所以，从学院派中再次涌现出对象征意义的重视也是有历史渊源的。

1969年出版的《建筑的意味》一书清晰阐述了建筑理论的早期发展史。作者受到语言体系中暗喻手法的影响，探索将象征手法应用于现代社会人造物的设计中。随后，伴随着新技术革命的诞生，建筑意义的呈现成为"后现代主义"设计的一项重要原则。

产品设计关于语意的探索史并没有建筑那么久。仅仅发生在大工业生产技术成熟之后，产品设计才渐渐有了关于语意的研究。

20世纪80年代飞利浦公司作为全球最大的电器制造公司，就意识到随着科学技术的发展、高技术的急骤汇集意味着顾客可以通过任何一个销售商获得产品性能及价格基本一致的商品。鉴于此，顾客的主观因素，或称为审美鉴赏力将主要决定购买商品的决心，为摆脱电器产品普遍的"黑匣子"面貌，同时也为适应多元化消费口味，飞利浦公司广泛应用产品语意学理论来设计产品。

通过产品外观在观察者想象中产生的诉求就是产品象征符号及产品语意，有效的产品款风能控制象征符号和产品语意，这种"控制"决定了消费者认为"产品看上去像什么"，同时也决定了消费者如何认识这一产品。产品具有以下两种符号价值（语意价值）。

一种是产品能通过符号表达自身的特征。例如产品可以通过视觉形象看上去是"稳定的""强壮的""耐用的""脆弱的""精致的"和"珍贵的"等。

另一种是产品能通过符号表达产品拥有者的个性特征和品位。衣服、汽车、手表、笔、公文包、手机等，无一例外。

在具体设计实践中，设计师采用"产品符号""产品语意"来表达产品的品质特征和人文价值，这就是设计师赋予产品"款风"的设计过程。

产品表达自身功能特征的方法是产品语意学研究的范畴。当然，产品语意除了表达一定的象征意义之外，还需要表达该产品的性能和品质，表达出该产品的性能比其他同类产品的性能会更好些。所以在货架上，产品"款风"不仅要通过"产品语意"告诉消费者"这是我能做的"，还要告诉消费者"我是这样比竞争产品做得更好的！"

在产品计划中，从产品语意的角度看，应该在"款风"中表达出"这是我所能做的"和"我能做得更好"。

6.4.3 产品"款风"规范

一般来说，产品设计计划的目的是收集将要设计的新产品的背景信息，包括设计目标和商业价值。

与产品"款风"相关的背景信息是有关新产品"款风"的承启因素，以及由承启因素形成的产品限制空间，即产品语意和产品象征符号。如图6-33所示，通过收集这些相关资料，一方面是为了明确新产品"款风"的承启因素；另一方面是为了提炼新产品语意和象征符号，并能够有效整合成具有实际指导意义的新产品"款风"规范。

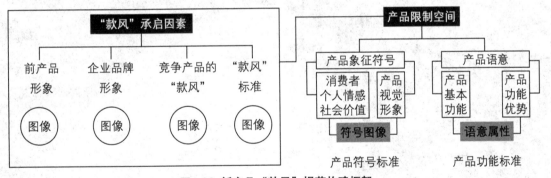

图6-33 新产品"款风"规范构建框架

本章小结

产品"款风"，是指设计师赋予产品的某种具有商业价值和审美价值的视觉形式，即产品的"款式"和"风格"。

我们说，产品的"款风"并不是指那些浮躁的修饰，而是指设计师对产品视觉品质和视觉吸引力的创造。

产品"款风"的要点在于对消费者注意力的操控性层面。由于这种操控性，会使消费者沉醉于产品款风带来的美感中，而忽视了对产品使用功能的单纯依恋。因此，在产品技术功能不变的情况下，产品"款风"设计是对产品进行增值的重要手段，是产品外观设计的灵魂。

第 7 章

产品设计战略与原则

产品设计是企业成功的重要手段。自由市场经济机制使得企业在市场中彼此竞争和相互淘汰。为了能通过产品销售而赢得利润，在市场竞争中保持不被淘汰和健康发展，企业必须不断推出新产品，必须制定合适的产品设计战略，避免竞争者逐渐侵蚀他们原来的市场占有率。

如今随着信息社会的发展，中国市场上流通的产品已日趋全球化，来自海外企业的产品竞争已处处可见。这不仅仅只是来自那些具有极大威胁的跨国巨人，同时，随着网络技术的深入发展，国际间的小企业带来的威胁亦无处不在。如今的地球村已越来越没有商业国界可言。

因此，对中国本土企业而言，从"中国制造"走向"中国创造"，再到"中国智造"的转型已不可避免。无情的竞争使产品的平均寿命正在快速缩短，设计师肩上的担子将越来越重。发展才是硬道理，创新才有竞争力。

研究工业设计的学者普遍认为，许多企业利润的低下和投资的失败，其重要原因之一就是企业对产品设计战略的缺乏和不重视。

当今的信息化社会，世界已经进入了一个高度开放和协同的时代。每个企业的能力是有限的，然而整合的力量是无限的。因此，现如今具有竞争力、生命力的产品基本上都是整合多方力量的结晶。所以，成功的企业都是善于在不同时期、不同地域、不同技术条件下，通过合理的产品设计战略，整合一切可用资源，达到保护和增进自身利益、固守和扩大自己地盘的目的。因此，产品设计战略是企业战胜竞争对手的重要法宝，也是产品走向成功的保证。

7.1 产品设计战略的概念

谈到产品设计战略，首先我们先来看看什么是"战略"。

"战略"一词来源于希腊字"strategos"，其含义是"将军指挥军队的指挥艺术"。

"战略"一词与企业经营联系在一起，并得到广泛应用的时间并不长。最初出现在美国著名管理学家切斯特·巴纳德（Chester Irving Barnard，1886—1961）所著的《经理的职能》一书中。巴纳德为解释企业组织决策机制，提出了从企业的相关要素中分析提取"战略"因素的构思。不过该词在当时并未得到广泛的应用。随后，在1965年美国战略管理学家伊戈尔·安索夫（H. Igor Ansoff，1918—2002）先生所著的《企业战略论》一书问世后，"企业战略"一词得到广泛应用，"战略"一词亦开始广泛应用到社会、经济、文化、教育、科技和设计等领域。

那么什么是产品设计战略呢？产品设计战略是企业战略的重要组成部分，关于其含义的论述主要有以下三种。

第一种从性质层面来论述：

"产品设计战略"就是企业新产品开发的战略性决策，其内容包括企业新产品开发的长远目标、为达到其目标所制定的相应经营方针和对企业资源分配使用等方面的战略性决策。

第二种从内容层面来论述：

"产品设计战略"就是企业的新产品开发战略性规划。它包括规划企业的新产品开发目标和为达到其目标所必需的资源，其中包括有关资源的取得、使用及处理的战略性方针和规划。

第三种从要素层面来论述：

"产品设计战略"就是企业有关"产品与市场战略"。美国经济学家安索夫认为："战略"一词只有限定在"产品与市场战略"的层面才有意义。产品设计战略是指在一定的经营领域，开发符合市场战略的新产品，撤出不适宜市场的"旧产品"，投放适宜市场的"新产品"，有计划地提高企业"新产品"的市场竞争力。

综上所述，"产品设计战略"可以定义为："产品设计战略"是指企业在市场条件下，为企业的生存和长期稳定，根据企业可调用和整合一切资源的环境条件，对新产品开发目标和实现途径所做的总体谋划。

7.2　产品设计战略的意义

企业的产品（服务）是企业最主要的有形和无形资产。而它们是企业与受益者（企业的客户、供应商、拥有者、雇员、管理者等在内的团体和个人）之间的重要纽带。企业主要是通过现行的产品（服务）和规划中的新产品（服务）来实现与受益者之间的良性互动关系，从而使企业赖以生存和发展。因此，无论是全新产品（服务）的设计战略还是现行旧产品（服务）的改良设计战略都具有重要的意义。

其一，产品设计战略是企业整体战略的源泉。企业为了生存就需要在选定的细分市场中寻求可持续的竞争优势。而可持续的优势就存在于已有的资源中。理论上，这是一个以时间为基础的不断更新的过程。由于企业是通过产品体系来确立自身在市场中的地位。因此，产品设计战略为企业取得竞争优势的可持续性提供了根本性保障。

从产品设计战略的角度来看，产品似乎是关注的焦点，然而产品却是一个具有多层次的概念，如：它除了包含了满足消费者（用户）现有需求的能力外，还包含了创造消费者（用户）在不断更新生活方式的语境下满足新需求的能力。无论是哪种"需求"都会在产品性能上提出更高的新的设计要求，从而形成功能优化的扩展性产品，或功能全新的突破性产品。

就产品设计战略而言，扩展性产品通常要比突破性产品在资金投入上相对较少，风险亦相对较低。因此，扩展性产品设计战略往往是企业新产品开发的主旋律。不过，无论是扩展性的还是突破性的，对企业而言，它所包含的希望，以及将会带来的可持续性竞争优势，都会诱导企业把产品设计战略作为增强竞争优势的重要法宝。

其二，产品设计战略可以增强企业的整体竞争优势。当然，企业为了降低成本和减少风险，常常会采用扩展性的和改良性的产品设计战略。这类产品设计战略主要是围绕企业的原有产品，或者以竞争对手的畅销产品为基础，通过增加某些特色和微小变化，使产品能够更好地迎合消费者的需求变化，在战略上所强调的是跟进式创新和改良性创新的设计方法。

例如，中国的手机生产企业在有些方面是通过模仿成功竞争对手的产品而获得一定的市场份额的。对他们来说模仿就是在跟进式创新的基础上的改良性创新。就市场的规律而言，消费市场并不一定只是全新的突破性新产品赚钱，次新的拓展性产品才是真正的主角。改良后的次新产品才是为企业从共同的用户群中抢占市场份额的主力军。因此，拓展性产品设计战略是一种极为有效的防御性战略举措。

就智能手机而言，在苹果公司率先成功推出超大屏幕的，具有超流畅的交互体验感的iPhone后，许多原来的手机一流品牌企业，无论是国际还是国内的无一例外开始跟进设计了类似的手机。对这些企业而言这些模仿iPhone的手机设计无疑是新产品（因为它区别于企业的原有产品），对市场来说，不算新，不过这并不影响消费者的选用，因为每个企业都有自己的客户群。很显然这些企业提供这类新产品只能被看作是为了防止苹果公司抢占他们原有的用户群，是为了保住自己的市场份额而采取的防御性措施。

而苹果公司进入手机领域，推出iPhone，却可以被看作是一种进攻性产品设计战略，为的是充分利用苹果公司现有用户基础而强行闯入手机市场赢取客户。由此可见，产品设计战略可以分为两个不同层次，即防御型战略和进攻型战略。

防御型战略是以模仿、跟进、改良、扩展为基础。这里我们讨论的模仿并不是指仿造性直接抄袭。模仿是业界新产品设计的常用方式，其中学问在于"对现产品取舍"和"改进"的度，这类产品设计在有些情况下也会出现产品质的变化和飞跃，成为新一代产品。例如，在私家电动车保有量巨大的中国，许多城市推出了共享电动车，初看起来是有点不可思议，但对于解决地铁时代城市交通最后一公里的问题确实是非常好的产品战略，目前已成为继共享自行车后的城市新宠，解决了私家电动车远程出行和维护的烦恼（图7-1）。

图7-1 左：私家电动车停车难的困境；中：共享电动车；右：共享电动车使用状态

进攻型战略是以原创、实验、突破为基础。但原创并不是发明创造，它是业界新产品设计的重要方式，其关键在于"对新需求挖掘"和"突破"的度。不管是防御型还是进攻型产品设计战略，只要把握合理，都能加强企业在目标市场上的竞争优势。

其三，产品设计战略能够提高企业的公众形象。有价值的产品设计战略能够提高企业的公众形象，从而增强企业的生命力。

例如，小米企业就是凭借跟进式产品设计战略，以极具诱惑的价格优势使企业的公司形象在短短的几年内得到了巨大的提升，并成为无人不晓的品牌形象，特别是赢得了年轻消费群体的追捧（图7-2）。

图7-2 小米产品家族

产品设计战略能使公司的形象得到改善，完全取决于产品设计战略的市场合理定位。因此，企业要确保新产品开发的成功，不是光有产品设计战略就可以了，而是要有对路的产品设计战略。当然要预测出能够赢得市场的产品设计战略对任何企业而言都是一种挑战。不过只要采用科学的方法，对市场、用户、企业自身、竞争对手等进行细致的分析，按"产品设计战略"有计划地推出用户欢迎的新产品，风险是可以得到有效控制的，并会起到提升公司形象的作用。

其四，产品设计战略能促进企业研究与开发成果的转换。不同的企业用于研究与开发的资金，以及实际拥有研究与开发的资源是不尽相同的。有的企业是以自主开展产品研究与开发为主；有的企业是以借助其他机构的研究开发成果为主；有的企业是以战略联合或合作研究为主；有的企业则是以综合上述的各种方式开展产品的研究与开发为主。不过，不管企业借助哪种研究与开发能力和取得多少技术成果，如果不与产品设计战略结合起来就并不能保证企业一定能取得商业上的成功。产品设计战略是促进企业成果转换从而获得市场占有率并实现商业利益的催化剂。

其五，产品设计战略可充分发挥企业的生产和经营资源。要改善一个未能按其生产能力较好运营的企业，也许有许多不同的方法和手段。其中最有效的方法应该是产品设计战略。这一方法对于拥有固定厂房设备的生产厂商是明显的，合适的产品设计战略及相关的新产品系列开发计划可以很好地加大企业生产能力的利用率。

其六，产品设计战略能够提高企业品牌价值，现在许多企业已经开始利用其品牌价值来制定"产品设计战略"，进而开发新产品。

产品设计战略一般是通过所选定的细分市场来制订计划的，每个计划都有其定位策略、满足各细分市场需要的具体产品特性、定价、广告、促销、销售队伍、分销渠道以及消费者服务等决策。如果"产品设计战略"适合细分市场的情况好于竞争对手，并且在短时间内吸引和积累了一批认识到该企业品牌价值的忠实客户，那么就开创了该品牌名称下扩展新产品的可能性。

其七，产品设计战略能盘活企业的人力资源。成功的产品设计战略可以创造工作岗位并且为企业发展提供机会。例如，近些年来随着中国城市化建设的不断扩大，为了方便都市区域性的出行，电动自行车的"产品设计战略"在中国市场获得巨大的成功。电动自行车产业的复兴不仅创造了企业的工作岗位，而且使原先低迷的摩托车企业的劳动力队伍重现生机。由此可见，产品设计战略能够盘活企业的人力资源，有助于企业在转型升级和腾笼换鸟的产品设计战略中重获新生。

7.3 产品设计战略的特征

一般而言，产品设计战略具有全局性、未来性、系统性、竞争性和相对稳定性五大特征。

（1）全局性

产品设计战略是指导企业有目的、有规划地进行产品开发设计，开展一切产品开发设计活动，使企业得以生存和发展的总谋划。因此，全局性是产品设计战略的重要特征。

产品设计战略的全局性不仅表现在企业自身的全局上，而且还表现在与国家经济、技术、社会发展战略相协调上，与国家发展的总目标相适应的全局上。否则，产品设计战略就不会取得成功。

（2）未来性

俗话说："人无远虑，必有近忧。"从企业发展的角度来看，企业今天的行为是为了明天的发展，企业今天制定的产品设计战略是为企业明天新产品开发更好地行动。因此，产品设计战略要着眼于企业未来的生存和发展。必须以企业的过去和现在作为依据，对未来发展趋势做出预测。未来是建立在过去和今天之上，作为企业领导者和决策团队要有高瞻远瞩、面向未来的精神，只有这样才能使企业的产品设计战略具有未来性。

（3）系统性

大型企业的产品设计战略是一个庞大的、复杂的系统工程。从系统科学的角度看，产品设计战略可以分解为三个不同层次的子系统。

第一层，公司级战略。

公司级战略主要是指决定企业的长期经营目标。例如企业将从事哪些事业？企业将重点发展哪些产品？企业将建立何种竞争优势以及如何发挥这些优势等等。这些都是企业战略体系中的主体和基础。公司级战略是企业统帅全局的战略。

第二层，事业部级战略。

事业部级战略主要是指企业某个独立核算单位或具有相对独立经济利益的经营单位对自己的产品开发设计活动做出的谋划。它是把公司级产品设计战略中规定的大方向和意图的具体化，是更加明确的、有针对性的产品开发目标和战略。事业部级战略中最根本的是"产品与市场"的战略，即有关具体确定占领哪些市场及在该市场如何开展产品开发行动等的战略。

第三层，职能级战略。

职能级战略则是指在事业部级战略指导下，根据专门职能进行的落实具体产品开发设计活动的战略。一般包括研究与开发战略、生产战略、营销战略、财务战略与人力资源战略等。职能级战略主要是确定在各自职能领域内，如何支持和实施公司及事业部的战略。

从战略层级的角度说，下一级战略是上一级战略的具体化展开。因此，下一级战略一方面要保证上一级总体战略目标的可行性，另一方面又要根据自身条件和要求确定相对独立的目标和措施以保障上一级总体战略目标的可实现性。在各级战略中除了要充分调动一切资源优势（人、财、物、信息、时间等），同时要综合运用各种管理功能（计划、组织、领导、协调、控制、激励等），最大限度发挥企业的总体协同优势，以实现公司级战略为宗旨。

（4）竞争性

在激烈的市场竞争中，企业为了不断壮大自己的实力，不断获得更高的市场占有率，以保持自己来之不易的市场竞争力。这就是为什么企业需要重视制定产品设计战略的目的。

不难看出，企业产品设计战略的价值就是为了迎接来自市场环境以及竞争对手等各方面的压力和挑战。因此，有针对性地制定较为长期的产品开发的行动方案是企业的生存之道。它与那些不需考虑竞争对手，单纯以改善企业现状、增加经济效益为目的的具有垄断性质的企业不同。

产品设计战略的内容其实就是围绕提高企业竞争力、迎接市场挑战的相关行为规范，是企业在激烈竞争中产生并发展起来的具有决策性质的重要措施。因此，企业的产品设计战略就必须要有竞争性，只有具备较强的竞争性才能保证企业具有战胜竞争对手的可能性，才能保证企业在严酷的市场竞争中求生和发展。

（5）相对稳定性

对产品设计战略来说相对稳定性是至关重要的。产品设计战略相对稳定才能在具体的实践中具有指导性。朝令夕改，会使企业的产品设计发生混乱，给企业带来竞争劣势和经济损失。当然产品开发设计实践是动态的，指导企业产品开发实践的战略也应该是动态的，以适应外部环境的多变性。所以说，产品设计战略的稳定性是相对的，不是绝对的。

7.4　产品设计战略的要素

产品设计战略的种类有很多，而且每个企业都希望选择能够有效地促进自己生存和发展的战略。这就要求我们清楚影响选择产品设计战略的因素有哪些，以便帮助我们更好地选择适合自身发展的产品设计战略。

产品设计战略的要素有：企业资源、市场机会、技术发展状况、企业总体战略、企业组织的价值体系和文化等。下面我们逐一分析。

（1）企业资源

在制定企业产品设计战略时，企业是占支配地位的要素之一。企业资源的内涵甚广，包括企业人员素质、技能、成分，企业的资产数量、技术水平、取得适当投资回报率的能力、财力、信誉、营销渠道和营销手段等，企业有效地制造产品、迅速供货和适应需求变化的能力等众多的内容。在评价资源时，应当与主要竞争对手进行比较，以相对值来反映资源的多少。资源的大小决定着企业抵御风险的能力，影响着企业选择新产品战略的模式。

（2）市场机会

与企业资源类似，机会的大小和多少是影响企业选择产品设计战略的重要因素之一。在经济领域中，对企业而言比较常见的机会如下。

① **可预测到的某种潜在的市场需求**。如现代人对智慧化服务系统的需求、对新能源汽车的需求和对健康养老产品的需求等，都属于预测到的潜在需求。

② **对某类现有产品在迅速扩大的需求**。随着国际互联网不断扩大并逐步深入到人类社会的每个角落，人们对网络软件产品的需求正在急剧扩张。同时随着手机的升级，手机的周边产品及手机衍生软件产品和娱乐产品的需求亦在快速发展。

③ **新技术的应用**。如光导技术的应用，导致光纤光缆、光端设备市场容量迅速扩张。氢燃料和高效电池技术的应用，将带来汽车设计的环保性革命。5G技术的应用，将全面提升手机的价值，给远程医疗、远程教育、无人驾驶注入新鲜血液，并在5G技术的支持下能够将更专业的视觉真实感带入百姓家庭。与此同时，物联网无人机技术的应用，将彻底地改变我们现有的生活方式和生活的空间距离。

④ **竞争者满足某种需求的能力明显不足**。从20世纪末到21世纪初，我国之所以制造业发展如此迅速，是因为看到了急剧膨胀的国际市场明显供应不足的事实和发展趋势。

⑤ **新法规和新政策的颁布**。新政策必然导致新的市场机会，尤其是产业政策的调整、科技政策的发布、金融政策的变革等。例如，2020年，我国的主要一线城市先后颁布

了电动车驾驶员和乘客必须佩戴头盔的新法规，这给头盔带来了很好的市场机会（图7-3）。此外，2020年底我国的主要一线城市先后颁布了城市的有些路段禁止使用"黄标"车（汽车尾气超标）的新法规。同样为排放标准在"国六"以上的环保汽车和新能源汽车带来了很好的市场机会。

图7-3 2020年随着电动车必须戴头盔的新规颁布，使得头盔市场开始回暖

就市场机会而言，潜力大的机会具有刺激企业去选择具有较大风险的"进取型"战略，甚至"创业型"战略；相反，也会使企业在产品设计战略选择上小心翼翼，从而选择"防御型"战略或"跟进型"战略避免较大风险。

（3）技术发展状况

科技的进步会使社会对产品的需求发生重大变化。例如，液晶电视机技术的产生导致传统电视机市场的萧条，MP3、MP4技术出现，逐渐取代了风靡一时的DVD播放机的市场地位。智能手机已悄然改变了传统手机品牌企业的命运。随着信息技术和"物联网"技术的日趋成熟，我们的生活方式正在发生着革命性的变化。

很明显，竞争对手的技术进步会削弱我们的竞争力。对企业而言，技术领先的地位是难以保证不变的。今天这家公司领先，明天那家公司出头，后天不知又是哪家公司的天下。这完全取决于企业在科学技术进步方面所取得的成绩和重视的程度。因此，技术发展状况对其选择产品设计战略有着不可忽视的影响。先进技术有助于促进企业加速创新，去承受更大的风险。

（4）企业总体战略

产品设计战略必然符合企业的总体战略，企业的总体战略决定了企业总的发展方向和前进速度，决定了资源在新项目和现有项目上的分配比例。如果企业的总体战略是"稳步发展"的战略，那么产品设计战略就可能选择"防御型"战略或"跟进型"战略；如果企业的总体战略是"高速发展"的战略，产品设计战略就应该是"进取型"甚至"创业型"。当然，在特殊的情况下，产品设计战略也可能与总体战略不一致，是作为企业的探索性研究项目。

（5）企业组织的价值体系和文化

企业组织的价值体系和文化不仅影响着企业总体战略的选择，而且在较大的程度上左右着对产品设计战略的筛选和企业的生命力。企业的价值体系是企业长期形成的一种企业信念和文化，它包含了企业在许多特定问题上的倾向性，特别是对承受风险的尺度性，可以说企业文化决定了企业寿命的重要基因，一旦形成是非常难改变的。

当组织目标和战略与企业组织行为方式的价值观相一致，将会产生极大的推动力。如果相反，将可能妨碍企业应对竞争的威胁和阻碍企业适应多变的市场环境。因此，企业在选择产品设计战略时，应充分考虑企业组织的价值体系和文化特征，与之保持一致才能做出正确的产品设计战略。

7.5 产品设计战略大纲

产品设计战略大纲是一份企业有关未来产品开发活动大方向的报告。首先它是在确定企业未来收入的来源；其次是在界定企业产品创新的形式，包括有形实体、无形服务，或者兼而有之的形式；最后是在制定有关产品开发相关小组或人员的具体任务。

下面是产品设计战略大纲的基本框架，主要包括竞争领域、战略目标和战略目标实现规划三大块。

（1）竞争领域

产品：产品的品种和类别等。

产品用途：产品基本功能和产品拓展功能等。

产品用户群：用户类别（产品的现有用户和新增用户）、用户基本特征（年龄、性别、文化背景、行为习惯、社会阶层）、用户心理（消费倾向、生活方式）、用户购买习惯（线上和线下等）。

技术：产品的技术种类（通用技术、专有技术、传统技术和先进技术等）。

（2）战略目标

发展方式：迅速发展、受控发展、维持现状和更新及受控收缩和转移。

市场状况：创造新的市场机会、扩大市场占有率（进攻型）、维持市场占有率（防御型）和放弃市场占有率。

特殊目的：多样化、季节性、避免被收购、新建生产线、投资与资产收益率、资金回收、维持与改变企业形象和其他。

（3）战略目标实现规划

创新来源：市场、竞争对手的产品、市场重新定位、特许权扩展（商标／公司名称、销售人员特许权、交易地位）和用户研究（未满足的需求）。

生产条件：工艺技术、产品质量和低成本。

技术条件：内部资源（基础研究、应用研究、开发设计、生产能力）和外部资源（合资公司、许可证、企业收购）。

创新程度：原创（艺术性突破、杠杆性创造、应用技术）、改良（技术性、非技术性）和模仿（紧跟战略、分片特许、价格竞争）。

产品入市：率先进入、快速反应和迟钝反应。

特殊方面：避开职能、避开法规、产品质量水平、获取专利可能性、有无组织体系、避开竞争对手、仅进入发展的市场和其他。

7.6 产品设计战略的风险性

成功的产品设计战略是企业成长的基础和发展的动力。然而，在实际中企业家更关注的是产品设计战略存在的不确定因素、商业风险及所要花费的资源和时间。

应该说来自各方面的阻力常常伴随着新产品的诞生。因此，深入地分析和研究与新产品开发设计活动相关的各种作用力与反作用力，有助于我们避免盲目，把握全局，对各种力量加以因势利导促成新产品健康地诞生。

产品设计战略存在风险性是不争的事实。正确地面对风险是科学的态度。下面我们就产品设计战略所存在的诸多风险进行客观性的分析，以便正面应对和认识它们。

（1）回报率降低的风险

产品设计战略的目的是为企业赢得利润。

全新的产品可能能够引导和刺激消费者新的需求，创造出新的市场空间，从而获取较高的利润。而在功能上或外观上进行改进或提高的改良性产品也可能能够起到扩大消费者需求，并结合降低成本保持原有利润的作用。

利润是激发企业开发新产品的原动力。然而，随着社会经济的不断发展，产品创新可能带来的利润在逐渐减少，出现了新产品设计回报率降低趋势。例如，对于大宗耐用品的汽车来讲，几乎没有一款新款汽车能在中国市场维持两年以上的畅销度和利润率。因此，不管是大宗耐用品、中型家用电器还是小型消费电子产品，产品之间的竞争基本上都是用更多的新产品来避免新产品回报率降低的竞争。导致新产品回报率降低的主要原因有以下三个方面。

① **市场的细分化**。在社会物质文化生活日益丰富以及消费水平不断提高的今天，消费者已不再满足生产者长期提供的标准化产品和服务，以及产生的统一消费水准和消费方式。生产决定消费的模式受到了前所未有的冲击和挑战。强调规模经济的社会化大生产体制遭到了消费者的攻击和责难，统一的市场已不复存在，市场细分化日益加剧，个性化市场形态已经或正在形成。在这个大背景下，为了提高营销活动和新产品开发活动的效率，现代企业越来越广泛地使用了市场细分化策略。这是一种把一个看似统一的市场根据需求中可能存在的各种差异，如年龄、性别、文化背景、价值观念等划分为一个个子市场的策略。市场的细分使产品开发和市场营销针对性强、效率高，但同时也迫使产品只能进入具有较小的购买潜力的市场，从而使可能得到的利润总量有所减少。然而，从发展趋势看，多样化、个性化市场将越来越普遍，市场的细分化会不断加剧，新产品的利润回报率的递减趋势还会继续。

② **模仿周期不断缩短**。随着科学技术的不断发展，企业模仿的技术手段也在不断提高，任何新产品都可能第一时间在专利的缝隙中很快被竞争对手模仿出来，并迅速投放到市场中去参与竞争。创新者试图依靠领先的技术和全新的新产品概念获取潜在利润的时间在缩短、份额在减少。如今，一项新技术或新产品诞生后，要想获得超过40%毛利的时间周期已经不可能超过半年时间，这在十年前都是难以想象的。现如今许多新产品在还未大规模正式引入市场之前，就已经有许多企业成功地参与了模仿和竞争，致使该产品在正式销售时，同质化的竞争产品亦已出现，新产品的利润空间大打折扣。

③ **产品生命周期日益缩短**。科学技术的进步对企业来说是一把"双刃剑"。一方面，它为企业提高了产品的开发能力；另一方面，它加快了产品淘汰的速度，缩短了产品的生命周期。近年来通信技术的发展令人眼花缭乱、目不暇接，其结果是手机产品的更新换代之快，好似万花筒一般。当许多人还没有搞清3G和4G的差异时，5G已开始风行全国乃至世界。在中国当许多人刚刚开始适应运用芯片卡刷卡支付时，手机支付软件已经长驱直入人们的手机中，彻底改变了支付方式。相关统计资料表明，30种家用商品的市场寿命在1920年为34年，到1940年为22年，到1960年是8年，到1970年已缩短为5年了。到80年代、90年代，产品的平均市场寿命周期进一步下降，特别是对当前人类生活产生革命性影

响的微电子和新材料等高技术产业，其新产品和新工艺涌现之多、速度快，都是空前的。现如今，产品的生命周期在不断缩短，但产品开发的代价并没有因此而降低，从而直接降低了新产品的回报率。

（2）成本递增的风险

随着科学技术的飞速发展，为新产品设计开发提供了充足的养分。然而要将先进的技术转化为具有商业价值的产品，需要进行大量的研究与开发，所花的费用也随之急剧上升。

据统计，发达国家的电子信息处理设备产业、软件产业、药品产业、航天和航空产业等，所投入的研究与开发费用已经达到整个企业销售额的5%～8%，个别的企业更高，而且这一比例在近20年中一直处于上升的趋势。除此之外，企业在产品开发过程中，还面临着通货膨胀、工资水平的提高、生产率下降、资本短缺、筹资成本上升以及政府规定的安全环境保护和能源保护方面费用不断增加的压力。这一切所导致的结果就是产品创新的收支平衡点逐渐上升、新产品销售货款回收期加长、销售的毛利逐渐减少。

（3）设计难度和不确定性增大的风险

创新本身就是存在着不确定性，其中包括风险概率的不确定性、创新进展的不确定性以及创新经济价值的不确定性。除此之外，新产品的不确定性和不利因素还有来自地方政府的政策法规、企业内部的条件和消费者变化。

总体而言，政府是支持企业进行产品创新和开发活动的。

例如，我国政府根据资源、外贸等方面的实际情况，通过特殊的优惠政策长期扶持节能、出口、进口替代等方面的产品创新和生产。近年来，为了跟上全球经济的发展，又制定了许多优惠政策，鼓励发展高新技术产品。当然，政府也会根据产业政策的变化调节鼓励创新的方向和力度。政府的专利制度、货币政策、财政税收政策等都会对企业的产品创新产生一定的影响，而政府的调节作用可能随着技术经济发展速度加快而频繁变化，特别是中国政府近年来提出了从"中国制造"走向"中国创造"，乃至"中国智造"和"互联网+"的企业转型战略方针，为企业进行产品创新和开发活动提供更大的支持。因此，企业应该跟上政府政策的变化，及时调整产品战略。

就企业而言，随着市场竞争的不断加剧，为了回避风险，企业决策人员日趋谨慎。资金大多用于可以短期获益的项目。企业更愿意采用现成的技术成果，不愿意寻求新的技术突破。愿意把精力投入到低成本的产品开发上，不愿意供养产品开发人员。所有这些使产品创新的难度和不确定性有所增大。

近年来，随着消费者的收入水平和受教育程度的提高，市场上可供选择的商品日益丰富，消费者变得越来越理智成熟、越来越个性化。现如今要准确地把握消费者的需要并非易事，由此使得产品创新设计的难度不断加大，新产品开发活动的不确定性也因此增大。

7.7 产品设计战略的价值

从市场上不断推出的新产品来看，企业是在永不休止地进行新产品的开发设计。不难看出，如果新产品的开发设计只有风险，没有回报，企业就不会有产品创新的行为。很明显，确实存在一种强大的力量在推动着企业永不停歇地进行新产品的开发设计。而这种推动力应该是产品设计战略带来的潜在利润。为了获取潜在利润，凡是有能力、有远见的企业都会竭尽所能地去寻求，去拼搏。应该说，产品设计战略的价值主要体现在下列几个方面：

（1）创新的整合性

产品设计战略往往是以技术创新整合为基础，而新技术和新整合的技术具有较大的竞争机会和商业价值。因此，尽管新产品有较大的风险，但是，这种风险是值得冒险的。特别是技术含量越高的行业，技术的整合价值潜力一般能够发挥出较大的潜在利润空间，如电子产业、信息产业、医药和生物工程产业等。

（2）市场的求新性

虽然市场和消费者具有不可预测性，但消费者越来越理智成熟、越来越个性化，成熟的和个性化的消费者更愿意接受和使用有价值的新产品。新产品是一种与众不同的产品（市场上从未出现过的产品），个性化的消费者显然更喜欢这类与众不同的产品。因为他们有很强的求新意识。

此外，消费者收入水平的提高，也会使他们更能够接受更多的新产品。因此，成熟的市场和消费者是新产品赖以生存的土壤，是创新企业的救星。一般来讲，新产品的利润空间要比旧产品高出好几倍。从每年入市的新款智能手机价格就可以看到其中的奥秘。

（3）管理的高效性

现如今，企业经营管理水平在不断地提高，这是不争的事实。现代企业各层管理人员的总体素质有较大程度的提高，他们更加训练有素，见多识广。因此，具有高效制定和运作产品设计战略的能力，使得新产品的风险始终在可控的范围。

当然，出色的企业除需要有长期优异的经营成绩和良好的财务状况外，还需要具有高度的创新精神。这里所说的创新精神不仅指能够研制出新产品，还必须能对迅猛变化的环境做出有效的、灵活的、敏捷的反应。出色的企业无一例外是以产品设计战略作为企业的基本战略。

7.8 产品设计原则

产品设计对企业的重要性主要体现在它的商业价值。不过任何的商业行为都具有一定的风险性。如果我们清楚风险产生的原因或新产品失败的原因，也许我们就可以找到产品成功的商业性秘诀。在二十世纪八十年代后期，英国、美国和加拿大的学者们本着这个目的，联合进行了一项针对产品设计案例的调查研究。

调查的内容包括：产品设计过程、产品设计方法及新产品最终取得的商业价值。整个调查案例涉及14000多件新产品，1000多个企业。在调查的产品中，部分产品取得了商业上的成功，部分却失败了。

该研究采用了对比的方法，在成功产品与失败产品的对比中，找出了一些重要的、有参考价值的产品设计要素和原则。而这些关键的要素和原则左右着产品设计的成功与失败。如果我们能正确地对它们加以足够认识和关注，无疑对指导我们今后进行产品设计实践有百益而无一害。

7.8.1 产品设计的基本要素

（1）市场契机

市场契机是产品设计的关键要素之一。很明显，市场契机和消费者的价值观决定了产品能否在商业上取得成功。前面我们提到，商品经济时代的产品设计是一种商业行为，其价值是建立在商业性上。如果产品没有市场，就不能成为商品，也就是不具备商业上的流通性，即使产品的功能完好无缺，对于市场来说，对消费者而言，它们就是废品，对企业而言就是无实际价值的库存。因此为了避免这种情况在新产品中出现，弄清什么是市场契机、什么是消费者眼里期待的产品（商品）就显得尤为重要。

根据调查研究的综合数据，消费者期待的新产品应该具有下列特征：

产品品质应优于现有的竞争产品。

产品的款式和风格要显得更"派""酷""炫""潮"。

产品要更显得"物有所值""物超所值"。

如果新产品能达到以上三点，产品成功的概率将增高5.3倍。

由此可见，在产品设计时，要做好市场契机的分析是必需的。如果在分析中，你发现所设计的产品只比竞争产品稍微好一点，那应该毫不犹豫地放弃它。只有这样，才可以避免因产品投入市场后的滞销而带来更大的商业失败。

（2）早期评估与市场定位

研究数据表明：在新产品设计前，对新产品进行早期的全面评估，其成功率比没有进行评估的要高出2.4倍。由此可见对新产品的早期评估是相当重要的。与此同时，在产品设计前对新产品进行过市场定位的，其成功率比没有经过市场定位的要高出3.3倍。也就是说，在新产品设计前所作的"早期评估与市场定位"往往能起到事半功倍的效果，亦是产品设计的关键要素之一。

（3）高质量的产品设计程序

高质量的产品设计程序能使产品成功的概率增高2.5倍。

在设计程序中，合理地调节和控制企业的综合技术资源，加大综合技术资源与新产品的吻合度，这会使产品的成功概率增高2.3倍。同时，合理地调节和控制企业中市场销售人员使其加大与工程技术人员配合默契度，产品的成功概率将增高2.7倍。

众所周知，在新产品开发设计的早期，不确定的因素特别高。因为我们不知道新产品将会是什么样、新产品将会采用什么工艺制造更合适、新产品的流通价格将应该是多少更合理、消费者将会对新产品如何反应。因此，高质量的产品设计程序，一方面，能够澄清这些未知的问题，把不确定性因素确定化。另一方面，能够尽量把新产品开发的投资成本降到最低。同时高质量的产品设计程序还能合理地采用有效的、先进的设计手段，避免盲目地加大时间和人力投资。

太多的产品案例证明：当新产品的不确定因素偏高时，其风险就大。当不确定性因素降低时，其风险就小。因此，科学合理的设计程序能使新产品的不确定因素降到最低点。这就是产品设计程序不可或缺的重要之处。我们说，不是产品设计程序产出的设计结果都是肯定的。但无论结果是"肯定的"还是"否定的"，它为我们做出决策和降低投资风险的实际价值是相同的。

7.8.2 产品设计的基本特征

产品设计的特征包括收益的非独占性、风险性、商业性和系统性。

（1）收益的非独占性

收益的非独占性，主要指产品设计者无法获得产品设计活动所产生的全部收益。

首先，产品设计活动产生的成果主要是一种无形资产，必是通过产品这个载体表现出来。例如，一件产品的新外观、新的使用方式和交互信息新的传递形式（界面），因此，复制过程要比设计过程容易得多。所以，其他企业可以通过合法或不合法的手段拷贝或模仿他们。

其次，产品设计对整个产品开发活动而言只是其中的小部分。对于企业而言，虽然成功的产品设计对产品收益的作用至关重要，但由于整个产品开发活动涉及的环节非常多，无法准确界定清楚哪些属于产品设计活动所产生的收益。因此，收益分享是必然的。

这就是产品设计收益的非独占性。为了最大限度地获得产品设计创作的商业收益，一方面需要知识产权法的配合和完善；另一方面需要设计师提高保护意识，在设计中明确设计疆域和设计特征，为保护提供方便。如图7-4所示，最早摩托罗拉推出的移动电话大哥大就具有收益独占性的特点，而其随后推出的经典手机在这个阶段已经失去了收益的独占性。

图7-4 上：个人移动电话的开山之作"摩托罗拉大哥大"，具有市场收益的独占性；
下：摩托罗拉随后推出的经典手机在这个阶段已经失去了收益的独占性

（2）风险性

与成熟产品相比，新产品的风险要高得多。

首先是产品设计的风险。因为产品设计本身是对市场的一种预测。虽然我们在努力把产品设计程序提高到风险管理高度来尽量规避风险。但它毕竟是对未来的一种判断，其中的不确定性是始终存在的。谁也无法保证新产品开发能次次成功。

其次是设计与生产之间的差异性风险。设计成果是在设计工作室或实验室完成的，但设计工作室或实验室毕竟不是正式的生产环境，这之间的差异性风险是存在的。

最后是市场风险。一般而言，一个新产品从立项到最终设计完成和生产测试，少则半年，多则数年。所有即使我们根据原始的调查数据做出了正确的产品设计分析和预测，但在这样一个产品孵化时期内，谁能知道市场或消费者会有多大的变化呢？！因此，由于这些风险的存在，企业在产品设计过程中投入的资金和时间，在许多情况下存在着血本无归的风险。

例如，苹果在成为世界上市值最高的公司之前，发布过一款名为牛顿（Newton）的掌上电脑（图7-5），被认为是苹果历史上最糟糕、最失败的产品。当年《福布斯》

图7-5 苹果的牛顿掌上电脑

表示，牛顿掌上电脑的价格暴跌有很多原因：它的起价高达700美元，机身长8英寸、宽4.5英寸，但该掌上电脑的笔迹识别十分糟糕，几乎难以正常使用，以至于经典的美国动画《辛普森一家》还专门出了一集取笑了它。当然，在牛顿掌上电脑的基础上开发的iPad，让苹果最终扭转了移动平板电脑市场的颓势。也正因为iPad这个苹果历史上极其重要的产品，牛顿掌上电脑的形象或多或少还是挽回了一些，毕竟许多人还是会认为牛顿启发了苹果创造iPad。

例如，微软推出的Zune音乐播放器（图7-6）。Zune这个让微软满怀希望用来对抗苹果iPod的产品最终没有成功。微软家庭娱乐和移动

图7-6 微软推出的Zune音乐播放器

业务的负责人罗比·巴赫解释其原因：我们只是不够勇敢，老实说，我们最终用一款其实并不坏的产品来追逐苹果，但它仍然是一款能够追赶iPod的产品，只不过还没达到让消费者感觉非买不可的程度。Zune这款微软开发的音乐播放器最终以默默无闻告终，并不能说这是一个特别失败的产品，只能说它选择错了对手。苹果的iPod在当年真的可以说是处于一种"无敌"的状态，它的成功远远不只是因为其优秀的硬件设计。

再例如，上市仅一个半月后就被惠普放弃的自家平板电脑产品TouchPad（图7-7），可以说是惠普在硬件领域的一次重大失败。同时被放弃的还有自家研发的操作系统

图7-7 惠普推出的TouchPad

WebOS。在苹果的iPad横空出世后，各大科技公司都在致力于如何研发出所谓的"iPad杀手"，惠普当时便在其中。2011年发布自家平板电脑HP TouchPad，在发布后的49天里，其销量仅为25000台。但平心而论，惠普的TouchPad其实并没有那么糟糕。即便当时的TouchPad有着一些小问题，但并不足以使它成为一款糟糕的产品。最根本原因还是它没有做到比iPad更好，在当时这就意味着它和其他平板电脑一样，会被消费者毫不留情地抛弃。

（3）商业性

产品设计与纯艺术和纯科学研究活动的区别就在于它的商业性。产品设计活动是一种以市场赢利为目的的商业行为。不具备商业价值的纯技术性和艺术性的产品创作不属于产品设计的范畴。我们常常发现许多企业开发的新产品，只关心技术发明、艺术创作，不关心市场地闭门造车，因而造成产品设计的失败是必然的，因为他们没有遵循产品设计商业性的特征。许多设计大赛的获奖作品都是不具备商业性的设计，只是显示自己的设计自娱。

（4）系统性

产品设计是一种系统工程，系统性自然是产品设计重要特征之一。产品设计的系统性可分为三个层次。

第一个层次是企业内部各部门间的系统性。产品设计要求通过企业内部各部门间的系统性配合方能形成产品设计的基本保障。

第二个层次是与企业外部环境关联的系统性。产品设计要求通过企业外部环境的系统性配合方能弥补产品设计的资源局限。

第三个层次是产品本身的系统性。产品设计要通过产品设计在市场定位、资源配置、功能、外观、使用方式、材料、加工工艺和营销等方面的系统性综合控制方能实现产品设计的预定目标。

为了更好地把握好产品设计的特征，高质量的设计程序是不可缺少的。英国设计教育家麦克·勃克斯特（Mike Baxter）1995年首先将风险管理的概念引入产品开发设计程序中。他认为，产品设计的过程其实就是风险管理的过程。设计程序的目的是提高效率，但不是单纯地为了快捷地完成一项设计，同时还包括降低商业投资的风险，提高商业成功的效率（获得商业利润）。因此设计程序不是一个形式主义的流程，而应该是控制设计各环节的评估体系。只有这样，设计程序才能给产品的成功率加上保护伞。

7.8.3 产品设计的基本问题

（1）"看不出毛病"

在产品设计中看不出毛病，这意味你所设计的新产品是脱离生活、脱离市场和脱离现有竞争产品的盲目之举，市场失败的风险很大。

看出现有产品的毛病就等于看到了潜在的生活需求，即市场的缺口。这对产品创新非常重要。事实上看到市场的缺口是设计师要进行的极其重要的工作之一。它是保证新产品是否具有市场价值的前提。只有看到市场缺口才有可能为新产品设立出清晰的现实目标，才能够抓住新产品走向成功的商机。

就新产品目标而言，首先是要满足用户或消费者的真正需求；其次是要打击竞争对手的产品弱点，即有关产品设计美学、设计技术、工程技术、生产技术、营销方式、流通渠道和国际法法规及标准等方面所存在的问题。

没有目标的设计师如同盲人。他们看不到市场缺口，看不到潜在商机，也不可能设计出成功的商品。英国有句古话："如果你不知道要去哪里，那么所有的路都是正确的！"

因此，采用问题分析的方法明确市场缺口设立设计目标是设计的基本原则之一。

（2）"听不出毛病"

为产品设定目标只是万里长征迈出的第一步，如果仅停留于此并没有多大价值。目标的真正价值在于它能否被实现。因此在目标实现过程的各个环节中大胆地说出你的具体措施和提出你的新产品可行性方案是用以检查设计是否瞄准了原始目标的关键。

在实施过程中如果不注意听取评价过程的不同意见，就如同赛车手听不到导航员偏离轨道和目标的警告从而落败。因此，设计过程中对设计方案的不同声音是设计师重新审视设计原始目标的提示铃和忠告，这些是让你不偏离目标的重要保障。

在设计过程中及时发现偏离目标的问题是决定我们是否继续的关键。如果可以修正，证明目标能够实现，设计将能够继续；如果无法修正，证明目标存在不可实现性，设计应该马上终止。

因此，采用锁定目标的方法全力实现目标，避免更大的资源浪费是设计的基本原则之一。

（3）"说不出毛病"

自由度是设计创造力的核心。逻辑性系统设计与非逻辑性自由设计是一对相辅相成的设计方法。正如爱迪生所说，创造力=99%汗水+1%灵感。汗水其实就是指逻辑性系统设计过程，它是酝酿出非逻辑性自由设计灵感（创造力）的基石。

从过往的成功设计案例来看，创造力的出现常常是由于不懈地努力，好的设计总是在逻辑推理中，不断地说"不行"中诞生的。对于大多数产品设计，企业通常会花费数月甚至数年的时间，对所有的可能性设计创意进行不懈的系统性研究，对相关解决方案及问题进行不断的逻辑性审查。整个过程常常会面对一大堆徒劳的设计创意和方案说"不"。

因此，对设计而言，设计师必须要有耐心，咬紧牙关，在不断地"说不"中艰苦向前，直到取得突破性的进展。正像前面曾说到的那样，在十个创意中通常有一个能成功就已经是万幸了。如果只有一个创意，那它可能是一个好的创意，亦可能是一个不好不坏的创意，或可能是完全不可取的创意。因为缺乏比较性。如果有十个创意的话，情况就完全不同，寻找成功创意的机会就大了很多。从逻辑的角度来看，当你在提出解决方案上已接近极限时，你就离最佳的解决方案不远了。

宽松的设计思维空间应包容所有的可能性创意方案的土壤，无论创意方案是有价值的还是无价值的都是促成新产品健康诞生的重要源泉。

可见对设计而言，单一解决方案是行不通的，只有视野广阔，寻求尽可能多的解决方案才是王道。当然在众多的设计方案中对无价值的方案科学地"说不"，才会事半功倍。因此，采用系统的方法在尽可能多的设计解决方案中寻求出有价值的设计方案是设计的基本原则之一。

本章小结

企业利润的低下和投资的失败，其重要原因之一就是企业对产品设计战略的缺乏和不重视。

当今的信息化社会，世界已经进入了一个高度开放和协同的时代。每个企业的能力是有限的，然而整合的力量是无限的。应该说，市场上具有竞争力和生命力的产品基本上都是整合多方力量的结晶。

所以，成功的企业都是善于在不同时期、不同地域、不同技术条件下，通过合理的产品设计战略，整合一切可用资源，发挥自己的优势，避开竞争对手的锋芒，才能达到保护和增进自身利益、固守和扩大自己地盘的目的。因此，产品设计战略是企业战胜竞争对手的重要法宝，也是产品走向成功的基本保证。

第 8 章

产品设计计划

产品设计计划是指以市场环境、技术环境和人文环境为基础，以企业总战略为目标，所提出的具有可行性的新产品设计报告和设计纲要的行为。具体内容包括市场调研分析、产品原点确定、可行性概念论证和新产品设计纲要制定。

在传统设计中，产品设计计划与具体的产品设计工作是割裂的。多数设计师只是参与到产品的外观或结构设计工作中，主要是用草图、效果图或模型来赋予新产品生命。

然而，在竞争激烈的产品市场，这种脱离产品设计系统思维和全产业链的方式，明显是不符合产品设计的基本规律和基本原理。设计师作为产品开发设计团队的一员参与到产品设计计划环节是提高新产品设计竞争力的必然。

首先，设计师对产品设计计划的参与度和认知度将直接影响新产品设计后续的整体质量。其次，设计师的灵感来源于产品从无到有的全过程，当然就包括产品设计计划阶段；同样，设计师的创造力也有益于产品从无到有的全过程，当然也包括产品设计计划阶段。最后，对新产品设计计划的制订，从站位来看，设计师和企业家是有很大区别的。

企业家出于角色责任和经济压力，他们十分重视新产品能够产生的直接利益。重眼前、重结果是多数企业家对产品设计计划的态度。所以企业家重点关心的问题多半是：

新产品与现有产品之间有什么不同之处？

这些不同之处能否给他带来新商机？

新商机能有多大的利润空间？

然而，设计师出于角色责任和专业压力，他们表现得则相对学术，或文艺，或相对冷静，重视长线概念和系统意识是多数设计师对产品设计计划的态度。所以设计师重点关心的问题多半是：

该新产品有哪些新增的设计内容（功能用途、价值特质等）？

新增的内容能否提升产品品质和用户体验品质？

新的品质能否成为产品的竞争优势和触发消费者购买的欲望？

由此可见，设计师和企业家共同参与产品设计计划阶段的工作是非常必要的。一方面，有利于不同观点的融合和碰撞；另一方面，有利于提升新产品定位的可行性和合理性。这就是本书将产品设计计划作为单独一章论述的原因。

8.1　产品设计计划的目标

应该说，产品设计计划是企业"产品创新策略"的配套工作，目的就是为了使新产品能有更多机会服务于企业"产品创新策略"的总目标，减少新产品盈利的不确定性因素。

然而，产品设计计划的目标只是新产品可盈利的一种承诺，而这种承诺不是凭空杜撰的，而是在市场调研中，通过具体数据论证的可行性新产品商机和新产品设计的指导性纲要。

设计师在与企业老板或投资人沟通时，经常会听到他们这样问："解释一下你说的这种新产品开发设计的总投入需要多少预算，有多大的商业盈利机会，回报率是多少。"

可见，产品设计计划的目标，首先是明确"产品的商业目标"；其次才是"产品的技术目标"，如果商业目标不明确，技术目标则没有意义。

（1）商业目标

产品设计的商业目标是指从商业的角度验明新产品究竟会有什么样的盈利表现，能否在收回投资的基础上创造可观的回报。具体呈现方式就是所熟悉的"新产品设计可行性报告"。

在可行性报告中，我们不需要对新产品的形态、功能做出任何承诺，只需要对产品商机的可行性，即对投入成本的回报率做出清晰预判和承诺。

对于新产品将如何设计，以及如何能满足可行性报告中提出的回报率承诺，那是下一个阶段的目标，即技术层面的目标。

虽然可行性分析发生在产品设计计划的最早阶段，在此阶段还无法让企业家形象地看到新产品具体的设计特征，但我们还必须要有能够让企业家做出决断的产品与盈利相关的重要参数，并且配上一些较为抽象的概念设计以加强直观性。否则可行性报告会因缺乏说服力而失去了应有的价值。可见，概念设计是可以作为可行性论证的方法之一，这一点正是多数设计师的长项。

（2）技术目标

产品设计的技术目标是指在新产品商业目标基础上，从技术的角度制定的新产品设计指标、技术参数和产品标准。具体呈现方式就是大家熟悉的"新产品设计纲要"。

在设计纲要中，我们必须要对产品的技术目标做出明确的承诺，其中包括有效的设计指标、技术参数和产品标准的细节条例。对于产品设计而言，"设计纲要"是指导整个设计过程的法定文件，是检验产品设计方案是否达到预定商业目标的重要准绳和保障。

（3）目标文件

产品设计计划的目标文件主要分为两大部分，第一部分是新产品立项的可行性报告，第二部分是新产品设计的设计纲要。

新产品立项的"可行性报告"有利于企业商业目标的锁定，有利于企业家参与到设计纲要制定中，体现对新产品立项的责任感和对产品设计工作的时效性承诺。

而新产品设计的"设计纲要"有利于设计团队更好地把握产品技术目标，有利于企业家在平衡产品商业目标和产品技术目标（产品创新度）关系的同时监督设计方案的达标情况。

客观地说，在新产品定位的问题上，产品的"创新度"具有较大的弹性。如何把握好新产品的"创新度"与商业目标的关系是关键。值得重视的是，当新产品的"创新度"偏离商业目标时，我们就应该及时做出调整，严格遵循商业目标优先，这才是产品设计计划的基本原则。只有这样，才能确保产品设计计划目标具有现实意义。

（4）实现过程

产品设计计划目标的实现过程分为四个主要阶段。

阶段一，产品创新策略。

产品创新策略是指根据企业的现状和资源给出新产品设计的创新策略定位。

阶段二，市场契机分析。

市场契机分析是在产品创新策略的基础上，对企业现有产品和竞争产品潜在市场契机的综合研究与判断。

阶段三，产品可行性研究。

产品可行性研究是在市场契机分析的基础上，提出的"新产品"概念和新产品商业目标。

阶段四，产品设计纲要。

产品设计纲要是在新产品商业目标的基础上，提出的相对应的新产品的技术目标（设计指标、技术参数和产品标准等）。

理论上讲，产品的创新策略是建立在企业总的"创新战略"基础之上，是企业创新战略的一部分，所以产品设计计划必须与企业创新战略的类型一致，例如是进取型，是跟进型，还是保守型？

由于企业不同的创新战略直接影响着产品的创新策略，以及产品设计计划的目标。产品策略包含着企业近期的商业目标，肩负着新产品概念的定位重任。因此，任何的产品策略一旦判断失误和产品概念定位偏差，都属于企业发展的失策，有时会造成企业无法挽回的重大损失，所以必须慎重。

例如，伊士曼柯达公司（Eastman Kodak Company），简称柯达公司，是世界上最大的影像产品及相关服务的生产和供应商，总部位于美国纽约州罗切斯特市，是一家在纽约证券交易所挂牌的上市公司，业务曾遍布150多个国家和地区。多年来，伊士曼柯达公司在影像拍摄、分享、输出和显示领域一直处于世界领先地位，一百多年来帮助无数的人们留住美好回忆、交流重要信息以及享受娱乐时光。但是随着数码技术的崛起，虽然2003年9月26日宣布实施一项重大的战略性转变：向新兴的数字产品转移，但大部分都是没有核心技术的服务项目性联盟，产品设计计划缺乏核心优势，还是于2012年1月19日不得不申请破产保护（图8-1）。

图8-1 曾经辉煌的柯达产品和企业品牌，现如今已淡出了大众的视野

8.2　产品设计计划的特征

我们说，产品设计计划是一项以确保"产品创利"为目的的，从产品"市场定位"出发，到确定"设计纲要"为止的产品设计的前期工作。作为设计前期工作的产品设计计划

具有以市场为导向、以商机为触点、以可行性为依据、以设计纲要为结果的特征。

（1）以市场为导向

产品设计是企业的商业行为。产品设计计划无疑是以盈利为目的的商业性计划。因此，明确产品的市场定位和消费需求比设计什么样的新产品更为重要。要做到这一点，市场调研是第一位的。没有对市场最新需求信息的支撑，我们是无法预测和选择产品设计的基本方向。所以，以市场为导向是产品设计计划的重要特征之一。

（2）以商机为触点

产品商机是指在市场调研基础上，对产品盈利机会的定性和定量分析，也可以理解成新产品的市场盈利点。不过通过市场调研来判断新产品的市场盈利点，并不是一件容易的事。

其一，新产品有许多不同的市场触点可以选择；有许多消费需求触点可以选择；有许多盈利触点可以选择。所有这些众多的可能性容易使我们陷入没完没了的抉择泥潭中。

其二，作为商业行为的产品设计，市场的、消费需求的、盈利的可能性有着鲜明的时效性，机会也常常是稍纵即逝，不容我们没完没了地犹豫。

其三，在许多情况下，市场调研反映出的巨量的需求点，不一定就是产品商机。因为对产品盈利点的认定比较复杂，有相当多的影响因素需要认真分析和仔细考查衡量。例如法律问题、技术问题、文化问题、供应链问题、道德问题等。从产品商机的角度看，有些红线是必须回避的，否则即使有市场需求也是无法正常获利的。例如超出了法律的承受力、技术的承受力、文化的承受力、成本的承受力和社会道德的承受力的市场需求是存在获利风险的。这就是下面我们要讨论的商机的可行性问题，但是不管怎么说，商机是前提。所以，以商机为触点是产品设计计划的重要特征之一。

（3）以可行性为依据

产品可行性是在产品商机基础上对产品盈利方案的客观路径分析。产品的可行性没有统一的标准，因产品和企业的不同而不同。但是应该在市场需求调研的基础上，综合考虑和权衡消费与产品商机触点的合理性，这样就能够确保设计计划的可行性，在这一点上是一致的。

对改良型产品的可行性分析相对比较容易。因为这类产品的可行性分析是在原有产品基础上，以改良为主。因此，在市场的大前提上没有改变。而创新型产品的可行性分析就相对复杂。因为这类产品有可能会涉及新技术、新材料、新工艺、新方式和新需求，具有很大的创新性和不明确性，因此比较复杂。不过不管是改良型产品还是创新型产品，可行性分析都是必要的。所以，以可行性为依据也是产品设计计划的重要特征之一。

（4）以设计纲要为结果

设计纲要是在产品的可行性分析基础上，根据与产品商业目标相关的至关重要的承诺内容提出的具体设计指导性条例。

应该说没有设计纲要作为结果的产品设计计划是不完整的。设计纲要是后续产品设计活动的准绳和依据。从设计行业的现实情况而言，无论是对设计外包的设计承接方，还是对企业自己的设计团队，没有设计纲要都是无法开展具体的设计工作的。所以，以设计纲要为结果是产品设计计划的重要特征之一。

8.3 产品设计市场调研

市场调研是一种把消费者、产品和市场联系起来的特定信息的收集与分析活动。市场调研的目的是更好地识别和界定产品的市场营销机会和问题，从而有效地改善产品的营销绩效。

具体来看，市场调研对产品设计的重要性主要表现在以下五个方面：

作为产品定位决策的基础信息。

作为弥补产品不足的缺陷信息。

作为了解与产品相关的外部信息。

作为了解产品市场环境变化。

作为了解新产品的潜在市场环境。

可见，对于产品设计而言，市场调研是新产品概念萌发，产品商机提出、评估、论证的前提。目的很明确，就是从新产品设计商机的角度为企业提出改善盈利现状的方案。

虽然在产品设计计划阶段并不涉及新产品的具体化设计，但对产品特征的抽象描述是必须的。所谓产品特征的抽象描述，就是我们常说的"新产品概念"和"新产品基本思路"。产品特征的抽象描述是评价产品设计契机的重要内容。

应该说，市场调研是一项庞大而复杂的，始终处在变化中的巨大工程。只要愿意花时间，我们就可以没完没了地从市场海量信息中不断发现新的、更好的产品概念和设计商机。但是，学会适可而止是市场调研的重要法则，也是掌握产品设计商机的重要良策。

8.3.1 产品设计商机

产品的设计商机是在市场调研基础上对产品盈利机会的定性和定量分析的结果，可以被看成是新产品需求的市场盈利触点。

（1）产品设计商机的来源

一般来说，市场调研的主要信息源有很多，但归纳起来有以下三个主要方面的异动信息是对我们寻找新产品设计商机尤为重要的信息源。

当然，这些异动信息并不等于产品设计商机，它们只是产品设计商机的催化剂和温床。它们只是能够帮助我们发现新产品设计商机的参数，并不能代替我们对"消费需求"和产品设计商机的认定。

① 有关消费者的需求与愿望的异动信息。例如，随着信息技术的高速发展和中国城市化进程的快速推进，人口的流动性不断加大，消费者对通信方式、娱乐方式、购物方式和工作方式的需求产生了巨大的变化，为手机的智能化发展创造了巨大的产品商机，同时也为物流行业提供了空前的市场。与物流相关的产品服务系统为相关的产品提供了巨大商机，其中包括软件服务产品、仓储系统、各种运输专用车辆、包装物料、投递柜和服务站等（图8-2）。再例如，2020年世界范围内新冠疫情的暴发，改变了我们所有人的生活和工作状态，其中的产品商机也是显而易见的。可见产品设计计划中善于捕捉消费者需求的变异是产品商机出现的重要背景之一。

图8-2 物流系统产品图例

② **有关现有竞争对手产品的异动信息**。回想20世纪80年代，中国刚刚开始改革开放，家用电器主要还是日本的舶来品。当时日本的浅灰绿冰箱和爱妻牌洗衣机几乎垄断了中国的中高端家庭。其主要原因是当时中国企业的工业技术和管理技术落后，总体上缺乏竞争力。中国企业在竞争对手的产品中虚心调研学习，把握商机，现如今，情况就大不一样，中国企业产品竞争力不断提高。再反观中国的家电市场，几乎已被中国企业占领。可见产品设计计划中善于捕捉产品竞争对手的变异信息，这也是产品商机出现的重要背景之一。

③ **有关CMF商情中的异动信息**。新技术、新材料、新设计、新制造、新优势的异动信息也是产品商机出现的重要背景之一。例如，电视液晶屏技术的成熟发展为企业带来的超薄型电视的商机是不言而喻的。高效充电和电池技术的发展，为电动汽车市场带来了巨大的商机。再例如真空膜技术的发展时代给许多产品穿上了全新视觉感的新衣（表面变色膜）。今天的5G技术、AI技术等正在向成熟化发展，其产品商机也是无限广阔的。例如5G技术将改变许多产品原来的样貌，见图8-3。

（2）产品设计商机的研究

对于产品设计商机的研究是在与市场有关的海量信息分析基础上所进行的具有决策性、预测性的研究，因此，并不是一件简单的事。

图8-3 5G技术将改变许多产品原来的样貌

一般来说我们会从以下三个方面展开，即市场经验、资料研究和市场调研。在方法属性分类中，包括定量研究、定性研究；在研究领域中，可分为渠道研究或零售研究、媒介和广告研究、产品研究、价格研究等；在行业属性中，可分为商业研究和工业研究。

① **市场经验**。多数成熟的企业对自己所熟悉的产品市场有深厚的经验。这是由于企业长期在该领域运营所沉淀的具有规律特征的经验。这些经验在确定新产品设计商机时是非常重要的资源。也就是我们常说的"在行"，而非"外行"。

在大多数企业中，营销人员和售后服务人员有着丰富的消费者知识，他们知道许多有价值的有关消费者需求规律的信息和竞争对手的重要信息（竞争对手的产品和服务特征，以及市场效果等）。因此，产品设计计划团队可以通过不同的方式从他们那里获得这方面的信息，常见的方式有：正式面谈、会议，非正式谈心和问卷等。

除此之外，企业销售的历史记录也包含了许多有用的有关"消费者需求"规律的信息，我们也可以通过这些资料找到下列问题的答案：

哪类产品卖得好？

好卖的产品有哪些共同点？

好卖的产品与不好卖的产品之间有什么不同之处？

近来销售有何变化？产生变化的原因是什么？

产品滞销的原因是什么？

是否是因为偏离了消费者的偏好，还是消费刚性需求消失？

当然，企业销售的历史记录并不能提供当下"消费者需求"的完整信息。因为它们只是过往"消费者需求"变化的历史信息。而企业的销售与售后服务部门也只能提供部分当下消费者需求的感性信息。因为他们主要关心的是产品订单、销量、溢价空间和产品售后服务，他们不可能用大块的时间真正去研究消费者。所以，这些信息常常带有过时的成分和个案的色彩。多数消费者的反馈建议有可能是基于几年前的老产品；即使是对新需求的期待也带有纯个人化的成分。

如果我们要从那些微不足道的消费现象中，寻找到有价值的新产品概念和新产品的市场需求契机，还是需要我们合理面对过往的市场经验，在市场经验分析的基础上继续开展更为广泛的资料研究和现时的市场调研。

② **资料研究**。另一个产品设计商机的信息源是资料研究。资料研究属于文案调研的范畴，主要是二手资料的收集、整理和分析，主要的渠道来自网上资料搜索和图书馆等书籍信息搜索。

当然，这里的资料研究并不是指对图书馆的馆藏书籍资料研究那么简单，更多的是指那些相关行业机构、科研院所公开发布的有关消费市场的现状和走势资料，有关新技术和新工艺的研究和专利等方面的资料，还有政府和专业团体下属的市场研发部门、科研院所、行业协会、消费者协会和院校等在研讨会和展览会上发布的数据信息资料等。

③ **市场调研**。毫无疑问，实时的市场调研是验明消费者客观需求的最佳方法。

通过市场调研我们能够有机会与消费者面对面地交谈和互动，了解他们的消费动机，能够亲眼观察和比较不同消费者的消费行为和产品使用情况等。

当然，为了使市场调研的价值最大化，我们通常有计划、有组织地采用"品质型"市场调研法和"量化型"市场调研法，也就是我们俗称的市场质量调研和市场数量调研。

"市场质量调研"是对消费者的"品质型"研究，主要寻求消费者对自己需求的真实观点和想法，以及他们对现有产品如何满足其需求的认识和见解。

"市场数量调研"是对消费者的"量化型"研究，主要寻求消费者对新产品具体看法的量化反馈。

当然，在具体的市场调研中，这两种形式常常是混合使用的。不过应该引起注意的是，市场调研的结果只能代表消费者较浅层次的消费需求。其中个性化的欲望要大过从人类共同利益出发的，有利于人类可持续发展的更高层次的需求。所以，如果我们仅仅以此为依据就会淡化产品设计的引领性和教化性。

再就是，消费者多数不会直接地、清晰地说出他们需要什么样的新产品。因为他们很少会去想象不存在的产品。因此，我们要学会透过市场调研的现象去挖掘需求硬核的本领。一方面要学会问出高质量的问题；另一方面要对消费者的答案进行高质量的读解，找出平淡背后的精彩。对产品的目标定位而言，这样的市场调研才是至关重要的。

对于多数跟进型的企业而言，新产品的商机常常会从引领型企业，或竞争对手的新产品入手展开市场需求的研究。这样会使市场调研更有针对性，对消费者的提问更为准确。客观地说，从竞争对手的产品入手有下列三个优势：

优势一，对现有竞争产品的分析要比抽象的需求分析更为直观，更有利于激发新的产品概念。

优势二，对现有竞争产品的分析，更有利于帮助我们评估和确定产品的商机。

优势三，对现有竞争产品的分析，更有利于实现新的产品概念与竞争产品的有效竞争。

对竞争对手的研究，其目标是想通过一切可获得的信息来查清竞争对手的状况，包括：产品及价格策略、渠道策略、营销（销售）策略、竞争策略、研发策略、财务状况及人力资源等，发现竞争对手的竞争弱势点，帮助企业制定恰如其分的产品进攻战略，扩大自己的市场份额。

不管怎么说，从竞争对手的产品入手，更有利于我们减小市场调研难度，降低新产品的不确定性，找到与竞争对手产品的竞争优势，避免设计投资风险。可以说，从竞争对手的产品入手是有百益而无一害的，目前是多数企业采用的市场需求研究的方法。

不过，在分析竞争对手的产品时应注意澄清下列问题：

什么是构成竞争产品的核心竞争力？

竞争产品有哪些特性是值得研究的？为什么？

什么是所确立的新产品概念的评价标准？

对这些问题的澄清有利于确定新产品设计计划中新产品的市场竞争优势。当然要确定什么是构成现有产品竞争性的因素，并不是想象的那么简单。

面对竞争对手的产品，我们究竟要了解些什么？这将取决于如何看待竞争对手的产品与我们正在计划的新产品的竞争关系。

如果企业的产品战略是生产制造大众型、廉价型产品，那么，新产品的竞争点应该聚焦在产品价格的控制上，也就是说应该控制好影响价格成本的所有因素，并将其作为对竞争对手产品分析的重点。

如果企业总的产品战略是走高端市场，提供高品质产品。那么，新产品的竞争点应该聚焦在竞争对手的产品是如何给消费者提供优质产品服务的，特别是在产品的性能方面和"款风"方面有什么特质。因此，产品如何赢得消费者的情感认同将是我们的分析重点。

总之，确定新产品的商业目标和技术目标是产品设计计划的主要工作。从竞争产品中寻求"切入点"是许多企业常用的方法。

为了方便对竞争对手产品分析研究，他们常常采用的方法是以最快的速度拿到竞争对手的产品，对它们进行针对性的解剖分析，寻找任何可改进和提升的地方，并将其作为确定新产品设计的机会点。

所以，对市场定位和产品商机的研究，在很大程度上讲，其实就是在寻求新产品的竞争点和盈利点，也就是设计界常说的产品设计"原点"。客观地说，产品设计商机就是建立在产品竞争点和盈利点之上的。新产品缺乏产品竞争点和盈利点，就如同赛跑选手找不到起跑线一样。

8.3.2 产品设计原点

产品设计"原点"是新产品竞争的起跑线，市场研究的目的就是寻找这条起跑线，也就是上面我们所讨论过的产品商机的落点，即产品竞争点和盈利点。

一般而言，对产品设计"原点"的确定我们可以从下面三个方面的调研数据中寻求到有效的外力支撑。

（1）市场推动力

市场推动力是产品设计"原点"确定的原动力之一。市场推动力的产生常常来源于企业现有产品在功能上、形式上、品质上、价值上和服务上与消费者的需求产生的矛盾问题。

这些矛盾的产生，一方面是由于竞争对手的产品优势，赢得了消费者的青睐，开始威胁企业现有产品的市场份额，使得企业不得不回到产品设计的原点，推出具有竞争点的产品来维持原有的市场份额。例如美国特斯拉推出的具有"节能减排"特征的纯电动汽车，分解了原有各大汽车企业品牌的中国汽车市场，促使这些汽车品牌纷纷跟进，在很短的时间也开始推出了类似的车型，以维护自己原有的市场份额。

另一方面是由于社会生活形态的变化，激发了消费者的新需求，而企业的现有产品已满足不了消费者的新需求，新需求为企业拓展自己的市场份额创造了产品设计的原点，也就是说为企业推出具有竞争点的新产品创造了机会。例如随着城市化的发展，人群高密集、快节奏和跨区域的生活及工作形态形成了今天都市人群的普遍生存状态，许多新的需求滋生了许多新的产品形态和服务行业。原有的私家自行车早已不能满足城市公共交通系统最后一公里的出行需求；原有的实体店购物方式也早已不能适应城市新新人类碎片化的购物需求。

不难看出，对于企业而言，产品设计的"原点"来自市场竞争对手的产品变化和消费需求变化的压力，这就是这里我们所定义的市场推动力。在产品设计计划阶段，我们需要针对这些变化压力进行全面的"研判"，从而发现产品设计的"原点"，验明新产品的竞争优势。

因此，对于市场推动力的研究，重点探讨的是"如何让自己的产品在获利的基础上更好地满足消费者的需求"。

（2）科技拉动力

科技拉动力与市场推动力一样，也是产品设计"原点"非常重要的原动力。科技拉动力主要来源于科学技术的新发展，包括新材料、新工艺和新发明等。

新科技，一方面能够给原有产品带来迭代机会。例如互联网通信技术的不断发展，从2G、3G、4G到现在的5G，为许多产品带来产品迭代的商机。

另一方面给以新科技为依托的新产品带来商业化的机会。例如，随着AI技术的不断发展，各类的服务机器人已经开始出现在生活和工作中，为我们带来了全新的产品体验（图8-4）。

图8-4 各类服务机器人带来的全新产品体验

因此，在产品设计计划阶段需要针对现代各类的新技术成果进行全方位的市场可能性需求分析和研究，包括竞争对手产品所采用的新技术的分析等。新技术的产品化是这类新产品设计计划的竞争切入点。对于科技拉动力的研究，重点探讨的是"如何使某项新的科学技术体现出商业价值"。

（3）文化影响力

文化影响力来源于社会精神形态引发的文化现象，给产品带来的创新机会。

文化现象代表的是一个时期不同人群在精神层面的共同诉求和价值取向，是一种普遍认同的思想观念和物化标准。例如，这些年随着中国国力的崛起，国人开始对中国优秀传统文化达成了某种共识，并表现出了一种从未有过的对中国文化的兴趣和关注，特别是出现了让当下国人普遍认同的，具有中国传统文化元素的"故宫文创"，见图8-5，为产品设计创造了瞩目的商机。

思政小课堂

图8-5 "故宫文创"设计

产品设计原点来源于文化的影响力，其重点是探讨"如何把某种文化现象应用到产品设计中"，也就是说以产品为载体把某种文化现象转化为商业价值。

因此，在产品设计计划阶段，对某种流行文化现象的研究，主要是包括对该文化现象的典型符号和可能的商业价值进行全面的市场需求分析和研究，以及对相类似文化现象演化出的竞争产品的分析等。而对于其他文化现象的广泛研究就不那么重要，因为"特定的文化现象"是该产品计划所关注的产品商机和"竞争点"。

不过，从市场推动力、科技拉动力和文化影响力三方面对新产品设计的作用来看，市场推动力的作用要远远大于科技拉动力和文化影响力，这是因为从商业的角度说，市场是产品设计较为常态化的设计原点。可见，市场的导向作用对产品设计计划而言是多么重要。没有市场需求的产品，即使再新的技术和再强的文化符号都不在产品设计计划考查和衡量的范围，这是产品设计计划阶段最基本的原则。

因此，对于受到科技拉动力和文化影响力作用的产品设计计划，首先必须明确新技术或新文化现象是否与消费者所希望和认同的产品相融合，如果不能，或者比较勉强，这会使我们的产品设计计划陷入困境。

例如，在20世纪60年代英国和法国采用最新的超音速飞机技术推出了世界上最快的客机"协和式"（Concord）飞机（图8-6），虽然它挑战了人类最新的技术，但由于噪声问题、经济性差和飞行距离短等问题，从1986年开始投入商业运行以来，并没有得到多数运营商和消费者的认同。该项产品设计计划是非常典型的商业失败案例。

图8-6 世界上最快的客机"协和式"飞机

对于多数企业而言，在产品设计计划阶段中容易犯的错误是对市场的研究过于简单化、程式化，存在走过场的现象。所以，在日益增强的市场竞争压力下，企业必须开始逐渐重视产品设计计划方面的工作。因为今天的产品设计概念已经从原先的产品外观设计，或"款风"设计走向了以全产业链为基础的系统设计的概念（产品开发设计和服务设计体系的概念）。因此，对今天的企业而言，要想在市场上保持自己原有的利润空间不被竞争对手侵占，或想要不断地扩大市场的份额，就必须重视产品设计计划。事实证明，在产品设计计划上所花的时间和精力具有事半功倍的作用。

8.3.3 产品设计可行性

总的来说，产品设计计划中的产品设计原点可以来源于市场推动力、科技拉动力和文化影响力，但是不管来源哪一方面，都需要可行性研究和论证，才能确保新产品的承诺接近企业最为基本的盈利目的。

（1）可行性研究

什么是产品设计的可行性研究？

可行性研究是对产品设计市场定位承诺的保障措施。一方面是对新产品策略竞争性的可行性论证，另一方面是对新产品概念和设计原点（商机）的可行性论证。具体地说，新产品在概念上会给消费者带来明显的实惠亮点？新产品在概念上与竞争产品相比有哪些优势？新产品在概念上是否具有更符合消费者的心理诉求和购买习惯特质？新产品概念的可行性必须建立在一定的市场需求量的层面，并在市场份额上具有明显优势，这样才能确保后期的设计生产销售的投入轻松回本。

在可行性研究中，至关重要的是要抓住消费者在新产品与现有产品之间的选择动机。客观地说，消费者购买产品的主要动机无非是产品的物质功效和精神功效。

因此，新产品概念必须要符合消费者对产品功效的基本诉求。例如手机电池续航是消费者在意的功效，那么生产厂家要赢得客户，就要使新手机的电池续航比现有手机电池续航更耐用。作为玩具生产厂家却要在注重安全性的基础上，应该更加注重不同年龄阶段孩子家长对玩具的价值取向，而不仅仅是孩子的诉求。

当然产品设计计划的可行性研究会因产品的不同、策略的不同而不同。不过，不管什么样的产品，其设计计划的可行性研究还是要遵循产品设计计划的一般规律：产品设计计划必须说清楚新产品能够走向商业成功的依据和路径，例如新产品盈利优势的功能依据、价格依据、"款风"依据、商业运营模式依据等。

例如天然气灶具设计，安全性、操作性、清洁性、耐用性和易维护性等方面是消费者购买的重要的功能选择因素。消费者如果能够从产品中看到设计在这些方面的高品质呈现，他们是可以接受比原有产品更高的售价，当然必须是在他们心中的物有所值范围，其实这里的价格与成本没有直接关系，新产品的定价常常是依照消费者的心理价位而不是以实际的成本价来溢价的。当消费者普遍接受了新天然气灶具在安全性、操作性、清洁性、耐用性和易维护性等功能方面的设计概念之后，部分消费者有可能会对新灶具产品的式样、色彩、材料工艺等提出更高诉求，如是不是高品质的不锈钢板材，是不是全铜的灶头等。所有这些是有助于分级销售的因素，也应在可行性研究中阐述清楚，虽然这些不是新产品的关键因素，但是应对不同消费者提供新产品同款异质、扩大市场份额是有益的。

有一点我们必须牢记，在可行性研究阶段，工作重点是新产品从概念上与现有竞争产品在性能、价格和"款风"等方面的优劣势比较和卖点比较，我们不需要过多地关注新产品的具体参数和细节，因为这是设计纲要阶段的工作。

当我们瞄准了新产品的"卖点"之后，论证"卖点"的可行性是为了让企业清楚新产品的基本特征。

现如今，新产品的可行性已不再局限在某企业自身的专业范围，协同和跨界已成为常态，可行性的关键在于如何协同运作。正如林翰和石章强先生在2011年出版的《混合理论》一书中所强调的"忘掉定位，开始混合"理论。这里林翰和石章强先生想证明的是企业对于新产品设计计划的制订，应该以企业品牌价值和利润上升曲线为基本目标，打破思维定式和企业自身的狭窄范围，建立协同创新意识，以实现企业价值最大化为宗旨。

（2）可行性论证

新产品可行性研究必须建立在企业物力、财力和协同力等方面的有效论证之上，否则，新产品的可行性不能成立。

企业物力是指企业对新产品的生产能力、配给能力、营销能力。新产品可行性论证，首先就是看企业物力是否具有基本的保障能力。这一点非常重要。例如，新产品是否需要新增生产设备和工艺？是否能用现有的方法进行质量控制？新产品是否需要特殊运输？新产品是否是运用现有的配给途径进行销售？现有的营销手段是否合适？如果没有什么特别之处的话，该新产品的可行性就很强。

财力是指企业对新产品的资金投入能力。新产品可行性论证，其次就是看企业财力是否具有基本的保障能力。这一点也非常重要，没有基本的资金保障，新产品开放将无法启动。有关财力论证主要是以下四点：

① 产品开发有哪些可变的费用？生产费用、配给费用、销售费用等。为什么说是可变的费用，因为与人员数量和开发周期有关。

② 产品开发有哪些不变的费用？设计开发费、模具费用、生产设备费用。为什么说是不变的费用，因为它与生产量的大小无关。

③ 产品的目标价格是多少？产品的底线价格是多少？

④ 产品的销售生命周期有多长？多长时间可收回不变的投资费用？什么时间开始赢利？在销售整个生命周期中能创造多少利润？

协同力是指企业对新产品的协同合作能力。新产品可行性论证，最后就是看企业协同力是否具有基本的保障能力。这一点同样非常重要。今天的商界，协调创新已成为时代的特征之一。协同是弥补企业自有资源不足的重要方法。很多品牌早已跨出了单一工业生产型企业模式，已走向一种全产业链合作型模式。协同共赢的新产品创新理念已成为现代企业利润的主要增长点。例如华为、小米等，都是属于这类协同跨界型创新企业。

可以想象，在新产品具体开发之前就清楚这些，对企业而言，就抓住了产品概念的主动权。

8.4 产品概念设计

概念设计是确定"新产品"核心属性，给出新产品抽象定义的过程。

不过这里我们所说的产品概念设计是有别于现在国内许多设计师认为的那种只专注于产品形态的概念草图。其实这些概念草图只是产品概念设计后期赋形的表现形式，而非概念设计的内核，这里的产品概念是指产品的抽象概念。

为什么设计师会在概念设计上存在理解上的偏差呢？这是因为在过去的产品设计开发实践中，设计师普遍是被定义为外观设计师（美工），在多数情况下，有关新产品抽象概念定义，设计师常常是被排除在外的，多半是由企业老板、总工程师、企业技术人员和销售人员组成的团队来完成。产品设计师只是对确定后的新产品抽象概念进行赋形而已，因此我们才会将那些超炫的草图理解为概念设计。

真正的产品概念设计其实是对新产品的抽象定义，也就是说，清楚地描述新产品在概念上是如何满足消费者的基本诉求的，与现有竞争产品相比是如何具有竞争优势的。不难看出，产品概念的表述与设计师熟悉的草图不是一回事，更多的、更直接的方式是文字描述。这就是为什么以前企业会将设计师排除在外的原因。

应该说，新产品概念设计是产品开发设计中最具有创造性的阶段，是参与者（设计者）思维活动最活跃的阶段，也是新产品卖点和新产品抽象定义生成的阶段。如果设计师不参与产品的抽象定义过程，那么就不能真正从概念层面予以准确赋形。所以，现如今将设计师纳入了产品设计计划的团队已成为时代发展的必然，许多设计师直接参与到产品概念的定义设计中并发挥了重要的作用。

就产品概念设计而言，主要分为概念萌发和概念量化两个基本步骤。

第一步，概念萌发。

概念萌发是指概念的初始，这个阶段不需要有任何设计方面的专业知识，任何人，只要对消费者需求具有一定的敏感性，对高品质生活具有一定的想象力，都是合适的人选。这就是许多概念都是来自企业老板的原因。

产品概念萌发的表现，不需要专业的草图，也不需要逼真的效果图，更不需要精致的模型，只需要有关新产品概念的文字性描述和抽象性图示，也许是几个关键词，也许是一句话，也许是几条不成形的线条和图示。目的是把新产品的概念大意表示清楚即可。显然，有价值的产品概念是能够获得多数人的共鸣和认同提案。

从方法论的角度来看，概念萌发属于问题发现和概念初始阶段，因此，通过科学的方法，组织收集尽可能多的问题和提出尽可能多的概念，是该阶段的中心工作。常用的方法有头脑风暴、用户访谈、问卷调查等。

第二步，概念量化。

概念量化是指概念的论证过程，即概念爆发、验明与选择的过程。

在此阶段，我们需要对概念萌发的成果进行进一步的概念爆发、验明和择优。这一过程我们可以理解为产品概念的可行性初步设计。所以，需要一定的设计方面的专业知识，设计师将担任重要的角色，将对抽象的产品概念定义进行拓展性可视化设计，方便团队比较、论证和选择。

很明显，"概念萌发"是针对产品目标、核心竞争力和范围进行分析和界定，提出产品抽象概念的定义，并阐明新产品概念的基本特征和核心竞争力。

而"概念量化"却是对新产品概念的核心思想进行发散性概念"爆发"与深化，择优论证出可行性的概念方案。图8-7是概念设计基本步骤与方法。

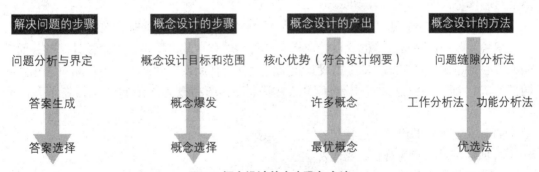

图8-7 概念设计基本步骤与方法

8.4.1 概念萌发

概念萌发主要来源于市场和消费者的需求变化，而这种需求的变化具有极大的不确定性，那么，新产品概念萌发空间也有着同样的不确定性，加上产品目标和范围因产品而异，所以新产品在市场定位和商机方面存在着一定的限制性。

例如，想开发设计一件与竞争产品类似的产品，其目的是要比竞争产品更有卖点。很明显，新产品概念的萌发空间被限定了，萌发的空间无非是以更优惠的价格，或以更优质的品质，或以更新的款风，或以更多的附加值设计来实现竞争优势，赢得消费者青睐。这类产品概念的萌发属于比较安全的改良型概念萌发，也是多数企业采用的方法。

这类产品概念的萌发一般围绕着下列规律展开：

首先，与竞争产品相比，在相同的功能情况下，降低成本是实现竞争优势的方法之一；其次，如果是在同等价格的情况下，增加产品的附加值是实现竞争优势的方法之一。

当然这里我们所讨论的所有产品概念萌发都必须是在企业物力、财力和协同力可承担的范围内，否则不具备商业上的可操作性。

例如我们向"腾讯"公司去推荐一款智能手机的新概念，而向"华为"企业去推荐一项互联网支付平台的新概念，很明显，马化腾和任正非会婉言谢绝，因为这里所萌发的这些新产品概念与这两家企业的优势是错位的。我们不排除马化腾和任正非存在着互相投资对方企业的可能性，但让"腾讯"和"华为"企业去错位开发对方企业的产品类型，对他们而言，这中间具有太多的不确定性，因此不大可能。

许多人认为，通过市场调查所发现的商机就一定能够为企业提供有价值的新产品概念，其实不然。因为不同的企业有不同的市场定位和产品域，消费者的需求上必须是要与企业的市场定位和"产品域"相吻合，以及产品的总体目标和核心优势相吻合。因此，没有确立产品目标和核心优势之前，产品概念的萌发空间就无法限定，概念的范围也就很难把握。

当然，如果我们只是想开发设计一款满足消费者潜在新需求的产品，其目的是扭转企业原有产品亏损的问题，很明显，新产品概念的萌发空间被打开了，在我们的面前有了无限的可能性，同时也有了无限的不确定性。这就出现了与上面改良型概念萌发不同的原创型概念萌发的思路，这是多数企业回避的风险性比较高的思路，然而又是利润空间较大的思路。所以，这种方法仅仅适合于敢于冒险、置之死地而后生的企业。

不过多数企业还是习惯于改良型概念萌发方法。对于多数企业而言，通常会采用"问题缝隙分析法"来帮助产品设计计划团队来确立企业的现状、企业的产品总体目标和新产品的核心优势。

采用问题缝隙分析法的目的首先主要是努力将概念设计纳入企业的产品总目标中进行统一思考。因为产品目标是概念设计前提，产品功能和"款风"也是概念设计基础，而产品的核心竞争优势是在此基础上的设计重点。其次是帮助设计师探索与新产品概念相关问题的边界，即产品概念的"限制性"。一般来说，产品概念的限制性包括在下列的问题中：

① 什么是独特的产品核心优势？

② 如何满足特定消费者的需求？

③ 如何将概念转化为具有实际商业意义的产品？

④ 如何用企业的现有设备和资源来生产新产品？

⑤ 如何采用现有的销售渠道来销售新产品？

在概念萌发的初级阶段，我们应该故意淡化这些限制和制约，开放思想，营造相对自由的空间，有利于概念萌发启动。但在概念萌发的过程中，我们可以逐渐让新产品概念的边界清晰起来，以保证产品概念的可行性。

很明显，如图8-8所示，概念萌发阶段是在验明产品概念的限制条件，是在明确产品功能和"款风"的范围，是在确定新产品的核心竞争优势，是从直觉层面审定这些制约是否符合消费者需求，是否符合企业所确定的商业目标，是否有些限制过大或者过小。不难看出，概念萌发是通过"问题缝隙分析法"的多次反复，在思考制约条件的同时寻求可行的产品概念，逐渐生成符合企业产品战略目标的，具有核心竞争优势的早期概念。

在此阶段，应生成尽可能多的萌发概念，对产品的目标和范围展开多次审查，以确保概念的正确性和可发展性并以便挑选出最为接近企业总体战略的概念。问题缝隙分析法是一个不断反复的过程。实践证明，不断地反复是十分重要的，对于大多数有经验的设计师而言，这是再熟悉不过的苦涩经历。因为我们常常认为很棒的

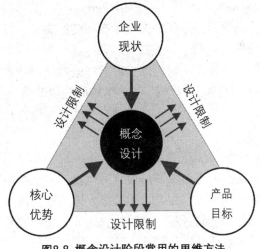

图8-8 概念设计阶段常用的思维方法

产品概念，在审查中会发现它们的方向是错的，是不符合企业的基本目标的，因此必须推翻重新来过。在萌发阶段，我们必须对产品概念进行多次审查，才能确保在概念量化中少走弯路。

例如，2020年新冠疫情的突然暴发，口罩成为基本安全防护的重要产品，许多企业看到了这个商机，并在欠审查的情况下一时间推出了各式各样的口罩概念。最终的实践证明，被消费者普遍接受的还是原先那种最为便捷实惠的外科医用口罩，而并非那些专业型的N95口罩概念、时尚型的海绵过滤口罩概念和环保型可换过滤芯的口罩概念。

8.4.2 概念量化

概念量化阶段是对产品概念萌发阶段的可行性产品概念的二次爆发式拓展和优选，属于产品概念的可行性初步设计过程。概念量化是以产品的核心竞争优势为主线的概念拓展，是以企业商业目标为标准的论证和选择。

（1）概念爆发

这里为什么用"爆发"一词，就是想说明概念拓展的速度要快，数量要多。

好的概念设计需要靠直觉、想象力和逻辑推理能力。概念设计的难点在于解放思想寻求原创。此阶段常用的概念爆发方法有三种，即人机分析法、产品功能分析法和产品生命链分析法。这三种方法的整合形成了结构式框架法。结构式框架法可以帮助我们解决有关产品概念的核心因素问题，同时还可以分析概念中不同点问题，从而激发我们"爆发"出更多的产品概念。

① 人机分析法。多数产品是为人的使用而设计。当我们细心观察身边产品的细节时，不难看出，再简单的产品都存在着人机关系问题。一般来说，有关人机问题的研究主要由人体工程学和人体测量学这两门学科承担，研究的目的为设计师提供有关人与工作之间的相关数据。因此，有关人机的分析研究成果对设计师而言具有启迪和开拓产品概念爆发的作用。

下面我们来讨论人体工程学和人体测量学对产品设计中人机分析的价值：
首先我们来谈谈人体工程学。
人体工程学，美国人称为"Human Engineering"，欧洲人称"Ergonomics"。

ergonomics来源于希腊语"ergon"，意思是工作。可见Ergonomics其实就是有关研究人工作的学问，是研究人与生产环境的关系，以提高功效为基础，所以欧洲人将它称之为"功效学"。

现如今，对人体工程学理论的使用已非常广泛，几乎涉及所有的具有人机关系的设计中。人体工程学的研究亦从原先提高人的工作效率（专注机器设备和生产流水线的设计），扩大到与人类活动有关的所有硬件和软件产品的设计中，从最初强调人体舒适度体验，扩大到人体体验的健康性方面。

值得注意的是，虽然人体工程学是一门专业性很强的，并且是一门不断发展的数据类学科，但是对于产品设计师而言，只是运用它们的研究结果，也就是说，在了解其基本原理的基础上，注意采用的是人体工程学最新的数据。与此同时，我们应该通过观察用户实际使用产品过程，直观地验证其中的人机关系。这种第一手的资料与二手数据相结合的方式，往往是产品设计中最为实用的方法。

其次来谈谈人体测量学。

人体测量学是一门主要研究人体测量和观察方法，并通过人体整体测量与局部测量来探讨人体的特征、类型、变异和发展的学问。英文名为Anthropometrics。

近年来，电子仪器及电子计算机的普遍应用，对人体测量及其数据分析起着重要的作用。人体测量对人类学的理论研究、国计民生和设计都具有重要意义。

系统的人体测量方法是18世纪末由西欧一些国家的科学家创立的，最早从事人体测量研究的有法国的道本顿（L.J.Daubenton）和荷兰的凯伯（P.Camper）。19世纪末各国人类学家开始研究人体测量方面的统一国际标准，以便统一人体测量方法。德国人类学家马丁（R.Martin）在这方面做出了卓越的贡献，他编著的《人类学教科书》评述了人体测量方法，至今仍为各国人类学家所采用。

对于设计学科而言，在"以人为本""为人的使用"而设计的理论指导下，人与产品间的尺度关系是不可回避的重要因素。因此，人体测量学为设计师提供了大量人体特征的测量数据。例如有关不同地区的人体尺寸、不同人种身体部位的相关尺寸、不同年龄阶段人体尺寸的变化情况等。

值得注意的是，设计师在具体使用这些数据时一定要先明确产品的市场定位和使用人群定位。同时应重点关注和确定数据所适用人群的最大百分比，以避免出现产品尺寸与使用人群不匹配的低级错误。例如在中国改革开放初期，设计师忽略了中国住宅与美国住宅尺寸上的差别，也忽略了中国人与美国人身体尺寸的差别，直接把豪华气派的美式大沙发的尺寸应用到先富裕起来的中国市场。巨大的美式大沙发不仅占据了整个客厅，使人难以自由活动；同时南方人坐在巨大的沙发上时，尺度严重失衡（膝盖几乎无法弯曲而悬空支起，手臂也无法同时靠在两边的扶手上），非常不舒服。

应该说，产品设计中的人机分析只是对人机问题的常理性研究，并不涉及人体工程学和人体测量学的专业性研究。所以，多数产品设计中的人机问题只是在这两门学科成果的基础上，结合直接观察用户的使用行为状态，对产品概念的人机问题做出初步的直观判断，并思考下列问题：

消费者有什么样的使用习惯？

消费者在使用中存在哪些问题和痛点？

消费者为什么要这样使用？

消费者在使用过程中产品功效如何？

消费者的使用体验感如何？

……

我们说，在产品设计中，这种直观实验性人机分析并不复杂，但由于设计师的一时偷懒，常常会忽略这一环节，这就是为什么许多设计会给我们带来非常不好的用户体验。例如，我们会常常遇到真空包装袋难以撕开的困扰，酒瓶盖不知如何开启的无奈，……

可见，在产品设计中有关人机交互分析与验证是不可缺少的重要环节，也是激发产品概念爆发的重要方法之一。

②产品功能分析法。人机分析法是一种叙事性、体验性的方法。对于概念设计来说"体现产品人机价值"是产品价值的第一步。这不仅是因为它能够激发我们对具有人性特征的概念爆发，同时亦能够拉近设计者、消费者（使用者）和新产品概念的距离，为我们对产品物性价值分析创造条件。产品功能分析法是对产品物性存在价值的分析方法。所谓"产品功能"，对消费者而言，是指他们所希望的产品"基本用途"，也就是产品存在的意义。

一般来说，产品功能有不同的层次，即主要功能、次要功能、次次要功能。设计师可以通过下列问题来认识产品的功能层次：产品能做什么？

产品将怎样做？

产品为什么要这样做？

下面我们来谈谈"产品能做什么"的问题。这个问题有关产品的原始功能（主要功能）。多数情况下，由于我们对某些产品过于熟悉而常常会忽视这一问题。其实，有关产品的原始功能（主要功能）是消费者是否会购买该产品的根本点，也是产品存在的基本价值，是设计者不可忽视的问题。然而，在实际产品设计中，多数设计师却跳过这一问题，或很少思考产品的原始功能，却把产品的外观放到了首位。因此，市场上出现了大量的由于产品原本功能被忽略的哗众取宠的设计。如水龙头漏水、钥匙孔不易插入、智能手机不防水、保温杯水温过烫的问题等。

因此，对于产品的原始功能我们应该不厌其烦地验明，这样才有助于避免产品概念从一开始就偏离了产品存在的价值和失去市场竞争的优势。

就"椅子"设计而言，椅子已经在我们脑海中形成了某种模式，所以很少有设计师会问自己或客户"椅子的原始功能"。对他们而言，问这类问题似乎有点不太明智。其实不然，椅子有太多的种类和用途，如果我们不去认真地验明该类"椅子"的原始功能，那么我们在椅子的基本概念上就会有偏差，其他的所谓突破性设计都属于哗众取宠。

因此，首先我们要搞清这张椅子是"干什么用的"，它的使用对象、使用目的、使用时间、使用地点等；其次要搞清我们为什么要把它称为"椅子"，能不能叫个别的什么名字。我们问这些问题的目的只有一个，就是验明这张椅子的"原始功能"。"原始功能"验明得越透彻，新椅子概念的"爆发"就越有根基。

在对椅子"原始功能"的验明中，我们会发现同一类产品由于原始功能的微小差别会带来较大的产品概念变化。例如，咖啡屋的椅子要求舒适雅致，这样可以使人能多坐一会儿，也就可以多喝几杯咖啡。快餐店的椅子要求不要那么舒适，这样可以让消费者尽快吃完走人，增加换座率。可见同样是椅子，由于不同消费场景和原始功能的变化，它们的设计概念却大相径庭。这就是为什么我们要不厌其烦地验明产品原始功能的目的。

下面我们来谈谈"产品将怎样做"的问题。这是有关产品的次要功能问题。产品的原始功能（主要功能）是由多个次要功能组合的。例如机器人吸尘器，它的主要功能是"自动吸尘"。那么次要功能就是"怎样自动吸尘"。例如，自动导航、自动充电、自动"储尘"和综合控制等，这些就是机器人吸尘器的次要功能。次要功能的不同组合方式会直接影响"产品的原始功能"，以及新产品的概念。

下面我们来谈谈"产品为什么要这样做"。这有关产品的次次要功能，也就是针对次要功能提出的更具体、更多可能性的实现路径（方案），为新产品概念的爆发提供更多空间。例如图8-9，自动咖啡器功能我们究竟采用哪种方案？为什么？咖啡器的冲泡功能我们究竟采用哪种方案？为什么？这种对产品功能进行层层分析和验明有助于新产品概念从功能角度的爆发和推新。

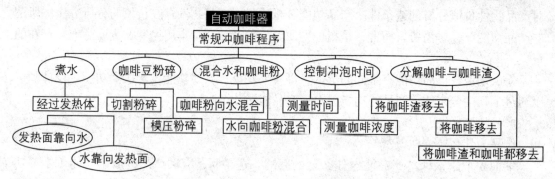

图8-9 自动咖啡器功能层级的分析思路

③ **产品生命链分析法**。产品生命链分析法是一种以产品生命周期中的问题分析为触点，激发产品概念的方法。

所谓"产品生命链"主要是指产品设计完成后的生命周期，即从原材料开始，经过模具制造、设备调试、流水线生产、广告推广、市场营销、消费使用、售后服务到产品报废的产品生命全过程。

例如，嵌入式不锈钢炉具的生命链是这样的：不锈钢原料选购→模具制作→冲压设备调试→主体部件（不锈钢面板、炉体）生产→整机组装（组装上外协零件，如打火器、安全阀、炉头、锅架等）→成品包装→仓储→运输→销售→使用→维修→回收再利用→报废。

对产品生命链的分析有利于拓宽设计师的视野，从更广阔的空间中寻求产品概念的竞争优势。例如，从"嵌入式不锈钢炉具的生命链"来看，从产品的材料工艺，生产技术、销售模式、使用方式，到维修服务和报废处理等方面，只要我们分析到位，都可以作为新产品概念优势竞争点。

（2）概念择优

概念择优是概念量化阶段的重要方法。概念择优的结果为产品设计纲要提供重要的结论性、导向性设计方向。

概念择优方法包含了产品价值（功能价值和经济价值）分析和产品形象（产品"款风"的CMF设计）定位分析两种方法。其目的就是选择出相对合理的产品概念作为下一步产品设计的具体目标。

① **产品价值分析**。价值分析是指从产品的功能层面、成本层面（材料成本，生产成本、人力成本，以及产品生命周期成本）对所爆发出的众多产品概念进行优劣势分析和比较。这种方法最先来源于绿色设计理念，也就是说，是从产品生命周期的视角发现可能形成的资源浪费问题，其目的是避免过度设计的问题。

现如今，随着人们可持续发展意识不断增强，产品的功能，以及相关的成本控制成为影响消费的重要因素。因此价值分析法已成为保证产品基本竞争优势的重要方法。

虽然许多企业努力可以通过企业管理的方法来保障产品功能的品质和降低产品生产运营成本。不过这是治标不治本的方法，而通过设计的方法来保证产品功能的品质和整体成本的控制是可以从根本上解决问题的方法。

例如，我们可以通过嵌入式不锈钢炉具功能模块化的设计，以增减功能配置的方式满足不同消费者的需求，从而减少某些功能闲置的浪费；我们可以通过"钣金"的结构设计降低"钣金"材料的厚度，节省材料成本；我们可以通过钣金造型与新工艺的配合设计减少冲压加工的次数，降低生产和人力成本；我们可以通过对炉具易损件的易更换设计，在延长产品生命功能周期的同时，增加产品用户体验的品质。

不难看出，产品的价值分析，除了能够从成本控制的角度，同时也能从产品寿命的角度，为概念择优提供重要参数。

我们说，产品的寿命是由正常运作的零部件系统决定的。每个零部件的设计和选择都关乎产品功能的生命品质与周期。产品的理想状态是所有零件的功能生命周期一致，也就是说，要报废一起报废。当然这是很难做到的。多数情况下，产品常常是由于某个小零件的坏损而造成整个产品系统的瘫痪。例如，智能手机电池的续航问题让许多消费者抓狂；部分手机电池爆炸更是让消费者无语。这些年，汽车企业由于某些零部件存在安全隐患而被召回的例子不在少数。所以，零部件短命问题不可小觑。但零部件的长寿问题也不可小觑。我们身边有太多的产品早已过时，特别是许多更新速度快、淘汰时间短的信息类电子产品，可许多零部件还是好好的，这种资源的浪费也是非常严重。

如果我们能够通过设计尽量减少报废的数量，一方面让易损零部件便于更换；另一方面让耐用件便于拆卸，方便回收再利用，而不是仅停留在垃圾分类的材料回收再利用层面。例如现在的许多时尚小型蓝牙音箱设计，产品外观多数采用的是较为昂贵的金属材料，甚至硬木材料。但是小型蓝牙音箱的电子元器件价格并不高，且易损，易淘汰（"蓝牙"版本的更新），我们常常可以在家中的角落看到已无法工作仍舍不得扔的小型蓝牙音箱（由于外观高端感）。如果我们对这类蓝牙音箱进行可迭代的电控部分的模块化设计，这样将减少许多垃圾和浪费。

因此，对于产品易损件和耐用件的合理化设计是有助于我们提升新产品概念竞争优势的重要触点。

② **产品形象定位分析**。在前文中我们曾经讨论过产品的"款风"问题。而现如今，产品的"款风"已从以产品结构造型为主的时代发展到以产品外表品相为主的时代，即以CMF设计为主的后工业信息时代。因此，今天我们所讨论的产品"款风"问题其实是偏重于CMF设计的产品形象设计问题。

我们知道，产品的"款风"问题不是纯粹的美学问题，不是那种跟着感觉自由发挥的艺术家式的美的形式，而是要遵循产品市场规律和消费人群偏好的产品形象设计中情感认同的问题。

上面我们讨论了从产品功能层面概念择优的方法；这里我们将从消费者心仪的产品"款风"出发，探讨概念择优的方法。

应该说，产品功能的最终价值将依托于产品的基本形态和外观样貌（CMF设计）与消费者建立起某种情感认同的消费关系。也就是产品性格（性能和格调）与消费者的某种情感默契是促使消费的重要因素。

那么有哪些因素会影响到产品的整体形象呢？一般来说，产品的语意、产品的象征符号，以及产品语意和象征符号是影响到产品整体形象的重要因素。当然竞争产品的样貌和企业品牌形象对产品的整体形象也有一定的影响。

何谓产品语意？产品语意是指产品表达自身性格（性能和格调）的语言。

例如，图8-10为流线型的形态语言能够表达产品速度感十足的功能特征和样貌；图8-11为有机型的形态语言能够表达产品的超自然的亲和魅力；图8-12为粗糙的表面肌理语言能够表达产品敦实耐用的样貌。

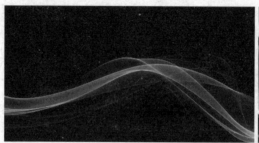

图8-10 流线型的形态语言

图8-11 有机型的形态语言

这就是产品常规语意带给我们产品整体形象的共识。当然，不同的消费群会有不同的产品语意的认同度。这些都会直接影响到产品形象的竞争力问题。

图8-12 粗糙的表面肌理语言

何谓象征符号？产品象征符号常常被认为是一种满足购买者个人形象和社会属性需求的文化现象。

我们每一个人都属于社会人，不管我们愿意还是不愿意，其实都是被人类创造的社会形态和文化属性所包围着，并且直接或间接地影响着我们每个人的行为规范、生活方式，当然也包括我们对个人形象和文化价值观的追求。因此，我们期待和拥有的房屋，交通工具，家居用品、智能设备（手机），衣物，甚至宠物等都是我们自身社会形象和文化属性的符合化的象征。

毫无疑问，我们在选择和购买大多数的产品时，常常是在同样的产品功能和合适的产品价位基础上，会下意识地以产品的"象征属性"作为最终的选择标准。换句话说，是以更为接近自己的价值观、文化观和社会形象产品象征符号作为选择标准。所以，产品形象美最为重要的来源，是消费者对自身社会形象和文化价值属性的期许和追求，其中蕴藏着消费者对美好生活的憧憬、对个人社会形象的期许、对生活格调的认同和对生活主体视觉情景的偏好。通俗地说，产品的形象美，其实就是触及消费者情感认同的某种逻辑、某种关系、某种图式、某种材质、某种工艺、某种形态和某种色彩，而所有这些都可以成为满足消费者个人形象和社会属性需求的象征符号。了解消费者青睐的象征符号和读懂由消费者总体生活态度和行为规范所形成产品环境的视觉主题氛围（消费者对个人在社会中的"目标形象""生活格调"和"视觉主体"的憧憬和"践行"）是我们打造产品竞争力不可忽视的基础。

因此，对消费者视觉主题平台的研究主要分为三个层次。

第一层次，是对消费者"目标形象"的研究。

"目标形象"是指消费者对个人生活方式和社会形象的追求，其中包含了消费群体整体的文化价值观和社会的形象属性。很明显，不同的消费群体有着不同的社会地位和形象属性，当然也包括他们对更高社会地位和形象属性的憧憬和追求。例如，有些消费者虽然在真实生活中，家庭负担重、工作压力大，生活缺乏品质与乐趣，但他们并不希望将这些感觉反映到他们将购买的新产品形象中。他们相信"明天会更好"，希望产品的"款风"能够给他们带来某种富裕、华贵、轻松的情景体验，哪怕是在新产品的某个细节中。而有些消费者长期处在衣食无忧、物质生活丰厚的状态，但他们不希望将这种感觉一成不变地反映到他们将购买的新产品形象中。他们相信"简约禅意的美"更有格调，希望产品的"款风"能够给他们带来某种拙朴清雅的情景体验，哪怕是在新产品的某个细节中。这代表了不同消费群体不同的生活态度和生活方式。

可见消费者对"目标形象"的要求没有统一的标准，需要我们广泛地收集不同消费群对"目标形象"的动态数据，从而在产品形象定位时认真拿捏，准确对标。

在产品形象的"款风"设计中，我们容易犯的一个错误是：将少数消费者的"目标形象"作为新产品定位的依据。这不符合大工业时代产品设计的基本属性。因为大工业时代产品所面对的是较大规模的消费群，所以，我们对产品形象的研究应该建立在一定规模的消费群"目标形象"之上。

第二层次，是对消费者"生活格调"的研究。

"生活格调"是指消费者使用的产品及产品环境所营造的情感气场。

具体到产品设计层面，是指产品不同性格给我们带来的不同的情感和情境现象。例如有些产品可以给我们带来一种放松、休闲的情感；有些产品可以给我们带来一种活力、运动的情感；有些产品可以给我们带来一种轻佻、幽默的情感；有些产品可以给我们带来一种严肃、正规的情感；有些产品可以给我们带来一种柔软、舒适的情感；有些产品可以给我们带来一种粗犷、耐用的情感。

然而当不同性格的产品随类聚集到消费者的生活中就形成了某种具有情感属性的格调和气场，这就是这里我们所讨论的得到消费者在情感上认同的"生活格调"，也就是新产品形象的价值归属地。

消费者的"生活格调"承载着非常重要的产品视觉形象规则，这就是研究产品视觉主体的重要依据。

应该说，对消费者"生活格调"的研究能够给设计师提供某个消费群通用的产品形象（款风）的目标定位，并为设计师、管理者、投资者、生产者、消费者提供一个可以相互沟通的议题，从而可以进一步探讨视觉主体的机会。

第三层次，是对消费者"视觉主体"的研究。

"视觉主体"是指产品表现消费者"生活格调"时出现的具有普遍意义的视觉语意和符号。

具体到产品设计层面，是指成功产品的"视觉主体"平台形成的基本情感与情景。成功产品的"视觉主体"平台中所汇聚的产品是多元的，它们可以是来源于不同的市场、不同类别的、不同功能的，但必须具有相对统一的生活格调。

应该说，成功产品的视觉平台研究是对消费者生活格调的回味与解读，其目的是对新产品整体形象和"款风"给予宏观把控，以确保产品形象在概念上的定位是符合消费者生活方式的。例如，我们要为现代的都市白领市场设计新产品，那么都市白领的生活方式和他们所使用的成功产品及产品环境对他们"视觉主体"平台的研究都是非常重要的。

以手机设计为例，二十几年前的手机具有非常明确的形象（款风）特征。当时的手机主要针对办公、商务人群，要融入的是商务人士的生活方式。所以，当时手机整体形象的设计：

首先是来源于对商务人士生活方式的研究。

其次是消费者产品环境格调平台研究：商务人士产品环境格调平台研究。对于商务人士而言，产品语意和符号的共同点从商务人士产品环境格调平台可以比较直观地感觉到，主要偏向于正式、端庄和大气。

最后是消费者新产品视觉主体形象的定位研究：从商务人士的生活方式、工作生活的产品环境格调，我们可以基本定位出手机产品整体形象的设计边界，即偏向于正式中显高端、端庄中显先进、大气中显帅气。

今天的手机，在通信技术的长足发展下，手机的使用人群有了非常大的变化，几乎是所有成年人的标配，已远远超出了早先手机的形象定位。

所以，现在手机整体形象的设计主要来源于现代不同消费群生活方式、工作生活的产品环境格调，从产品语意和符号上看偏向于多元化。手机产品的形象所面对的是更为丰富的细分市场，形象上有偏时尚的、有偏稳重的、有偏高端的、有偏华贵的、有偏简约的和有偏高科技的等。

通过对消费者的生活方式、产品环境视觉情绪的研究，目的是最终锁定新产品的整体形象（款风）目标，以便进行概念的选择和作为设计纲要的重要参数。

总而言之，新产品概念的优选主要是从产品价值定位和产品形象定位两个方面展开。有关概念选择过程，英国思克莱德大学Stuart Pugh（斯图尔特·皮尤）教授1991年提出了一种动态监控聚合优选方法。

所谓动态监控聚合优选方法是指将许多不同的概念，通过产品价值定位和产品形象定位进行系统化分析，将其各自的优点聚合成新产品概念的方法。

动态监控聚合优选方法重点在于不是简单地在一组概念中选择其中一个最终的方案，而是在选择过程中不断"重组"，创造出新一轮概念（图8-13）。整个选择的过程是一个不断创新和增值的过程。

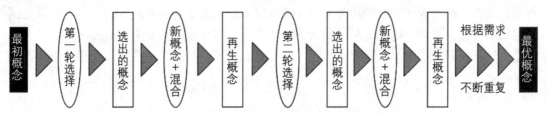

图8-13 动态监控聚合优选方法的基本原理程序

8.5 产品设计纲要的制定

在产品概念确定后，我们便可以进入新产品的"设计纲要"制定阶段。

"设计纲要"是产品计划的第二步，也是设计计划中所产出的有关明确新产品设计具体目标、要求和评判标准的纲领性文件。

"设计纲要"的制定是在产品概念定位的基础上，对新产品设计基本目标和要求的确立。因此，从逻辑关系上，一方面要依赖企业的实际情况；另一方面要依赖市场的实际需求，理性地设立产品设计纲要的基本目标和具体要求。

8.5.1 基本目标

新产品设计纲要的基本目标有两个，一个是产品品质目标，另一个是产品兴奋点目标。

（1）品质目标

产品品质目标是一个比较复杂的概念。对产品品质的定义，不同的人有着不同的定义。例如：

工程师群体对产品品质的定义是关于产品性能的优劣，也就是说产品执行产品的预期功能的状态。

生产管理者群体对产品品质的定义是关于产品生产的便利度和次品率。

维修工程师群体对产品品质的定义是关于产品的零件寿命和维修便利性。

产品设计师群体对产品品质的定义是上述人群对产品品质要求总和基础上寻求产品品质的某种平衡点。

应该说，从市场的角度看，产品品质的任何触点都可能成为产品的竞争点，甚至是某些问题点。例如产品品质上的不够耐用性、不方便生产性、不方便维修性都是可以成为某种竞争优势的。因为不是所有的产品品质都需要耐用的，像时尚产品就不需要耐用，不耐用才是它们的竞争优势；不是所用的产品品质都需要方便生产，像奢侈品就不需要方便生产，工序越复杂越困难才是它们的竞争优势；不是所用的产品零件都需要方便维修，像汽车和3C产品（计算机类、通信类和消费类电子产品三者的统称）等，零件的更换成本更低，方便更换便是它们的竞争优势。

所以，对有些新产品而言，传统概念的高品质可以是竞争优势，但也有可能是竞争劣势。这就是在产品设计中产品的品质要求中的辩证与统一的原则，其核心标准在于消费者对该类产品品质的接受度。

图8-14（左）动态表达了产品品质最基本的评价标准。从图中可以看到，产品预期品质的实现度与消费者的满意度有直接的关系。然而，在现实中，许多新产品达不到消费者

预期的品质，消费者的满意程度为负值。图8-14（右）表示产品品质与消费者满意度之间的正负的完整关系。图8-15（左）表示了产品接受点的品质与消费者满意度之间不具有满意度的状态，只处在基本质量水平。图8-15（右）表示了产品兴奋点能最大限度上提高消费者的满意度。

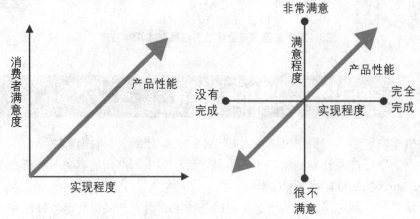

图8-14 左：产品预期品质的实现度与消费者的满意度有直接的关系
右：产品品质与消费者满意度的完整关系

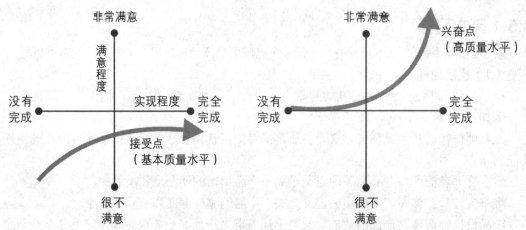

图8-15 左：产品接受点不存在消费者满意度的问题
右：产品兴奋点能最大限度上提高消费者的满意度

　　对于产品的品质概念，除了不同消费者对不同的产品存在差异性外，同时也存在着消费者共性的基本认知。对于产品品质概念的基本认知，消费者常常是不会在意它们的存在，也不存在满意度的问题。只有当这些共性的产品品质概念出现明显差异时，消费者才会给予关注。

　　例如，汽车有轮子是汽车最基本的共性的品质概念。没有一位消费者在购买汽车时，会关心汽车有没有轮子。只有提车时发现没有轮子时，才会提出疑问。由此可见，汽车有轮子与满意度并没有关系，而配置的是什么轮子（轮毂）才与消费者的满意程度有关。所以，产品共性的品质概念对消费者而言只是产品的最低标准、最基本的目标。如果要获得消费者更高的满意度，产品的兴奋点才是产品品质具有竞争力的不可忽视的重要目标。

　　（2）兴奋点目标

　　产品的兴奋点是指产品在最低标准基础上具有的能引发消费者心动的情感特质。当然，产品没有兴奋点并不影响消费者对产品的基本满意度，只是产品的兴奋点具有提高消费者满意度的作用，使得我们的产品更具竞争力。

例如，二十世纪七十年代，在随身听未进入市场之前，人们并没有因为音乐播放机不能放入口袋而感到不满意。这是因为那时的产品"兴奋点"与能不能放入口袋没有关系。只有当随身听出现后，能放入口袋才成为音乐播放机产品的"兴奋点"，并赢得了巨大的市场。从图8-16中我们可以看出，消费者满意度的状态线是在原先家用播放机基本质量水平上具有飞跃性的品质。

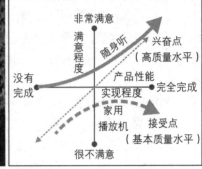

图8-16 随身听的产品质量模型

由于消费者满意度与产品"性能状态"的实现程度有关，所以日本学者狩野纪昭（Noriaki Kano）将"消费者满意度状态"称之为产品"性能状态"。

例如，如果消费者期待的汽车"性能状态"是：当下最流行的款风、最先进智能的变速系统、最为人性化设计的操作性能、最低的耗油量、最少的维修率、最强的安全气垫，以及最先进的中控门锁、智能电动窗、多媒体系统等。那么达到了这些基本"性能状态"的汽车，无疑才达到了消费者最基本的满意度。这便是产品的第一个层次的品质价值。

可见，所谓产品第一个层次的品质价值是指消费者对产品的基本要求，也就是产品特定的"性能状态"。在产品设计中，我们称之为产品应有的"基本品质价值"，即"底线价值"。如果产品达不到产品的"底线价值"，产品将无法使消费者满意。

如果某一款汽车超出了上面例子中消费者所期待的汽车基本"性能状态"，那么该车的产品品质才有可能让消费者在情感上获得更多的惊喜，才具备产品兴奋点，即产品的第二个层次的品质价值。

不难看出，产品第二个层次的品质价值是在产品"底线价值"基础之上的增值部分，是具有更强竞争力的产品"性能状态"。这种具有增值意味的产品"性能状态"是激活消费者消费欲的重要触点，也就是这里我们讨论的产品"兴奋点"目标。

因此，在产品设计计划中，我们除了要将消费者对产品"基本性能状态"验明清楚外，还应该深度挖掘出产品"兴奋点性能状态"的价值，并将其纳入设计纲要中，这样才能提升新产品的竞争优势。

8.5.2 纲要撰写

消费者的需求是决定产品设计契机的基础，将消费者的需求翻译成具体的设计目标是构成设计纲要的核心工作。但这并不是设计纲要的全部。设计纲要的工作还包括对与产品其他相关因素的验明。例如产品将如何制造？如何运输分流？如何销售？如何售后服务？等等。

应该说，设计纲要主要包括决定新产品成功与否的四个方面的内容：

其一是产品能被生产吗？

其二是产品能被卖掉吗？

其三是产品能正常工作吗？

其四是产品符合法规和商业规律吗？

一个新产品的成功与否，完全依赖于不同的市场的产品契机。因此，我们在制定产品设计纲要时，应根据企业的实际情况制定出与企业技术条件、生产能力、销售渠道及资金实力等相吻合的产品设计要求。这样才能够保证"设计纲要"的可行性。

（1）设计纲要的撰写步骤

① 从企业内和企业外的人员中收集相关信息。建立设计纲要特定目标，评定这些目标是否是关键的和所期待的。同时要努力验明消费者需求核心，明确基本要求、性能状态和兴奋点。

② 纲要草案编写。围绕决定新产品成功与否的四个方面的内容展开。

③ 纲要草案评估调整。主要由提供原始信息的相关负责人审查"纲要草案"是否达到他们的原始要求，同时从商业的角度审查设计纲要的可行性和商业成功的概率。对设计纲要提出修改意见，并落实修改方案。

④ 设计纲要定稿，以通用的格式撰写。记住所撰写的"产品设计纲要"一定要得到所有参与产品设计开发人员的认同才能生效。

（2）设计纲要的通用内容与格式

① **市场需求**（检查：这些纲要能否保证产品能够卖掉？）。

产品商机确定：目标价格、产品性能、产品形象（款风）。

销售需求确定：标签、包装、其他市场材料（宣传片、网页推送、印刷宣传页、产品展架）。

销售信息确定（例如条码、二维码等）。

特殊销售需求确定。

运输和仓储需求确定。

② **生产需求**（检查：这些是否能保证产品能够被生产？）。

目标制造成本确定。

目标制造数量确定。

目标尺寸与重量确定。

生产性能确定（材料、生产程序、组装）。

③ **产品性能需求**（检查：这些是否肯定产品能够工作？）。

目标产品寿命确定。

操作环境要求确定。

产品信息（例如，使用说明手册）确定。

可靠、耐用目标确定。

维修要求确定（定点维修、零件更换）。

销毁、回收需要。

④ **需求认定**（检查：这些是否肯定产品依从所有法规和商规？）。

法令要求确定。

工业标准确定。

公司标准确定。

产品兼容需求确定。

测试需求确定。

知识产权（专利、商标）确定。

产品设计计划的重要输出物是产品抽象概念和为下一步具体化设计制定设计纲要。

产品抽象概念在产品设计计划中扮演着开篇的作用，是新产品定位和设计目标确立不可缺少的关键环节。

例如，某个胶带生产企业计划开发设计一款新的与胶带使用配套的工具。根据企业市场调研的反馈，目前市场上有三种不同概念的产品在售，一类是简单型，一类是舒适型，一类是豪华型。见图8-17。

图8-17 不同类型的"胶带切割工具"

企业根据自己的实际情况选择了"舒适型"产品概念，并将其作为企业新产品开发的设计目标。不难看出"设计一款方便单手握持操作、方便切割胶带、方便更换和固定胶带的使用舒适的胶带辅助工具"的产品概念决定了设计纲要的范围。而这里的产品概念并不是我们多数设计师认为的图像化的概念草图，而是围绕市场机会和企业条件提出的产品抽象概念，即"方便单手握持操作，方便更换固定胶带和方便切割胶带"的产品概念，这就是产品设计计划过程的产品概念设计的主要形式。

在这个案例中，有关方便单手操作的，带有把手结构的、方便更换固定胶带的，固定胶带的轴体结构的、方便切割胶带的具体刀片结构的，以及整体产品的协调性的产品特征都是该产品概念设计的抽象方案。有了这些抽象概念，我们便可以有针对性地思考设计纲要的具体内容。至于抽象概念的可视化草图可以作为对具体概念多元性分析的一种辅助手段，见图8-18手持柄的人机概念草图说明。

图8-18 "胶带切割工具"的手持柄的人机概念可视化草图

不过，在产品设计计划阶段，产品概念设计主要解决的是新产品基本属性的定性，即产品原型抽象概念；而具体产品的具象化（结构、形态、色彩、工艺等）是下一个阶段所要解决的问题。虽然在具象化设计阶段也存在着局部（零部件）概念的设计问题，但它们并不会影响到新产品基本属性的定性，所以我们将其纳入具象化设计阶段。

例如固定胶带的轴体设计可以有不同的概念方案，但并不影响我们对舒适型胶带辅助工具设计纲要的定位，相反却是在产品纲要下的拓展性设计，所以属于具象化设计部分。

我们说，产品抽象概念设计阶段和产品具象化设计阶段，在思维触点上是有区别的。

产品抽象概念设计的思维触点是对整个产品的设计定位，产品的基本属性定位，是新产品的抽象描述。而产品具象化设计阶段的思维触点是对产品抽象概念的可视化、物质化的体现。主要包括产品零部件的概念设计、产品基本构造、产品形态、产品色彩、产品材料工艺等具象化设计。

因此，产品设计计划中的产品抽象概念设计是后期具象化设计的前提。可以说没有产品抽象概念，就没有产品的具象化设计，再好的产品抽象概念也没有可行的商业价值，所以对于产品设计而言，产品设计计划固然重要，但没有后续的产品具象化设计，产品设计计划也只能是空中楼阁。

本章小结

产品设计计划是新产品具体化设计之前的关键环节，是产品开发全过程中至关重要的，也是最为艰难的起步阶段。其原因在于产品设计计划只是一种市场契机的预测，一种有关新产品定量和定性的假设，一种以新产品为载体形成商业回报机会的承诺，一种对未来产品的期待。

不过，在产品设计计划阶段，虽然设计计划只是一种预测性行为，但是我们通过对产品的市场契机、产品的技术条件、产品的功能配置、产品的消费对象、产品的使用环境、产品的竞争对手、产品的竞争优势、产品的盈利模式等方面的调研、分析和验明，对新产品的"特质""特征"和盈利可能性的预测和承诺是有数据支撑的，是有理有据，是把未知因素降到最低，是接近未来现实的，以产品设计纲要为结果的设计预测性行为。

应该说，产品设计计划是企业"产品创新策略"的配套工作，目的就是为了使新产品能有更多机会服务于企业"产品创新策略"的总目标，减少新产品盈利的不确定性因素。

然而，产品设计计划的目标只是新产品可盈利的一种承诺，而这种承诺不是凭空杜撰的，而是在市场调研中，通过具体数据论证的可行性新产品商机和新产品设计的指导性纲要。在此阶段，对新产品概念的抽象提炼，以及对新产品下一步具体化设计的指导性纲要文件的撰写要比可视化草图显得更为重要。

第 9 章

产品设计
程序

任何事物的发展都有着自己独特的运行规律，产品从无到有的设计发展亦如此。对于产品设计生成规律的认识是确保我们顺利完成设计工作的重要路径。当然，由于不同的设计工作性质和内容，这种程序性递进规律也是有所变化的。当然，产品设计有着自身一般性的运行规律，如果我们能够清楚地认识它们，便能够使我们高效、优质地完成产品设计任务。这里我们所说的产品设计运行规律其实就是产品设计程序。

产品设计程序，在结构上，首先反映了产品开发工作中不同的设计行为和环节；其次反映了在不同的设计行为和环节中阶段性的工作目标；最后反映了不同的设计行为和环节与总进程的关系，包括递进频率关系和因果关系。

可见，全面地剖析产品设计程序，能够很好地揭示产品设计生成的一般规律，客观认识产品设计工作过程所包含的关键环节，以及它们的作用和意义。

从人类创造活动的类型看，作为商业行为的产品设计程序不同于艺术家灵感型的创作程序，虽然存在着像艺术家似的"灵光突闪"的现象，但不可能像艺术家似的一蹴而就。产品设计过程需要在商业规律、技术规律、心理规律、人机规律和综合管理规律的因果语境下，有计划、有次序、有约束地和按类型地逐步进行。

下面为了更好地认识产品设计程序特征与规律，首先我们介绍企业界、学术界常见的设计程序类型；其次讨论产品设计全过程的一般规律；最后具体分析一种与风险管理相结合并具有商业特质的产品开发设计程序。

9.1　设计程序分类

由于产品设计工作所涉及的学科领域、产品类别、设计目标、消费人群，以及相关联的因素相当复杂，即使是针对相同的目标、相同的产品、相同的消费群，不同的企业和设计团队常常会根据自己的经验，采用适合自己的产品设计程序。所以，到目前为止还没有一种所谓国际标准的产品设计程序。多样性是产品设计程序的重要特征之一。

虽然产品设计程序存在多样性，但它们还是有一定的共性规律和类型。20世纪80年代英国巴斯大学管理学院教授萨伦（M.A.Saren）在对不同类型企业，以及它们的产品设计程序做了较为全面的系统调研后，归纳出了五个类型的产品设计程序模型。

部门阶段模型（Departmental-stage models）。

活动阶段模型（Activity-stage models）。

决策阶段模型（Decision-stage models）。

转化过程模型（Conversion process models）。

响应模型（Response models）。

下面我们来具体了解下这些设计程序的基本情况。

（1）部门阶段模型

产品设计程序部门阶段模型是指一种将新产品的（从产品创意到产品入市不同阶段的）阶段性设计成果，按企业下设的部门（研发部门、设计部门、生产部门和销售部门）进行层层提交，并且结合社会因素、市场因素、经济因素和技术因素对设计过程的影响的产品设计程序模型。部门阶段模型比较简洁直观，但它没有对各部门应该参与的工作性质和任务进行明确限定，也没有对部门之间的交流和反馈加以描述，因此在使用时存在着很多不确定的因素。见图9-1。

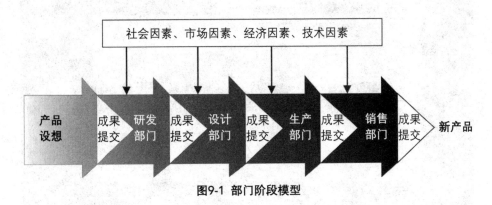

图9-1 部门阶段模型

（2）活动阶段模型

产品设计程序活动阶段模型是在产品开发设计实践中，关注度最高的产品设计程序模型。活动阶段模型是把产品设计全过程的一系列特定的行为活动看作是一个完整的、相互依赖的活动序列进行统一管理。当代创新理论大师詹姆斯·厄特巴克（James Utterback）把新产品设计分为三大类活动和阶段：

创新设想行为活动（产品设想形成阶段）。

解决问题行为活动（产品方案形成阶段）。

方案实现行为活动（产品产销实施阶段）。

应该说，活动阶段模型是在厄特巴克的理论上发展出来，是从设计活动的逻辑序列入手，根据新产品在形成过程不同阶段的存在形式，清晰地表明与之的任务。

活动阶段模型是一个对设计过程更准确的、更通俗的产品设计程序，所以受到了许多企业和团队的关注。见图9-2。

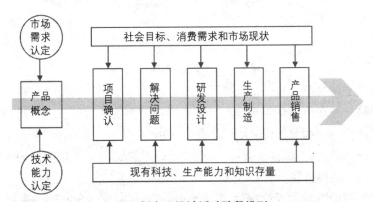

图9-2 新产品设计活动阶段模型

然而，该模型的缺点在于没有客观指出新产品设计过程中各个任务触点所对应方法的多样性。如果我们将活动模型与部门阶段模型相结合，将能够改善活动阶段模型局限性，并形成了升级版活动阶段综合模型。在活动阶段综合模型中，我们一方面可以把新产品设计看作是企业的一系列行为活动；另一方面又可以将科学知识和市场需求的影响通过不同部门的行为活动纳入新产品的设计发展过程中，并在最终的生产销售活动中体现出应用的价值。见图9-3。

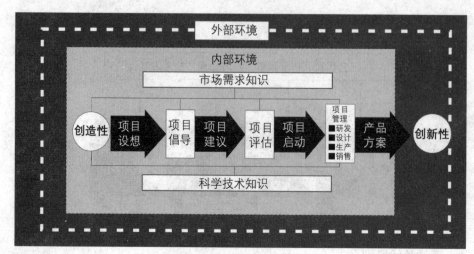

图9-3 活动阶段综合模型

（3）决策阶段模型

产品设计程序决策阶段模型是根据产品设计不同阶段的决策行为作为重要节点而建立的产品设计程序。

新产品的生成过程是产品设计方案在肯定和否定闭环中，不断优化性抉择的多次阶段性重复的推进过程。因此我们可以把产品设计过程理解成由多个阶段性决策单元组成的递进升华的过程，这就是决策阶段模型的含义，见图9-4。

图9-4 决策阶段模型

在决策阶段模型中，每个决策单元包含着四种基本行为：聚集信息、信息评估、肯定选择（减少不确定性决策）和否定选择（依然存在的不确定性决策）。也就是说，每一单元的设计行为是一种在信息聚集基础上，多次肯定与否定的决策行为，将新产品的不确定因素逐渐降到可接受的水平，直至新产品最终入市。

决策模型的优点是它富于灵活性，可在决策理论和计算机模拟方法的支持下更好地检验和把控设计过程的可行性。

1988年比利时的两位学者勒梅特（Lemaitre）和斯托尼（Stenier）在决策阶段模型基础上，提出了一种活动阶段模型与决策阶段模型相结合的综合模型。他们把新产品开发设计阶段划分为四个阶段，即感性阶段、概念阶段、设计阶段和作业阶段。

感性阶段的主要活动是新产品设想的产生。在这一阶段，新产品设想主要来源于企业和市场的大环境，并以问题导入的方式确定新产品契机。

概念阶段的主要活动是完善设想，提出新产品概念。在这一阶段是从技术、商业和组织领域对创新设想进行可行性论证。撰写一个正式的可行性报告。

设计阶段的主要活动是产品概念转入产品化的过程。在这一阶段是从产品虚拟方案走向产品原型的过程，同时将面临新产品是否能够大规模地生产的重要决策。

作业阶段的主要活动是新产品进入生产、销售最终具体运作的调测试，使新产品与企业日常活动衔接起来。

这种活动与决策相结合的综合阶段模型（图9-5），更清晰地表现了设计过程的行为活动规律和特征，为产品设计品质的控制提出了更好的管理路径。

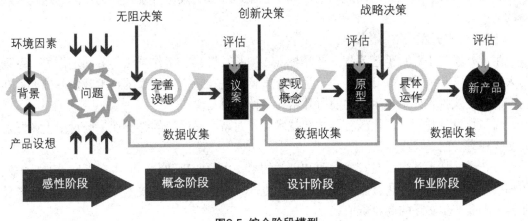

图9-5 综合阶段模型

（4）转化过程模型和响应模型

转化过程模型把产品创新设计看作是一个将原材料、科学知识和人力资源等要素转化为新产品的过程。

响应模型则是把产品创新设计看作是企业对外部因素和内部因素响应的过程。

这两种模型相对聚焦在设计的抽象层面和研究层面，比较适合产品设计初级阶段的专题性、阶段性的设计活动。对产品设计全过程的指导性并不明显，局限性较大。

以上设计程序模型是专家学者从企业院所长期实践经验中总结出来的，从类型的角度看具有一定的代表性和普遍性。这些程序模型一方面有助于我们更全面地了解过往的产品设计程序；另一方面有助于去探索新的、适合新时代的产品设计程序。

9.2 产品设计过程规律

作为商业行为的产品设计，从新产品诞生到入市，除了需要遵循市场规律外，还需要遵循产品技术规律和大工业生产的规律，当然也离不开科学的设计程序。在上一节中我们看到，产品设计程序有自己的逻辑关系和递进规律，如果只是简单地采用艺术家的创作方法，产品设计只能停留在早期的产品概念的臆想阶段，无法发挥产品应该具有的商业价值和实用价值。因此，全面认识产品开发设计全过程的一般规律有助于我们更好地从本质上认识产品设计程序的方法构成和原理。

9.2.1 产品设计过程的基础条件

技术开发、生产开发和市场开发是产品设计全过程的基础。产品设计离开了这三方面的支撑，只能停留在产品概念臆想层面，没有任何产品概念应有的价值。

（1）技术开发

技术开发是指围绕新材料、新技术应用到产品设计中的持续性开发工作。

为了让新产品更具有竞争力，企业和设计团队有计划地组织技术人员，从新材料、新技术层面，围绕新产品的核心功能技术、产品原型或样品技术和质量测试评价技术等进行的，具有持续性的技术开发是新产品设计全过程重要的技术基础支撑。技术开发将伴随产品设计的全过程，即使到产品进入生产环节和流通环节，技术开发还将为产品的迭代储备新的竞争点。

（2）生产开发

生产开发是指针对工艺流程、产品标准、工装及模具、工作方法与劳动定额等一系列与大批量生产相关的基础开发工作。生产开发常常是在新产品原型的技术开发基础上，在新产品将正式投入批量化生产之前所开始的一种专项工作。

对多数设计师而言，比较容易理解技术开发对新产品设计的必要性，但对于生产开发的必需存有疑问。

应该说，技术开发是对技术发明和创意的第一次商业化开发；而生产开发是对技术发明和创意的第二次商业化开发。没有批量化生产，对于应用了新技术专利和创意的新产品而言，不能产生实际的商业价值。

当今世界，在各国的技术专利和创意中，有超过90%没有或无法进行有效的商业化，其主要原因：一方面是由于当下的市场没有需求；另一方面是由于生产技术（经济成本）的瓶颈。一旦我们在生产技术（经济成本）上有所突破和超越的话，就会带来巨大的商业机会，这就是为什么生产开发对于新产品而言也是非常重要的基础。

例如，在现代微电子领域，企业新产品的设计水平主要是取决于相关的微电子集成芯片生产工艺水平。只有具备了高超的生产技术，才有可能生产出具有高品质、高规格、高竞争力的新产品。这些年有关"中国芯"的敏感话题就是与生产开发有关。由于中国以前在这一方面重视程度不够，所以在许多生产技术领域还处在比较滞后状态，还有待我们加大生产开发的力度。

（3）市场开发

市场开发是指把产品转变为商品的基础开发工作。

实际上，从产品构思开始，市场开发工作就已经开始。因为产品构思来源于市场契机，没有市场开发，就无法确定契机。所以市场调查的数据分析与研究（为构思做准备）、市场测试与评价（为新产品与市场之间建立沟通渠道），以及制订市场营销计划等也是伴随产品设计的全过程重要的基础工作。

在实践中，新产品开发设计过程的三个基础工作往往是交织在一起的不可分割的整体。例如，技术开发工作从构思开始，就一直要伴随产品设计的发展，即使该产品在市场上已开始趋于成熟，为了适应新工艺和新市场需求，技术开发始终不会结束，将为下一代的新产品提供技术支持。可见新产品面临的是不断变化中的技术革新和市场契机，技术开发、生产开发和市场开发永远在路上。

认识产品开发设计全过程的基础，有助于我们明白产品设计是一种聚合综合资源实力的系统工程，它涉及科学技术、材料工艺、生产组织、市场营销等多领域的复合内容，绝不仅仅是一个单纯的与人文精神相关的艺术问题。有助于我们清楚制定产品战略和组织设计活动必须建立在产品开发设计全过程的基础之上，这样才能够保证产品设计全过程的基本品质。

9.2.2 产品设计过程框架

产品开发设计过程框架是建立在产品开发设计过程基础之上的，具体产品设计活动的递进顺序。当然具体产品设计活动的递进顺序，会因为不同产业、不同企业、不同团队、不同产品而有所不同，但基本规律（图9-6）是一致的。具体产品设计活动递进顺序的基本架构：产品战略、产品构思、构思筛选、具体设计、产品技术、产品评估、产品营销、产品入市。

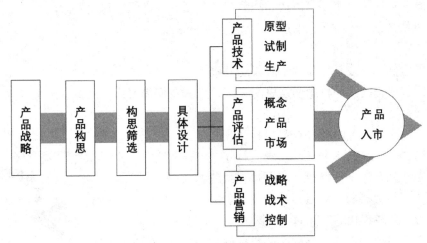

图9-6 产品设计活动顺序的基本规律

（1）产品战略

产品开发设计全过程的第一步是对产品设计活动进行目标定位，这将涉及企业产品开发设计活动总体目标的产品战略。

产品战略是对新产品开发设计全过程所有相关人员的纲领性文件。

制定产品战略需要对新产品市场定位进行风险评估，以保持产品战略符合企业的总体商业目标。

理论上讲，新产品目标定位、投资水平和商业风险三者之间的关系是一种函数关系。也就是说，商业风险是新产品目标定位所需要的投资规模和产品失败概率的函数，如图9-7所示。

从图中我们可以看到，沿对角线，随着投资的增大，产品失败概率也随之增大，商业风险也就增大。然而一旦成功，利润率也是大的。当然，任何一个产品策略和产品目标定位都存在着风险，只要我们充分估计到产品风险的规模以及我们可以承受风险的度，这样我们就可以将风险控制在可承受的范围内，那么这样的产品策略和新产品目标定位就是合理的。

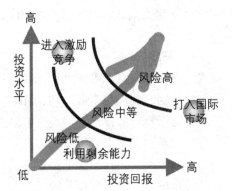

图9-7 产品市场定位、投资与风险的函数关系

（2）产品构思

产品构思是产品战略的后续。一旦产品战

略规则明晰，产品目标定位确定，新产品构思就可以开始了。产品的构思一般可分为三个阶段。

第一阶段，产品概念萌发。

在产品概念萌发阶段主要是对产品战略中的产品目标定位的抽象化、概念化描述。其思维触点是多维的：可以是新产品的具体形式；可以是新材料和新技术在新产品中的应用；也可以是用户潜在诉求对新产品功能、样貌和方式的改变等。这个阶段的产品概念更多地落在有关新产品竞争点的抽象描述层面，而无须考虑最终产品本身的具体样貌。

第二阶段，产品概念初评。

产品概念初评阶段主要是以产品战略与产品目标为准绳，对萌发阶段的产品概念进行初步评价和测试，为产品概念的进一步优化奠定基础。

第三阶段，产品概念优化。

产品概念优化阶段是在前两个阶段的基础上，对原有的产品概念提出进一步的优化。这个阶段比起最初的产品概念萌发更为关键，因为我们需要为产品概念的最终遴选提供高品质的概念方案。

因此，从企业产品战略和产品目标出发，在对产品形式、产品技术和产品市场的认定基础上，提出产品概念，并经过初步评价，最终发展出符合产品战略和产品目标的产品概念方案是产品构思环环相扣的三部曲，见图9-8。

应该说，只要在企业产品战略和目标框架内的新产品构思都是有价值的。我们只不过是在挑选那些更具有市场竞争力的概念而已。所以，在产品构思阶段，尽可能多地提出产品概念是提高产品概念品质的重要方法。

图9-8 产品构思三部曲

（3）构思筛选

经过产品概念的优化和拓展，在企业产品战略和目标框架内的新产品构思将进入接受全面筛选阶段。

在构思筛选阶段，我们将果断地淘汰大部分的产品构思方案，避免在众多的产品构思中举棋不定，徘徊不前。因为在众多产品构思面前纠结不定，将会造成人力成本和时间成本上的浪费。产品构思方案的筛选标准依然是企业的产品战略和产品目标。而新产品方案的定性就是这个阶段的中心工作。所以，对新产品的诞生而言，该阶段起到了决定性的作用。

（4）产品计划

当新产品抽象概念形成之后，我们将进入产品设计计划阶段，也就是立项阶段。有关产品设计计划，我们在第8章中做了详细论述，这里就不再赘述。

不过对于新产品设计计划是否能够立项，完全取决于新产品概念的可行性。如果企业对所提出的新产品概念已经有类似产品在售，或者竞争对手有类似的产品在售，那么我们就一定要确定新产品在概念上是否有明显的竞争优势。否则就应该在该阶段，毅然决然地放弃并停止一切与此项目相关的工作。

（5）产品设计

当产品设计计划和设计纲要通过了可行性认定后，新产品概念将进入具体的产品设计阶段。在西方，他们常常把该阶段称之为Product Design Architecture（产品设计建筑）阶段，而我们将其称之为产品具体化、具象化设计阶段。

在我们的设计教科书中，产品设计程序多半是指该阶段的设计行为管理，产品草图、产品方案优化、产品设计表现、产品工程结构设计和模型制作等。从全产业链的角度这只是产品开发设计全过程的可视化设计阶段，并不是产品开发设计的全部。

① 产品设计创意概念手绘草图。创意概念手绘草图是将产品创意的概念可视化，有关具体的产品方案在此阶段并未涉及。见图9-9李亦文1991年设计的万向摆动型办公凳原始创意概念手绘草图。

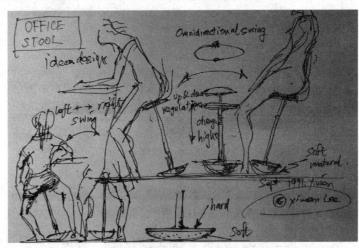

图9-9 万向摆动型办公凳原始创意概念手绘草图

② 产品方案图。产品方案图是在创意概念手绘草图的基础上对产品方案的可视化，有关产品的结构、工艺细节并未涉及。见图9-10李亦文2019年设计的西式抽油烟机产品方案草图。

③ 产品预想图。产品预想图是在产品方案图的基础上对产品外观、材料、色彩、结构和空间关系的可视化，有关产品使用的合理性和具体的工程设计部分并未涉及。见图9-11李亦文1991年设计的健康运动电脑工作站系统原始预想图。

④ 产品故事板。产品故事板是对产品使用合理性的可视化，并未涉及产品的具体工程结构部分。见图9-12李亦文1992年设计的可伸缩水龙头的故事板。

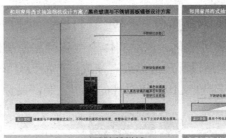
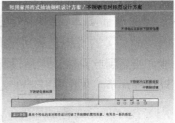

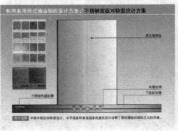

图9-10 西式抽油烟机平面软件制作的原始产品方案图

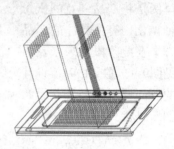

可伸缩水龙头设计方案

产品故事板
设计说明草图

图9-12 可伸缩水龙头使用故事板

图9-11 健康运动电脑工作站系统原始产品预想图　　**图9-13 万和抽油烟机原始产品工程图**

⑤ **产品工程图**。产品工程图是对产品工程结构的可视化，到此阶段为止，产品设计仍然是处在虚拟阶段，与具体的真实产品还有较大的距离。见图9-13李亦文2019年设计的万和抽油烟机工程设计图。

⑥ **产品实体模型和产品原型**。产品实体模型和产品原型是在产品虚拟可视化基础上的产品真实的可视化和可触化，产品实体模型和产品原型为产品的全方位测试提供了可能。当然到此阶段，产品设计还远远没有完成。产品设计将进入产品测试调整、产品入市设计等环节。见图9-14李亦文1993年设计的日用竹制产品原型。

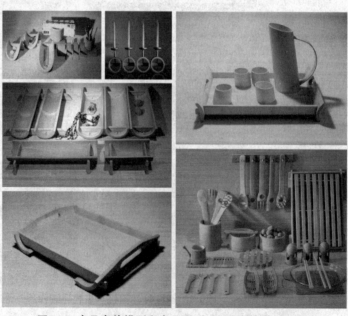

图9-14 产品实体模型和产品原型：日用竹制产品原型

（6）产品测试

产品设计具体化设计完成后，接下来是产品原型的测试。产品原型的测试是指新产品投产前的对产品进行的全面性测试，如产品的功能测试、产品的生产测试和产品的市场测试。在此阶段，通过系统的测试找出产品存在的问题，并进行完善性调整。例如对功能缺陷的调整、产品形象的调整、生产工艺技术和流程的调整等，为批量化实际生产和投放市场做好准备，见图9-15。

图9-15 汽车测试现场照片

（7）产品入市

产品入市是指新产品的实际营销活动的设计，它紧随产品经过最终调整后而正式开始。有关产品的营销设计要求其实是涵盖在产品设计纲要之中，所以，它其实是渗透在设计的全过程中。这里是指在产品原型通过最

图9-16 CES电子展照片

终测试后，对新产品的营销设计进行具体化测试，在发现问题的基础上进行调整，经过调整后的最终销售方案将赋予实施，见图9-16。

应该说，一件新产品从产品战略、产品构思、构思筛选、产品计划、产品设计、产品测试到产品入市的过程是一个各阶段相辅相成逐渐升华的过程，对于多数企业而言，一项新产品的设计完成预示着后续新项目的开始。因此，在竞争激烈的产品市场，对于产品设计而言，产品开发设计过程的结束只是暂时性的、阶段性的，除非企业转型或关闭。所以，从商业的角度看，产品设计是一种只有开始没有结束的工作。

9.3　产品开发设计风险管理程序模型

产品开发设计风险管理程序模型是英国设计教育家麦克·勃克斯特在20世纪90年代提出的产品设计程序。他从风险管理的视角重新审视了产品设计程序，并提出自己的观点。他认为，在设计程序中，产品设计的晋级是对产品风险和不确定因素的缩小。也就是说，设计过程是一种通过阶段判断与裁决来降低投资风险的过程，见图9-17。图中方形格子表示工作选项，圆形的格子表示对这些选项作出的判断和裁决。

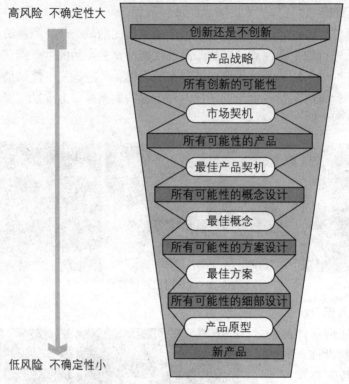

高风险 不确定性大

创新还是不创新

产品战略

所有创新的可能性

市场契机

所有可能性的产品

最佳产品契机

所有可能性的概念设计

最佳概念

所有可能性的方案设计

最佳方案

所有可能性的细部设计

产品原型

新产品

低风险 不确定性小

图9-17 产品开发设计风险管理程序模型

9.3.1 产品战略

　　如前所述产品战略是产品设计的第一项工作。它是对企业产品总体目标的定性做出结论性裁决。也就是具体明确表明企业的产品战略。例如：是否要创新？如果准备创新，采用哪种创新模式？控制什么样的创新度？什么样的创新范围？或不准备创新，专注模仿和拷贝竞争对手的产品，这也是企业的产品战略。

　　为了应对来自竞争对手逐渐增加的、社会生态的和消费者需求不断变化，企业在巨大的压力下，所采用的产品战略是会有很大区别的。所采用的产品战略的不同，最终的产品性质也会有很大的区别。

　　不过对于大多数企业而言，会把产品创新作为企业发展的基本战略。因为模仿和拷贝存在着法律问责的风险。不过不是所有产品创新都必须是原创，多数情况下，改良型创新是主流的产品战略。特别是一些老字号品牌的企业，在产品创新度方面是有讲究的。因为他们在特定市场范围内有稳定的消费者和粉丝。对他们而言，如果创新不当，不仅不会带来利润的增加，而且还有可能丢失原有的消费群，从而危害他们的生意。可见，不管对什么样的企业，创新本身就带有很大的风险性和不确定性。当然也是存在着创造丰厚利润回报的可能性。

　　所以，选择产品创新是一种挑战，也是一种投资。关键点是取决于我们如何在设计过程中控制风险，把不确定性因素降到最低的

9.3.2 市场契机

　　当产品创新模式确定后，下一步就要通过客观的市场调查研究，去挖掘所有可能性的

市场契机。这里的市场契机不是指具体的某件产品，而是指符合市场缺口的产品创新点和竞争力。例如：

采用降低成本的方式提升产品销售价格的竞争力。

采用产品款式风格的改进或CMF设计来提高产品的竞争力。

通过对现有产品功能的扩展，加大成交量和减少日常运作费用，提高产品的竞争力。

通过新技术、新材料、新专利提升原有产品的品质，从而提高产品的竞争力。

通过新技术、新材料、新专利创造全新产品，开辟新需求和新市场，回避原有市场的竞争。

不过对于所有这些不同市场契机的创新点，企业应该根据自己的实际情况选择使用。因为对创新点的选择，对企业而言，是一个相对长期的产品设计目标，是企业在现有技术和专长基础上将要形成的，自身特点的竞争优势，并且将依靠它们获得更多的利益回报。

虽然企业所选择的市场契机创新点能够大大加快产品市场占有的效率，但风险也是并存的。例如，如果某个企业选择了市场契机中的低价竞争点，并在某些市场创造出不俗的表现，便开始认定市场契机中的低价竞争点便是企业产品设计的长远目标。但是随着社会的进步和消费者理念的变化，高品质产品要比低廉产品更受消费者的青睐，这时，低廉产品的市场风险便会凸显。因此，企业在选择市场契机创新点之后，要随时关注社会形态和消费生态的变化，及时地作出调整，控制风险，降低产品竞争中的不确定性因素。

9.3.3 产品设计

产品设计阶段是有关某个特定新产品的设计过程。与产品战略和市场契机阶段相比，产品的风险和不确定性因素要少了很多，但并不是说就没有了风险。产品设计阶段的整个行为过程，仍然是一个不断降低风险，减少不确定因素，取得商业成功的过程。

所以在产品设计的阶段，风险管理将从四个层次介入：

① 挖掘和遴选产品概念（通过对市场契机所形成的海量产品构思，从竞争优势度的视角进行挖掘和遴选，从而降低新产品的风险和减少新产品的不确定性因素）。

② 制定和审核产品纲要（通过对新产品设计标准的制定和客观审核，从而降低新产品的风险和减少新产品的不确定性因素）。

③ 探讨和求证产品形态（在产品纲要的指导下，通过产品的具体化和具象化设计，从而降低新产品的风险和减少新产品的不确定性因素）。

④ 调整和确定产品工程（在产品纲要的指导下，在产品的具体化和具象化设计基础上，通过产品细部设计，进一步降低新产品的风险和减少新产品的不确定性因素）。

虽然我们能够通过产品战略、市场契机和产品设计三个主要阶段，通过有效管理努力降低新产品的商业风险和新产品的不确定性因素，以取得商业上的成功，但我们还是不能百分百保证新产品的投放就没有风险。

对于瞬息万变的竞争市场，新产品的风险始终存在。不过从风险管理角度来开展产品设计，相比一般的产品设计程序，新产品的风险相对会小些，不确定因素相对会低一些。这就是英国设计教育家麦克·勃克斯特提出产品开发设计风险管理程序模型的意义。

9.3.4 资金风险意识

风险管理程序是一种从降低资金风险的角度，对产品开发设计全过程进行阶段性的、递进性的、有效性的管理程序。也就是从产品战略、产品计划、产品设计到产品问世的全过程建立起有效的资金风险意识的管控。

应该说，产品开发设计，不同于狭义的产品设计过程，是一个涉及全产业链的，由不同性质工作组成的相对复杂的设计开发活动过程。对产品开发设计全过程阶段性的划分，目的是从不同阶段的特点出发，进行对标管理。例如在产品设计阶段的工作重点是：设计计划的制订和管理、对设计概念的提取与管理，设计方案的生成与管理、设计细节的完善与管理。

同时，对产品开发设计全过程的阶段性划分，有利于从质量控制的角度，从全过程的大视角，对阶段性的成果进行比较和监控。

那么什么是产品设计全过程的质量控制呢？说到底就是投资回报率的控制，或者说对投资费用的风险控制。

从新产品开发设计活动的一般规律看，产品开发设计的总费用是由项目启动费、产品设计费、工程技术费、量产上市费四进制组成的。其基本规律是由低到高的资金递进式投资。资金风险管理的目的就是要在产品开发设计的早期，也就是资金投入相对比较低的阶段，通过设计的对标性，严格把关设计品质，以保证后期巨量资金投入时的安全性。

图9-18是将产品开发设计步骤、投资步骤和资金投入体量进行的对比，这样我们能够清晰地看到其中的规律。

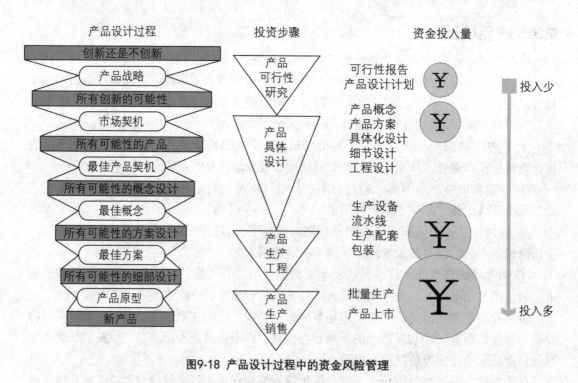

图9-18 产品设计过程中的资金风险管理

下面我们就资金投资的四进制，来了解资金体量与产品开发工作的关系。

（1）项目启动费

项目启动费属于产品开发设计全过程第一阶段的投资费用。项目启动费主要是用于新产品的可行性分析及产品设计目标的确立。不难看出此阶段的主要工作是市场调研、数据采集和分析研究，制订具有可行性的产品设计计划。其资金的投入相对比较少。

（2）**产品设计费**

产品设计费属于产品开发设计全过程第二个阶段的投资费用。产品设计费主要是用于产品概念的进一步产品化、具象化和细节化设计。不难看出此阶段的主要工作是产品概念的赋形与方案拓展，产品方案的验证与定向优化、产品细节的完善与原型测试。其资金的投入相对项目启动费而言要多了许多，但是，从产品开发设计的总费用看仍然属于投资不多的环节。

（3）**工程技术费**

工程技术费属于产品开发设计全过程第三个阶段的投资费用。当产品原型完成测试后，工程技术费主要是用于新产品大工业生产的相关工程技术和包装技术的投入。不难看出此阶段的主要工作是新产品特定生产工具的设计制造、旧产品的停产与设备的调试、生产装配流水线的试产与更新、工厂空间和劳工的组织与调用等。其资金的投入相对产品设计费而言要高出很多，从产品开发设计的总费用看这个阶段的投入不是小数字，一旦发现新产品缺乏竞争力，企业的损失是比较惨重的。

（4）**量产上市费**

量产上市费属于产品开发设计全过程第四个阶段的投资费用。量产上市主要是用于新产品的批量制造、包装和推广营销。不难看出此阶段的主要工作是新产品的库存计划与储备、新产品的营销渠道与疏通。此阶段其资金的投入相对工程技术费而言又要高出很多，会有大量的资金积压（原材料和新产品的库存，人力资源、产品配套链和销售渠道的占用）。如果新产品在这阶段失败，对企业的伤害将是致命的，严重的会使企业倒闭。还记得当年模拟手机和数字手机的一线企业吗？今天已经被新兴智能手机的企业所替代，淡出手机市场。

因此，对产品开发设计全过程进行阶段化的质量监控（资金风险管理）意识是非常必要的，这样利于我们在比较早的阶段发现问题，改变产品设计计划，及时止损，以避免更大的浪费。

9.3.5 风险管理理论

对于许多设计师来说，对设计过程进行阶段化风险管理，觉得会打乱他们的思维节奏和创新设计重点，会使他们感到不安。因为他们认为，真实的设计过程是混沌的，错综复杂的，变化无常的，无须干扰的。设计思维像脱缰的野马，在产品创意、产品概念、产品方案和产品细部等方面错位游走。所以对他们而言，设计思维的跳跃性是无法按照某种规定的阶段化风险管理按部就班地进行。不过，他们承认产品设计过程是一种以盘旋上升的闭环规律展开的，一种看似重复回旋，其实是以设计纲要为准绳不断向上升华的过程，所以是存在阶段性节点的。

从理论上看，设计师对产品设计程序的直觉并没有什么不妥，与这里我们所讨论的风险管理理论并不冲突，只是站位和视野不同。

客观地说，对于传统设计师来说，他们的工作只是整个产品开发设计全过程中的一个环节，一个相对重视创意思维的环节，并不涉及资金投资的概念问题。但是在今天的产品设计行业，产品设计师的角色已经在发生着变化，产品设计师已经被推到了产品设计的投资层面，已经从单纯的产品设计升格到了产品开发全产业链的设计。因此，对包括传统产品设计阶段的产品开发设计全过程而言，引入英国设计教育家麦克·勃克斯特所提出的风险管理理论就显得非常必要。

其实，风险管理理论是依托传统产品设计程序中盘旋上升的规律，将风险意识导入其中，与产品开发设计全过程的质量评测理论相融合。其目的是对产品开发设计全过程的每一次盘旋上升的闭环的结果质量进行风险审核和裁决，对新产品方案进行去伪存真的审查。众所周知，在产品开发设计全过程中，涉及的影响因素很多，使得可选择的解决方案和通道很多，它们之间的品质和质量各有优劣，没有完全正确的标准答案，如何选择？我们只能根据风险级别的高低作为重要参数加以选择，这就是风险管理理论的基础。

因此，风险管理模型是从产品开发设计的一般规律出发，针对产品开发设计过程的不同阶段所完成的设计质量，提出相应的决策点和风险级别，以便对众多的阶段性成果方案区别对待，通过比较、审核和抉择，减低不确定因素，进行风险控制。

客观地说，风险管理模型只是对产品开发设计过程中的决策行为所进行的风险度的控制，它并不能代替具体的产品开发设计活动和程序。所以，在风险管理模型中，为了更好地区分风险管理与产品开发设计活动，我们将这两种不同的行为进行了并置对比，以至于我们有更为清晰的理解。

值得注意的是：在风险管理模型中，不同阶段产品开发设计活动之间常常是交织叠加的，这意味着质量管理监控也是一步压一步的。叠加式的风险管理过程，它不同于传统产品设计中常用的"移交式"或"接力式"的设计程序。因为"移交式"或"接力式"的设计程序不利于新产品质量的风险评估与控制。

什么是"移交式"或"接力式"的设计程序？这种设计程序是从二十世纪六十年代开始，多数企业应用的一种设计程序。这种设计程序是把新产品设计开发活动从部门的角度划分为三个阶段进行。

阶段一，由销售部门提出新产品的需求，然后"移交"给设计开发部门。

阶段二，设计开发部门接到销售部门对新产品的需求任务后开始具体开发设计，完成新产品的设计图纸和工作原型，然后"移交"给生产制造工程部门。

阶段三，生产制造工程部门接到设计开发部门"移交"的新产品图纸和产品原型，开始组织生产制造，然后"移交"给销售部门。

对于风险管理理论而言，这种"移交式"设计程序的问题在于各部门之间缺乏全过程的统一管理和有效沟通，不便展开对于新产品质量的系统性控制和风险度的拿捏。因此，英国设计教育家麦克·勃克斯特认为，新产品开发设计的全过程应该是一个相对独立的整体，与其相关的各类人员，如投资者、营销人员、设计师和生产制造工程师必须组成像一个团队似的有机地协同合作，采取统一的设计质量标准和风险管理方法，而不应该是以部门或以工种为单位各自为政地"移交式"管理。只有统一管理，才能有效缩短新产品设计开发的时间；才能协同减低风险，从而提高新产品的成功率。

9.3.6 风险管理步骤

产品开发设计全过程的风险管理活动是与产品开发设计不同阶段盘旋向上的闭环工作相配套的。为了有效地对产品开发设计过程进行风险管理，合理的步骤控制是必要的。这样才使得每一次盘旋能够有效地向上推进，以最优的姿态接近预定的新产品目标。

一般而言，风险管理的步骤是与新产品开发设计的步骤一致的（图9-19）。

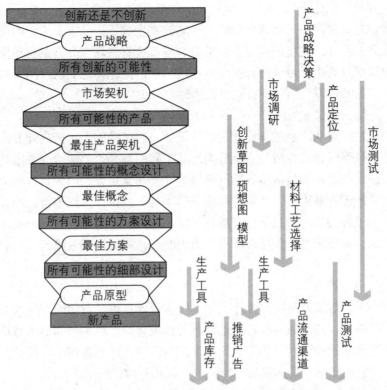

图9-19 风险管理步骤与产品开发设计活动同步对比

风险管理的步骤在企业产品战略框架下大致可分为五个盘旋上升的闭环步骤。每个闭环步骤都是以设计纲要为准绳进行品质化验证和裁决。其目的要认清新产品阶段性成果中潜在商机和可能的风险，及时地把握机会，将问题纳入整体的风险管理框架中，无论是正面的还是反面的，都应该为我们所用，成为助推新产品走向成功的原动力。

下面我们就五个盘旋上升的闭环步骤一一加以解读。

步骤一，商机与概念。

商机与概念是针对市场商机调研、新产品可行性分析、新产品抽象概念设想的第一次产品开发设计盘旋上升的闭环。这里的风险管理是检讨与裁决有关新产品的初步设想和市场定位是否符合企业的产品战略，是否对标具有鲜明竞争优势的市场契机。

该阶段，设计师通常会采用简洁和抽象的原理图和数据类分析图表来表现新产品的概念，并组织相关专家、潜在客户和销售人员代表进行小范围的调研反馈，将多数人认同的产品概念经过调整完善，然后进入第二次产品开发设计盘旋上升闭环。

步骤二，计划与纲要。

计划与纲要是针对产品设计计划撰写、设计纲要制定的第二次产品开发设计盘旋上升的闭环。这里的风险管理是检讨与裁决有关产品概念可行性的最终确认和相关设计纲要的具体细节认定，并形成后续工作的指导性文献。

该阶段，设计师通常会采用可行性报告和文本的形式表现新产品设计的具体规划和设计标准，并组织相关专家、设计人员、工程人员、市场销售人员和消费者代表进行小范围的论证反馈，将多数人认同的产品设计计划和设计纲要经过调整完善，然后进入产品开发设计第三次盘旋上升闭环。

步骤三，方案与优化。

方案与优化是针对产品的具体化设计、产品方案优选、产品方案细化的第三次产品开发设计盘旋上升的闭环。这里的风险管理是检讨与裁决有关新产品方案在具象层面是否仍然符合产品设计纲要要求，是否符合预定的商机，并以此作为之后的产品工程原型和测试的基础，进入产品开发设计第四次盘旋上升闭环。

步骤四，原型与测试。

原型与测试是针对从产品工程设计、原型设计与测试的第四次产品开发设计盘旋上升的闭环。这里的风险管理是检讨与裁决有关产品工程原型是否仍然符合预定的产品设计纲要和是否达到预定的商机和目前市场的商机，这一步非常重要，因为到目前为止，对于企业而言投资的总额还不算很大，如果产品原型确实与产品设计大纲不符，或者与原先的大纲相符，或者由于种种原因，当下的市场有了重大改变，原有的商机已不在，我们应该果断放弃该新产品，重新来过。如果市场没有重大改变，将可以进入第五次产品开发设计盘旋上升闭环。

步骤五，生产与营销。

生产与营销是针对从产品生产设计、制造技术设计、市场营销推广的第五次产品开发设计盘旋上升的闭环。这里的风险管理是检讨与裁决有关产品生产和销售与新产品的吻合度，在保证质量和销量的同时，尽量降低成本，盘活资金。因为这个阶段是企业投资最大的两个环节。一旦失败，企业的损失是惨重的。见图9-20产品设计程序。

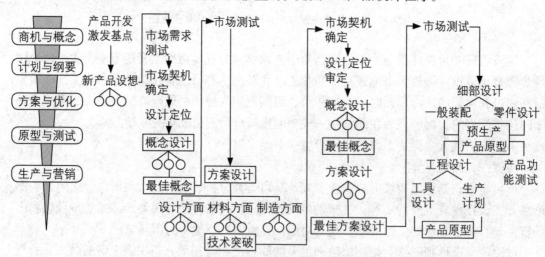

图9-20 产品设计程序

由此可见，英国设计教育家麦克·勃克斯特提出的风险管理步骤是一种紧扣盘旋上升式产品设计程序的步骤。其目的就是通过不同阶段的步骤反复验证新产品的市场契机和设计纲要，同时还包括市场出现的突发变化，如技术、经济、政治和自然灾害等原因，原有的商机已不在的现象，最大限度地降低新产品生产和入市的风险。

当然，对所有的产品开发设计活动而言，产品设计纲要是一条贯穿和约束产品设计的全过程的主线。产品设计大纲本身可以是偏向技术方面，或人文方面，或资金方面，这取决于企业的产品总战略和产品类别。所以产品设计纲要对于任何一个新产品而言都是唯一的，各不相同的。但有一点是共同的，那就是它的限制性。

何为好的设计？好的设计就是把限制条件变为竞争优势的设计。而风险管理步骤就是用既定的限制条件不断提醒、约束设计的全过程，保证新产品创意在多次循环和逐级盘旋上升的通道中化蝶。所以，风险管理步骤是用好既定的约束条件，协助你更好地做出选择，而绝对不是干扰和束缚我们的设计思维。

9.4　产品设计过程质量管理

（1）产品设计质量目标

质量目标开始于简单的商业性目标，而后发展成设计要求中的技术性目标，最后变成一个完整的产品的批量生产目标。

质量目标可以是对新产品整体形象的追求，也可以是对新产品功能的追求；可以是那些能够使产品走向成功的产品特征，也可以是对产品法规或工业标准新要求的跟进；可以是那些促使消费者在新产品面前考虑购买的任何因素，也可以是激活消费者潜在需求的人文精神。这一切都会因产品的不同而不同。设计计划的可行性分析就是确定新产品的总体质量的大目标。

例如，一般来说，一把剪刀，刀锋锐利和手握舒适感可能是大多数的消费者购买剪刀时的基本诉求，但它们并不是新产品竞争质量的关键诉求。至于颜色，款式、风格，以及携带的便利性、刀锋锐利的寿命长度等，对于剪刀而言，虽然这些看上去是次要的、附加的消费诉求，但是它们常常却是市场竞争中产生优势的重要质量目标。

设计纲要是在新产品总体大目标基础下的，更为详细具体的设计要求，其中包括产品的基本诉求和特征诉求以及具体实现和运营的诉求，所以我们将设计纲要视为产品设计质量控制的"守护神"。

如果我们在产品设计过程中，一旦发现设计纲要中的一个或几个重要诉求不能实现时，就应该立即放弃该产品的后续设计。因为设计纲要中的诉求是检验产品在商业竞争中能否获得成功的最基本的标准。对于新产品设计而言，达不到最基本的标准，失败是一定的。所以，果断终止，减少资源浪费才是明智之举。

对于产品基本诉求之外的具有竞争亮点的诉求，我们常常采用"希望"的形式加以表达。可见新产品"希望"清单的质量目标其实才是我们对产品营销设计、产品设计和产品工程设计重点关注的参数。营销的"希望"可能是增加产品的心理特征和亮点；设计的"希望"可能是改善产品的交互品质、新材料优势和新工艺特质；工程的"希望"可能是减少产品零件的数量和降低生产的成本。所以，在设计纲要中这些具有竞争优势的"希望"才是质量控制目标在标准动作之外的重要目标。不难看出，在产品设计中，实现"希望"的数量多少被视为产品的增值率和竞争率。

当然，有关新产品质量控制目标的达标，必须要寻求到适当的、可以实现的途径，否则只能放弃。一般而言，要达到预定的质量控制目标，首先，应该考虑通向目标的所有的可能性途径；其次，要在所有的可能性途径中选择最佳的可实现的途径。

在具体的设计实践中，在发散性思维和系统创意选择法的帮助下，产品创意会源源不断地涌出，而设计纲要便是我们作出抉择的基准。而风险管理模型就是将设计过程进行有机的分解，并通过每个步骤重复择优而实现整体设计质量的控制。

可见，择优过程将贯穿整个产品开发设计全过程，并以循环盘旋递进的方式向前推进和发展。一方面，设计纲要担负从所有可选择的设计方案中选择最佳解决方案的责任。另一方面，设计纲要还将扮演质量控制的角色。

下面我们具体来讨论一下产品开发设计的质量控制问题。

（2）产品设计质量控制

普遍认为，质量控制对制造类工作而言比较容易。这是因为制造类工作的质量目标非常明确，质量控制的检验标准也非常清晰，因此有标准可循。而对产品开发设计工作而言，产品开发设计的质量目标和质量控制的检验标准并不像制造类工作那么直接和明了。因为当我们在确定一个新产品市场机会时，其实该新产品还不存在，还只是臆想。我们并不清楚该新产品最终会是什么样子，又怎么能够明确它的质量控制标准呢？因此，我们很难用传统的，针对制造类工作的质量控制方法来对待新产品设计过程的质量控制。

那么什么才是适合新产品开发设计的质量控制方法呢？要回答这一问题首先让我们来分析一下质量控制的基本原则。

第一点，明确目标和标准。也就是我们将要做什么。

第二点，按照原定的目标和标准完成任务。也就是我们要实际地把"将要做什么"做出来。

第三点，对结果进行质量检验。也就是我们要检查所做的结果是否达到原定的目标和标准。

对于新产品开发设计而言，很明显，在新产品完成之前，没有人能够知道新产品的具体样貌，以及与其相关的具体参数。这是不是就意味着我们无法对它进行质量控制了呢？当然不是。

先看看我们能够知道什么。我们可以知道，符合市场契机的新产品抽象概念是什么；我们可以知道，新产品可以在价格上要比竞争产品更有竞争力；我们可以知道，新产品可以在功能上或性能上要比竞争产品更有竞争性；我们可以知道，在此基础上如何选择新产品的目标和确定产品的设计纲要。

虽然新产品开发设计没有常规质量控制工作中的目标那么精确、完整和深入，但宏观的具有明确竞争点的产品概念和设计纲要是可以明确的，它们便是产品开发设计质量控制的基本标杆。

因此，对于新产品开发设计程序的质量控制，首先我们要明确的是如何确立质量控制的目标；其次我们要明白的是如何在风险管理理论下，将质量控制目标与新产品目标对标管理。见图9-21。这样一来，对产品开发设计过程的质量控制就清晰了很多。

具体地说，新产品设计的可行性报告是新产品开发设计质量控制的第一份文件。

可行性报告是确定新产品开发价值的重要文件，也就是新产品与商业价值相关目标的质量控制文件。所以这里的新产品核心目标并非指某一个特定样貌的产品，而是有关消费者对新产品购买欲的认定，设计开发费用、生产制造费用、最低促销费预算的认定，以及包括产品的生命周期、销售规模和回报率等预测的认定。

产品设计纲要是新产品设计程序质量控制的第二份文件。

产品设计纲要是确定新产品性质的重要文件，也就是有关新产品具体的技术目标、人文目标、商业目标的质量控制文件。产品设计纲要几乎包含产品的全部特征，从产品的技术目标、形象目标到商业目标均有详细的明确要求。

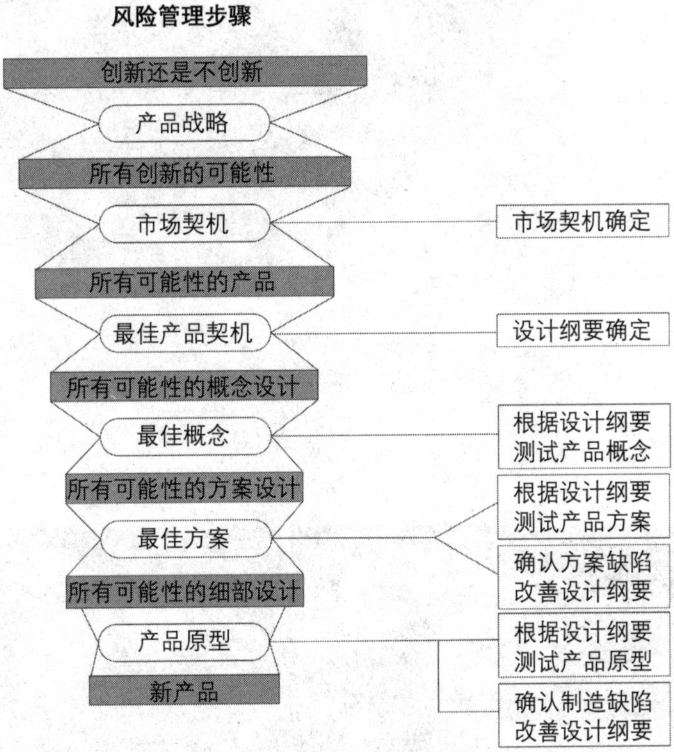

风险管理步骤

图9-21 风险管理中的质量控制

例如，有关新产品的基本功能要求、形象特征要求、CMF设计要求、包装要求、营销要求、维修和报废要求等。从作用来看，产品设计纲要就是产品设计过程的质量控制标准。因此，产品设计纲要是产品开发设计全过程的指导性文件。

值得注意的是，这两份文件虽然是非常重要的指导性文件，但也不是不可更改的铁律文件。由于产品开发设计的周期较长，而市场环境的变化难以预料，因此，在不影响产品大目标的情况下，可以根据实时的市场变化情况、技术变化情况、人文变化情况，对设计纲要文件进行与时俱进的调整，即使新产品开发设计已经到了细节设计阶段，对这两份文件进行适度调整也是符合商业运营的基本规律的。因为错位的产品设计纲要会带来最终新产品的失败。

可以想见，一旦产品设计纲要的标准错了，再好的设计团队来设计也无法避免新产品的失败。所以，有关产品设计纲要的制定和修改必须慎重，必须是一份由公司管理层、销售部、采购部、设计部及工程配套部共同讨论并达成共识的文件，只有这样才能确保新产品设计评估标准的全面性和合理性。

本章小结

从原理层面来认识产品设计程序，我们认为产品设计程序首先反映了产品开发工作中不同的设计行为和环节；其次反映了在不同的设计行为和环节中阶段性的工作目标；最后反映了不同的设计行为和环节与总进程的关系，特别是设计行为的递进频率关系与风险管理相结合的因果关系是学习和认识产品设计程序的关键。

第 10 章

产品体验设计

1998年，美国经济学家约瑟夫·派恩二世（B. Joseph Pine Ⅱ）和詹姆斯·吉尔摩（James H. Gilmore）在《体验式经济时代来临》一文中指出：体验式经济时代已经来临。人类经济演变的过程随着消费形式的改变而改变，已经从过去的农业经济、工业经济、服务经济转向"体验式经济"。次年他们又合著了《体验经济》一书。

书中系统地分析了经济社会的发展脉络，明确指出：人类经济社会是沿着产品经济、商品经济、服务经济的方向进化，而体验经济则是当下正在经历的一种更高、更新的经济形态。

那么人类经济所经历的四个不同经济阶段各有什么特征呢？

根据美国经济学家约瑟夫·派恩二世和詹姆斯·吉尔摩的理论：

第一阶段：产品经济阶段亦称农业经济时代。这是在大工业没有形成前的主要经济形式。这个时期，产品（农牧产品）还处于供不应求的短缺期，谁控制了产品或生产产品的生产原材料，谁就主宰了市场的经济形态。例如地主、农场主、手工艺作坊等。

第二阶段：商品经济阶段亦称工业经济时代。这是随着大工业生产的发展，商品（大工业产品）不断丰富以至于很快就出现了供大于求的商品过剩，以及低利润市场竞争的经济形态。例如工厂主、跨国企业集团和金融财团等。

第三阶段：服务经济阶段亦称服务经济时代。这是在商品经济面临低利润竞争困境下，通过向顾客提供额外利益而实现竞争优势的经济形态。例如跨国品牌汽车企业1年免费维修服务和终生维护服务、跨国品牌超市对耐用品所提供的10天无理由退货服务。

第四阶段：体验经济阶段亦称体验经济时代。这是从服务经济中分离出来的，重视追求满足用户心理感受和情感需求，通过提升企业与品牌亲和力和黏合度拓展更大利润空间的经济形态。例如银行的贵宾卡服务、美容中心的会员制服务、麦当劳儿童生日派对服务等。

下面我们以所熟悉的春节年夜饭为例来解释这四种经济形态的变化。

农业经济形态：我们是以自家的鸡鸭鱼肉、瓜果蔬菜为材料（产品）亲自下厨，从头忙到尾地张罗。成本极低，假设不到数十元。

工业经济形态：我们是到菜场和商店购买各色所需要的菜肴材料（商品），回家自己烹饪。成本与农业经济形态相比，会有较大幅度增加，可能会数百元。

服务经济形态：我们是向饭店或超市订购做好的饭菜快递到家（服务），不用自己烹饪，只是自己张罗一下。成本与工业经济形态相比，会有较大幅度增加，可能会近千元。

体验经济形态：我们不但不用烹饪年夜饭，甚至不用费事自己在家张罗年夜饭，而是将年夜饭全部外包给某个服务企业，请他们为我们筹办特别的、令人难忘的除夕晚餐（体验）。成本与服务经济形态相比，会有更大幅度增加，可能会数千元。

显而易见，不同的经济形态决定了不同的消费模式，脱胎于体验经济形态的"产品体验设计"（User Experience Product Design）当然是根据体验经济形态的特征展开设计行为。下面我们将从体验经济的特征出发，系统认识和解读有关产品体验设计的内核和外延。

10.1 体验经济特征分析

根据美国经济学家约瑟夫·派恩二世和詹姆斯·吉尔摩的理论，产品经济是农业社会的特征；商品经济是工业社会的特征；服务经济是后工业社会的特征；而体验经济是一种已经存在于服务经济中，但并没有被清楚表述的情感增值的经济产出类型，然而正是这种经济产出类型为我们开启了信息社会经济增长的钥匙。

那么，体验经济究竟有哪些特征呢？

（1）终端性

商品经济和服务经济所关注的关键问题是"渠道"问题，即如何将商品通过"客户"送到消费者手中的问题。具体地说，在生产环节，"渠道"是制造单元的供求关系所形成的"供应链"；在商业环节，"渠道"是买卖关系形成的"价值链"。无论是供应链还是价值链，其中的核心概念是"客户"。但"客户"其实是泛泛关系户的概念，而不一定是指终端消费者。

然而，体验经济的"客户"概念却是明确地指向作为自然人的最终用户。如果说商品经济和服务经济时代的企业竞争是供应链与价值链的话，那么，体验经济时代企业争夺却是终端消费者。体验经济时代，聚焦于最终消费者的感受，关注终端消费者的情感，能够增进终端用户对产品的体验品质，这就是体验经济的终端性特征。

（2）差异性

商品经济追求的是标准化，这是工业社会的基本特征决定的。商品经济时代不仅要求有形产品的同质性和制造过程的无差异性。而到了服务经济时代就开始表现出相反的倾向，开始向个性化方向发展，到了由服务经济脱胎出来的体验经济就更为注重千差万别的终端用户需求的差异性。可见体验经济是对标准化的哲学否定。体验经济时代，聚焦于最终消费者的个性化需求，关注终端消费者千差万别的情感，

图10-1 手机市场的差异化设计：专门为老人设计的智能手机

能够增进终端用户对产品的体验品质，这就是体验经济的差异性特征（图10-1）。

（3）感官性

用户对产品的"体验"来源于身体感官的感知。人的不同感觉器官提供着不同的感知信息，而这些产品信息是直接影响我们感官体验的重要元素。例如视觉感官体验的重要元素：产品的形态、色彩、图案、体量、布局、逻辑结构等信息；听觉感官体验的重要元素：产品的声响（音质、韵律、节奏）等；嗅觉感官体验的重要元素：产品的气息、气味等；触觉感官体验的重要元素：产品的温度、材质和肌理等；味觉感官体验的重要元素：

产品的酸甜苦辣的味道等；体觉（动觉）提供了有关产品的操控气场等。

当然这些产品信息组成的产品情绪是直接通过感官系统影响着用户的主观感受和情绪范围，例如从喜悦到悲伤、从兴奋到绝望的全部感受。所以，对用户感官感知的研究是用户体验设计的重要内容。

体验经济时代，聚焦于最终消费者的感官感知，把控终端消费者主观感受的舒适性，能够提高终端用户对产品的体验品质，这就是体验经济的感官性特征。

（4）知识性

用户不仅会用身体的各个器官去感知产品，更会用心来领会产品，这是人类求知欲的天性。现如今随着信息技术的高度发达，在体验经济时代，人们获取知识的途径已全面打开，这种随时随地无负担地增加知识、增长才干的条件，极大激活了今天用户对知识的消费欲，使得体验经济带有了较为明显的知识经济色彩。对今天的用户来说，与人类文明相关的各类知识（如历史文化知识、健康知识、科普知识、生活知识、社交知识等）的兴趣远远超过了以往的任何时代，也成为产品体验设计的重要智库。

体验经济时代，聚焦于最终用户知识渴求的消费需求，通过产品的形式加以满足，能够激发终端用户对产品文化品质的更高要求。例如微信、抖音和快手等。这就是体验经济的知识性特征。许多当下流行的自媒体平台都是以知识普及吸引了大量的粉丝。

（5）延伸性

商品经济和服务经济时代所提供的商品与服务仅仅是关注用户需要的一般水平。用户需要的一般水平主要是指用户对产品与服务的直接需求。例如用户对快餐店的直接需求是快餐。在商品经济和服务经济

图10-2 肯德基免费公厕示例

时代，快餐店做好快餐、点餐和送餐服务就可以了。然而对于体验经济而言这是远远不够的，还必须向"商品→服务→记忆"的纵深扩展才能够更好地实现企业和品牌的黏合度和忠诚度。企业应该为用户提供超出直接需求的更深层次，具有心灵触动的记忆需求。其中包括用户在价值补偿服务中获得的愉悦感、超值感和难以忘怀的美好记忆。这就是体验经济的延伸性特征（图10-2）。

（6）参与性

人类的认识规律决定了用户对产品的"体验"来源于个人感官的直接感知。因为亲身参与的"直观"，可以使抽象的知识具体化、形象化，有助于我们感性知识的形成。体验经济重点就在于用户的身临其境，就是通过给用户展示真实具体的形象（包括直接和间接形象），一方面，使用户从形象的感知中达到抽象的理性顿悟；另一方面，则是激发用户正面情绪和消费兴趣愉悦情感，使自助式消费成为用户主动和自觉参与的消费形式。这就是体验经济的参与性特征。

对于产品体验设计而言，实际上，消费者可以参与的可以是产品消费的全过程（各个环节）。例如，超市从自选、自取到如今的自助结账服务。

从体验经济的各项特征来看，今天的产品设计正在经历着一场由体验经济理论引发的变革，我们不得不重新思考产品设计的定位问题；不得不认真面对"用户体验"与产品设

计的相关问题，其中包括产品体验设计的概念问题、特征问题、范围问题和方法问题等。

10.2 用户体验与产品概念

什么是"用户体验"（user experience）？

在《现代汉语词典》中"体验"的解释是："通过实践认识周围事物的亲身经历。"从词源上看，"体验"的概念来源于心理学。心理学家派恩认为："体验"，事实上是指当一个人的情绪、体力、智力，甚至是精神达到某一特定水平时，在他的意识中产生的"美好感觉"。

因此，这里我们所讨论的是与产品有关的"用户体验"，是指用户在与产品接触和使用中所产生的主观心理反应。其中包括感官层的"情感"刺激，以及由产品的意义和价值所引发的"情感"记忆。

什么是"用户体验"语境下的产品？就产品本身而言，是经济的基石，然而，随着体验经济时代（或后工业时代或信息时代）的到来，产品的概念注入了信息化、非物质化的重要内容，成为体验经济时代产品定义中不可缺少的重要特征。

对于体验经济时代的用户在消费需求上已不再停留在先前经济时代的"以物质化产品为主"的消费形态，而开始转向正在兴起并且不断扩容的以"非物质化、信息化产品"为主的消费形态。可见，在体验经济时代，产品除了具有必要的物质功能以外，需要更多的是注入与用户情感体验有关的非物质内容。因此使得"信息型媒介产品"和"功能型平台产品"成为体验经济时代人们主要的消费新宠，这也是产品体验设计所针对的主要产品类型。

什么是信息型媒介产品？

媒介产品是指媒介根据市场需求，生产能满足媒介用户需求的产品和服务。媒介产品具有强大的传播力和影响能力，虽然这里产品属于大家熟悉的传统型产品，但在当下的信息时代的产品形式已趋向于多媒体化。例如网络报纸、期刊、广播电视节目等多媒体产品服务，见图10-3。

图10-3 信息平台、电视栏目和网络新闻的爆炸性扩展

什么是功能型平台产品？

平台产品就是能通过自身的资源优势拉动其他产品的产品形式。平台产品具有强大的生命力和拉动能力，是当下信息时代借助信息通信技术的新兴产品形式。例如微信、百度、谷歌（Google）、脸书（Facebook）等，以及与之相关的终端产品（电脑、智能手机和平板电脑等）。

不难看出，与产品经济、商品经济和服务经济相比，体验经济是建立在服务经济之上的，更新的经济形态。虽然它在消费方式和生产方式方面与服务经济有一定的裙带关系，但也有着鲜明的自身特点，是人类经济社会发展的方向，同时也决定了产品体验设计的发展方向。

10.2.1 产品体验设计的定义

以满足用户美好感觉为导向的产品设计称之为"产品体验设计"。或者说，"用户产品体验设计"是一种将用户美好感觉需求贯穿产品设计全过程的设计方法。

以一扇可以开启的窗户设计为例，如果该窗户设计忽略了窗户开启后的固定机构或模块，该窗户的用户体验会怎样呢？虽然该窗户开启和关闭都没有问题，但在开启状态遇到刮风时，却存在着随风撞击的问题。这款窗户对用户而言带来的就不是美好的感觉，而是一种噩梦。像这样的窗户设计就是不符合产品体验设计的标准。

这里不难看出用户体验设计涉及产品的方方面面，设计的触点无大小，关键是我们有没有以满足用户美好感觉为导向去设计。其实大多数的产品缺陷都可以归结为：用户的情感需求没有得到确定性满足，用户与产品的互动没有达到预期的"美好感觉"的体验结果。可见，用户体验不仅仅是好看的外观、更多的功能，还应注入更为人性化的功能，包括更多的，用户的价值观、审美观和归属感。真正做到让用户更方便、更惬意、更加符合用户行为习惯和情感认同。

所以，产品体验设计其实就是指：能够带给用户高品质"美好感觉"的产品设计。

从中我们不难看出"用户体验"与"服务设计"存在着一定的裙带关系；与产品设计、市场营销和广告策划存在着一定的协同关系。

10.2.2 体验设计与服务设计

从传统产品设计的角度来说，当一个产品的功能、造型及其他与生产制造相关的设计完成后，设计师的任务就视为工作彻底结束了。但如果从产品体验的角度来看，设计师在完成具体的产品设计工作之后还应关注另一项设计任务就是产品延展增值的"服务设计"。

产品为什么需要服务设计呢？

首先，从体验设计的角度来看，用户在产品零售商店中购物的过程和用户购买后具体使用该产品的过程都是属于产品的体验过程。缺少服务设计的产品设计，会使用户在使用产品中出现不悦偏差时，商家却无法及时纠正用户不满，使用户出现负面的产品体验。

其次，今天的产品正在从传统的产品功能中走出来，在越来越多的产品已经包含非物质的、信息化的、服务性的特征，所以在信息技术高度发展的今天，服务系统也已成了产品存在的新形式。许多产品离开了服务系统已没有任何实际意义。

如果没有信息平台服务，没有供电服务，没有APP服务，智能手机就会像当年的模拟手机、数字手机成为你抽屉中的收藏，而没有了现实的使用意义。可见今天的手机类产品设计，手机本身的造型已不再是设计的焦点，更重要的是与手机相关的衍生服务设计才是创造价值的关键。

所以说，对于用户体验的产品设计而言，只设计产品而不设计支撑产品的服务，就算产品设计再出色，也无法满足今天用户的消费需求。

一般而言，服务设计分为商业服务设计和非商业服务设计。非商业服务设计主要是指：公共医疗服务设计、教育服务设计等。商业服务设计主要是指：以商业盈利为目的的产品延展性服务系统设计。主要可以分为："围绕实体产品的服务设计"（例如苹果公司推出的iPod和iTunes的关系、阿里企业推出的盒马超市）和"单纯的非物质性服务设计"（例如腾讯企业推出的微信服务、阿里企业推出的支付宝服务等）。

用户体验设计中围绕实体产品的服务设计包括：零售体验服务设计和售后体验服务设计。这两部分服务设计是针对用户在产品购买阶段和购买后阶段的设计。

"零售体验"是我们长期以来忽略的部分，因为工业经济时代主要还是实体店的销售模式，零售体验与销售是没有区分的。现如今，网络销售已经逐渐占据非常重要的份额。因此，零售体验就成了网络销售服务系统中不可缺少的重要内容，而零售体验的服务设计也自然成了继产品设计之后关注的焦点之一，特别是最近兴起的"直播"，就是"零售体验"的新型服务设计，无论是明星、名人还是俊男靓女都加入其中。

"售后体验"是大家并不陌生的服务设计，也就是常说的售后服务。然而对于今天用户体验语境下的售后服务设计，并不完全是服务经济时代的那种质量保障服务。当然质保工作依然是体验经济时代"售后体验"的重要环节；而今天售后体验服务还应该包括发现和获取用户在产品使用中出现的新的潜在需求的环节，从而通过这些未来需求信息设计出对应的服务，从而提高用户体验品质，逐渐形成长期的产品服务依恋感。

10.2.3 用户体验与产品设计、市场营销和广告策划

产品设计、市场营销和广告策划是用户体验设计不可分割的三个重要组成部分。在市场营销和广告策划领域中，对用户体验和产品情绪的研究，其实早就开始了。例如营销学中的"关系营销"和"体验营销"都是站在用户体验的角度展开的研究。

由于早先的产品设计、市场营销和广告策划被放在三个完全隔离的学科中，因此，有关对用户体验的研究，长期以来是各自为政，很少交流的，有关用户体验的研究缺乏跨专业的系统观当属正常。

而今天，随着体验经济形态的形成，用户体验成了社会关注的焦点，也使得产品设计、市场营销和广告策划在用户体验问题研究上有了交集，有机会一起来探讨用户体验问题，并且从服务系统的角度达成了有关用户体验设计方面的共识。

传统的产品设计教育很少关心营销学和广告学方面的内容。而营销学和广告学专业的教育也很少关心设计学方面的内容。这种三方割裂的教育，导致三方仅站在自己狭窄的视角看待用户体验的价值，在认知上存在一定的错位。广告关注的是产品购买前的体验；营销关注的是产品购买过程的体验；而设计关注的人机关系，并没有上升到体验的高度。

对于今天真正意义上的产品体验设计，其实是指产品生命整个周期的用户体验，其中包括产品广告的购前体验、销售的购中体验、产品设计的购后体验。可见用户体验设计发展到今天，已经完全突破了原先产品设计的疆域，表现出了与营销学和广告学密切相关的特征。现如今，世界上许多一流的商学院和管理学院已纷纷开设了设计类的课程。而在设计学院（如斯坦福大学、印度理工学院、代尔夫特理工大学）也已经开设了商业及管理类的课程。

因此，对用户体验设计的研究将会从消费心理学、社会行为学、文化传播学等学科中吸收营养，清晰界定与用户体验直接相关的产品情感因素和情绪特征，以便创造出能够满足体验经济时代用户的体验性消费需求。这就是用户体验与产品设计、市场营销和广告策划之间存在的协同关系。

10.3 用户体验与产品情感

用户为什么会在与众多产品的交互中，对其中某些产品产生强烈的感情，进而对某产品，或某品牌，或某企业，形成较高的好感度和忠诚度；而对其中的某些产品，或品牌，或企业，产生排斥的情绪？

究其原因应该归结于产品情绪的作用。

10.3.1 产品情绪

什么是产品情绪？

产品情绪是指产品引起人情绪反应的产品状态。

从心理学的角度，是指人对客观事物的态度体验以及相应的行为反应，一般认为，情绪是以个体愿望和需要为中介的心理活动，伴随着一定的生理变化和肢体表情，比较微弱，有时短暂，有时很持久，能影响人的整个精神活动。

有人认为，情绪可以从"愉快←→不愉快""轻松←→紧张""平静←→激动"三个方面描述；也有人把情绪的内容分为"快乐、愤怒、警戒、憎恨、悲伤、恐怖、惊愕、接受"八个方面。

好的产品情绪会给消费者或使用者在接触、使用和交互时，带来美好的感觉，从而产生对产品好感度、忠诚度、依赖感和美好的情感体验。

（1）情绪产生的原因

通常来说，情绪的产生是由于个体受到某种刺激以后产生的身心激动状态。这种刺激可能来自生活中遇到的各种人和事。情绪的产生还可能来自人的某些心理活动（如：回忆、想象、联想），或者某些生理性刺激。所以，情绪是人类个体的深刻体验，人们能感受到它，却常常不能自如地控制它。

情绪（emotion）和心情（mood）是容易混淆的两个词，我们必须清楚它们之间的区别，以便准确把握产品情绪的含义。

首先，"情绪"具有目标性。情绪的发生与特定对象有关。例如，因某件产品而感到愉悦；因某种服务而感到生气等。"心情"则不会直接因特定对象而起，"心情"没有目标性。"对一件产品感到生气"为"情绪"；而"心情沮丧"则是"心情"。

其次，"情绪"具有功能性。"情绪"会左右人的行为，使人对特定的情形做出心理上和生理上的立即反应，与"心情"相比，维持时间较短。而"心情"恰恰相反，"心情"所左右的时间较长。

从哲理上看，"情绪"主要是来源于人类的内心过滤器（自信、思想、经验），而外来事物的"刺激"，只不过是诱因，内心的过滤器才是决定的因素。可见人的"主观认知"是影响情绪的内在原因，也是决定人的"需求"能否获得满足的关键要素。

下面我们从"需求"与"评价"两个方向来进一步探讨情绪问题。

① **需求**。需求是人类获取信息的基础。在人与产品交互中，产品影响下的用户情绪，直接关系到用户需求的实现。根据美国社会心理学家亚伯拉罕·哈罗德·马斯洛（Abraham Harold Maslow）的需求理论，用户对产品用途（目标）的满足只是最基本的需求满足。用户在基本需求得到满足后会追求更高层次的，具有信任关系和依恋关系特征

的需求，也就是这里我们所讨论的产品情绪需求。例如，教育产品不只是为了满足学习内容的需求，还必须能够满足学习者预期价值感的情绪需求，这样才能建立与学习者的信任关系和依恋关系。

② 评价。人对事物价值的判断决定了人的情绪评价。理论上说，评价是从人的认知出发的判断行为，也就是说，是以自己曾经遇到过的，或熟悉的事物为价值标准，在面对新事物时作出的潜意识的评价，并会表现出愿意接近那些对自身有益的事物（被评定为"好的"事物）、避开和排斥那些对自身有害或无益的事物（被评定为"不好"的事物）和忽略那些被认为"无所谓"的事物。

因此，情绪可以被理解为是具有某种适应功能的潜意识心理活动。

（2）产品情绪的特征

产品情绪是指产品引起人情绪反应的产品状态，所以理论上讲，产品情绪其实就是人的基本情绪，具有以下三个特征：个体性、混合性、暂时性。

① 个体性。情绪的个体性表现为不同的人对同一事物会产生的不同情绪反应。虽然人类情绪的个体性存在着差异性，但是人类情绪产生的过程是相同的，所经历的评价过程也是相同的。由于过程的相似性，情绪的个体性也有一定规律性和相似性，这为我们进行用户体验的研究从类型学的角度提供了重要的参数（图10-4）。在图10-4中有四个影响用户情绪和情感的变量：评价、关注、产品、情绪。"产品"与"关注"是产品评价的前提，在用户与产品交互过程中会相互作用，产生个人潜意识的产品"评价"，而这种个人的产品"评价"是最终决定产品情绪形成的关键因素。这就是情绪的个体性特征。

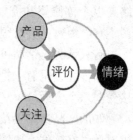

影响用户情感的产品情绪导出的四个变量

图10-4 产品情绪导图

② 混合性。产品情绪的混合性是指用户对同一产品存在引起不同情绪的情况。其中包括愉悦、满意的积极情绪，也包括纠结、茫然的消极情绪。荷兰心理学家尼科·弗里达（Nico Henri，Frijda，1927—）的研究表明，积极和消极情绪共同存在的艺术作品对观众更具吸引力。其实产品设计作品也一样。这就是情绪的混合性特征。如图10-5所示，我们可以看到产品可以带给用户的情绪是复杂的、混合的，除了具有正面情绪和负面情绪，还有高能量情绪和低能量情绪。

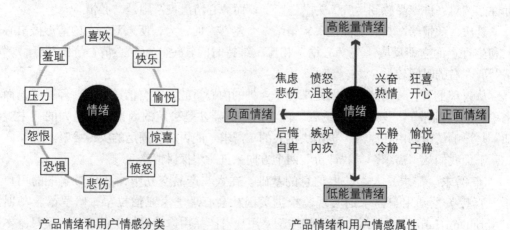

产品情绪和用户情感分类　　　　　产品情绪和用户情感属性

图10-5 用户情感分类和用户情感属性

③ **暂时性**。情绪的暂时性是指由某一事物所引起的情绪作用，其时间是短暂的，而且我们可以对同一事物在不同的时间内产生不同的情绪反应。对于产品设计而言，产品广告、产品营销策略、产品形态、产品功能、产品使用方式等，都会在不同的交互阶段和时间段，影响着用户的情绪。情绪的暂时性特征让我们明白，仅仅使消费者在购买前，或购买时产生积极的情绪是不够的。这样只能使消费者完成一次性购买行为。要使消费者与产品或品牌之间建立长期的良好关系，这就取决于消费者在购买后的产品情绪。产品只有不断地使消费者体验到积极情绪，或用户希望体验到的情绪，这样才能使消费者形成对产品的依恋感，虽然每次的积极情绪都是短暂的，但却是多触点的。这就是情绪的暂时性特征。

10.3.2 产品依恋感

产品依恋感是指消费者与产品或品牌之间高强度情感黏合现象，具体体现在下列方面。

（1）依赖性

对于用户（消费者）而言，购买或拥有某件产品一定存在着某种需求，正是这种需求的存在，奠定了用户与产品之间的某种依赖关系。

（2）强度性

用户与产品之间的需求满足度是用户对产品依恋感强度的根本原因。用户特别喜欢某种产品，这是因为用户与该产品交互中，能够体验到与其他产品相比的与众不同，更强烈的情感认同。

（3）积极性

产品的依恋感与产品能够引起用户一种或几种的情绪，当然多数应该是积极的情绪。不过值得注意的是，虽然无聊、恶心或失望等消极情绪，通常是由那些没有依恋感的产品所引起的，但是这并不意味着具有依恋感的产品只会引起积极情绪，其中也会有少量的消极情绪，这样会使该产品更真实和更有魅力。例如，许多"果粉"依恋他们的苹果手机，可是偶尔也会与他们的苹果手机闹点小脾气，如兼容性等给他们带来的消极情绪，但兼容性差恰恰又能够转化为苹果系统安全性好的积极情绪。这种消极和积极情绪的交织，在用户体验中，往往比单纯的积极情绪体验更具魅力。

从品牌角度看，当用户对某件产品形成较强的依恋感时，用户对该产品的品牌依恋感也会随之形成。除了用户自己在下一次购买活动中会选择相同品牌外，很多时候用户还会向朋友讨论和推荐自己依恋的产品，并建议朋友去尝试这个品牌。由此可见，产品依恋感是产品积极情绪的重要基础，也是产品体验设计中非常重要的设计触点。

人脑科学家的研究结果表明，"情绪"在人们进行决策时起着关键性的作用。因此，产品情绪在产品体验设计中占有重要的地位。一般来说，研究产品情绪和产品依恋感是以用户为中心设计的重要内容。试想一下，你为什么会喜欢一个人而讨厌另一个人，就是因为在交往过程中，你喜欢的人给你带来的积极情绪多过消极情绪，在与喜欢的人经过一段时间的交往后，你们之间会形成一种较为紧密的关系，其实产品和品牌也一样。

我们通过对产品情绪和依恋感的研究，就是希望可以使用户与产品，或品牌之间形成类似朋友的那种感情关系，这样我们就可以最大限度地发挥产品的人文价值。

10.3.3 产品情感体验

说到情感体验，先看下"情感"的含义。

"情感"是指人"对外界刺激肯定或否定的心理反应，如喜欢、愤怒、悲伤、恐惧、爱慕、厌恶等等"。

心理学家认为，"情感"来源于人类的社会实践，是以个人的立场、观点和社会经历为转移的。因此，"情感"是人对于客体是否能满足自己的需要而产生的肯定或否定态度的体验。

由此可见，"情感"与"体验"有着重要的关联性。情感只有在体验中才能得到规范、升华和完善。所以，"体验"是人类情感从低级走向高级的本源。

产品作为与人类生活息息相关的十分重要的外部环境，给人带来心理上的"情感体验"是必然的。这就是为什么产品的情感体验在用户体验设计中具有重要的分量。

从心理学的角度来看，产品的情感体验分为三个层次，即本能层、行为层和反思层。

（1）本能层情感体验（基本型需求）

本能是指人类无任何后天因素的与生俱来的天性，实际上就是生物性和动物性的特征，反映了人类生存的基本型需求。而按照马斯洛的需求层次理论，人类本能需求可以分为五个不同层次来实现产品的情感体验（图10-6）。

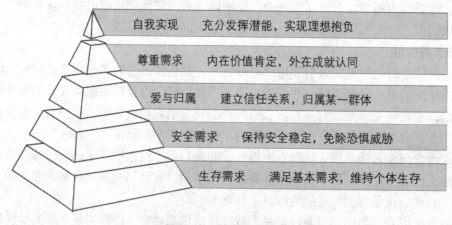

图10-6 马斯洛的需求层次理论

① **生存需求**。这是人类维持自身生存的最基本需求，包括饥、渴、冷、热、困、性等方面的需求。如果这些需求得不到满足，人类的生存就有问题。因此，生理需求是第一位的。也就是政府最关注的民生问题。只有这些最基本的需求得到必要满足后，其他的需求才能成为新的激励因素。

② **安全需求**。这是人类要求保障自身、家庭、事业和财产的安全需求。人类在满足生存需求的基础上，追求一个安全的整体机制。人类从人的感受器官、效应器官、智能和其他能量等方面全面为自己寻求安全感，甚至把科学和人生观都看成是可以满足安全需求的一部分。当然，当安全上的需求一旦相对满足后，也就不再成为激励因素。

③ **爱与归属需求**。这一层次的需求包括两个方面的内容。一是友爱的需求，即人人都需要伙伴之间、同事之间的关系融洽或保持友谊和忠诚；人人都希望得到爱情，希望爱别人，也渴望接受别人的爱。二是归属的需求，即人都有一种归属于一个群体的感情，希

望成为群体中的一员，并相互关心和照顾。感情上的需求比生理上的需求来得细致，它和一个人的生理特性、经济、教育等都有关系。

④ **尊重需求**。人人都希望自己有稳定的社会地位，要求个人的能力和成就得到社会的承认。尊重的需求又可分为内部尊重和外部尊重。内部尊重是指一个人希望在各种不同情境中有实力、能胜任、充满信心、能独立自主。总之，内部尊重就是人的自尊。外部尊重是指一个人希望有地位、有威信，受到别人的尊重、信赖和高度评价。马斯洛认为，尊重需求得到满足，能使人对自己充满信心，对社会满腔热情，体验到自己活着的用处和价值。

⑤ **自我实现需求**。这是最高层次的需求，它是指实现个人理想、抱负，发挥个人的能力到最大限度，完成与自己的能力相称的一切事情的需求。也就是说，人必须干称职的工作，这样才会使他们感到最大的快乐。马斯洛提出，为满足自我实现需求所采取的途径是因人而异的。自我实现的需求是在努力实现自己的潜力，使自己越来越成为自己所期望的人物。

除了马斯洛的需求层次理论，还有人提出了产品的情感体验也可以从人的本能的15种基本欲和价值观中加以实现。

好奇心：不可抗拒的学习的渴望。

食物：不可抗拒的食物的渴望。

道德：不可抗拒的构成完整社会结构的渴望。

被社会排斥的恐惧：不可抗拒的守规矩的渴望。

性：不可抗拒的身心欢娱的渴望。

体育：不可抗拒的运动的渴望。

秩序：不可抗拒的无风险自控的渴望。

独立：不可抗拒的自主的渴望。

复仇：不可抗拒的报复的渴望。

社会交往：不可抗拒的融入人群的渴望。

家庭：不可抗拒的亲情的渴望。

社会声望：不可抗拒的名誉和地位的渴望。

厌恶：不可抗拒的摆脱疼痛和焦虑的渴望。

公民权：不可抗拒的对公共服务和社会公正的渴望。

力量：不可抗拒的影响和征服的渴望。

（2）行为层情感体验（期待型需求）

行为是指人类在生活中表现出来的生活态度和具体的生活方式，或对内外环境因素的刺激做出的能动反应。就人类而言，行为层的情感体验反映了人类生存中的期待型需求。

人的行为一般可分为外显行为和内在行为。外显行为是指可以被他人直接观察到的行为，如言谈举止；而内在行为则是不能被他人直接观察到的行为，如意识、思维活动等心理活动。在许多情况下，我们可以通过观察人的外显行为来推测他的内在行为。

人的行为包括五个基本要素，即行为主体、行为客体、行为环境、行为手段和行为结果。

① 行为主体：具体指具有认知、思维、情感、意志等心理活动的人。

② 行为客体：具体指人的行为目标指向。

③ 行为环境：具体指行为主体与客体发生联系的客观环境。

④行为手段：具体指行为主体作用于客体时所应用的工具和使用的方法等。

⑤行为结果：具体指行为主体预想的行为与实际完成行为之间相符的程度。

人类行为的发生过程是以内外环境刺激为基础的，刺激人类行为产生的最重要的刺激源是与人的基本需求相联系的主客观因素。用户体验设计关注的是产品能够给用户提供具有行为层的情感体验，也就是满足用户的期待型需求。

例如：环境污染危及用户最基本生理需求的满足而构成强烈刺激，从而促使用户产生生态环境被破坏的危害认识，从而使用户有了保护环境的期待、设想和行为反应。如果某类环保产品能够与用户的这种环保情结吻合，并能够很好地满足他们的这种期待，符合他们的设想和行为反应，无疑产品就会给用户带来用户行为层的产品情感体验，从而使用户对该产品产生行为层情感认同和依恋感。

不难看出，要激起用户的消费动机，除了要关注和满足他们本能的情感需求外，更重要的是关注和满足他们的行为层的情感需求。因为行为层的情感需求对用户而言更具有吸引力。

因此，对于用户体验设计而言，对产品的行为主体（用户）在行为层的情感共同点和差异性的研究，对产品设计是至关重要的。行为层的情感包括他们的期待型的需求、动机、性格、爱好、心理机制等。当然这种研究应该是建立在对行为主体（消费者、用户和利益相关人等）关心和尊重的原则之上，才能更准确地把握。

（3）反思层情感体验（魅力型需求）

反思是指有较高价值的内省认识活动。这种内省首先是获取心理现象，然后对这些心理现象进行加工，从中得出心理规律，即打开心理的黑箱的方法。

康德认为反思是连接知性与理性的桥梁；黑格尔认为反思是作为一种从把握外在本质到把握内在本质的过渡。虽然他们对反思有不同的理解，但他们的共同之处在于："反思"是指人接受外部信息并在人体内部进行信息处理的活动。按照马克思主义哲学的观点，人类的社会实践是有意识、有目的地改造世界的活动，这种自觉性是基于人类作为能动主体所应该具有的反思性能力。

应该说，人的反思性与文化传播存在着内在关联，属于人的"自律"行为，反映了人类生存的魅力型需求。

人类的反思活动大致可分为两个阶段：

思维中的怀疑、犹豫、困惑、心灵困难等状态。也就是"不确定性"阶段。

思维中的消除、清除困惑的探索状态。也就是"探究解惑"阶段，包括释疑或激疑行为。

应该说，用户体验设计是建立在用户反思性基础上的活动。

理论上讲，人之所以称其为"人"，不是指先天与生俱来的生物属性，而更重要的是指后天习得的、在消化世世代代累积起来的经验，以及在吸收不同文化的过程中，所体现出来的人的社会属性，其中最重要的就是包括了人的反思层的魅力型需求。

我们知道，自我反思是我们自身的情感免疫系统，是从情感上确立自我身份、价值观念、社会阶层和文化归属的内在情感认知。

自我反思的情感认知是人与人之间情感交流的基础，是我们对自身的深层次认识。虽然与我们的生理和心理机制紧密相关，但绝不是自身的形而上，而是实践性很强的精神文化交往活动，是对外部世界的情感认知和情感交互中积极的、能动的情感反应。

当然，用户反思层的情感体验不只是对已知"知识""观念""思想"的简单"复制"和"克隆"，而是通过内省活动，在已知的基础上不断探索新知的行为，属于高层次的内在情感交流认知形式。理论上讲，对于一个没有经过社会化和没有受过文化教育的人来说，是很难产生反思层的情感体验。

纵观人类历史，我们可以清楚地看到，由于人们文化背景的不同和生存地域的阻隔，在语言、思想、观念和实践行为上存在着较大的差异，形成了不同的"本土文化"和"异域文化"，使得国与国之间、民族与民族之间、人种与人种之间在相互理解与和谐共处方面始终是一个国际难题。

但是，随着全球性自我反思的情感认知和文化交流，现如今我们已冲破了封闭许久的地域文化体系，促进了国际间人与人的交往、沟通、理解，认同了"和而不同"的情感共识、行为规范和社会公约。可见，反思层的情感体验不是自我封闭的、超越社会之上的自说自话，而是建立在与他人联系之上、与社会交往之上的情感认同，是"社会人"所具有的情感方式。这就是产品的反思层情感体验。

10.4　产品体验设计方法要素

我们知道，产品体验设计的目标不只是产品本身，而是产品能够带给用户的积极的主观感受的情感体验，这才是用户体验设计的内核，也是设计方法要实现的目标。根据用户体验设计的产品信息化特点和目的，产品体验设计的方法要素是什么呢？

美国学者杰西·詹姆斯·加勒特（Jesse James Garrett）在他所著的《用户体验要素：以用户为中心的产品设计》（*The Elements of User Experience: User-Centered Design for the Web and Beyond*）一书中做了详细的论述，并提出了用户体验的五要素理论：战略层→范围层→结构层→框架层→表现层。从要素的特点来看，用户体验的五要素理论是产品体验设计方法的重要依据。

10.4.1 战略层

所谓战略层，是指确定产品目标和用户需求。或者说我们需要解决的问题是什么？我们为什么要做这些？

战略层对产品目标的确定，来源于目标用户群体确定和相关用户需求的确定。

成功的用户体验设计，重要的基础是必须要有一个明确的产品战略目标。简单地说，就是企业和用户对产品的期望（目标），当然，企业与用户对产品的期待是不同的，但又是相辅相成的。用户期待的完成度决定了企业期待的完成度。当然，如果企业没有期待，用户的期待也就无从实现。所以，对于任何一个产品体验设计首先必须要有期待，即产品设计战略。

从方法的角度来说，产品设计战略可以通过系统的调查研究，以书面"可行性报告"的形式明确回答下列问题：

企业期望从该产品上得到什么？

用户期望从该产品上得到什么？

在许多情况下，企业目标和用户需求之间存在着一定的矛盾，因此，在战略层我们就需要在有限的资源条件下，在企业目标和用户需求之间学会取舍，在平衡利弊的情况下，确定产品目标和用户需求之间相互互补的战略关系。

10.4.2 范围层

所谓范围层，是指确定用户需求的具体内容和产品的功能规格及服务配置的范围。或者说我们的产品或服务将做成什么样？如何将用户需求转换成具体的可满足需求的产品形态和方式？可见，对产品功能（服务方式）的范围确定来源于战略层的企业目标和用户需求。

对于用户体验设计来说，如果我们没有明确的设计范围就很难知道：哪些是需要做的？哪些是什么时候需要做的？哪些是不能做的？

要确定产品的功能配置和用户需求的具体内容，常用的方法是邀请不同背景的各路人士参与的"头脑风暴"方法。这样可以更全面地验明用户需求与产品功能的契合点。特别是对类似产品（竞争产品）功能的拆解方面、分类分析方面，确定功能集合点方面、优先级方面，通过集团的智慧，框定出具有产品迭代特点的设计范围，并且以书面的"产品设计纲要"形式明确回答下列问题：

我们所要提供的产品或服务的功能配置是什么？

用户期待满足的具体需求内容和形式是什么？

用户对产品情感认同的内容有哪些？

产品实现的具体路径和可协调的资源条件有哪些？

10.4.3 结构层

所谓结构层就是：确定产品信息与用户的交互（交流）方式和信息层次。或者说将抽象的战略和范围具象为用户可理解的形式和结构概念。

用户和产品的交互，就像跳舞，需要配合，能预见对方的步伐。如果设计不好，很容易踩到脚。好的设计用户其实不需要说明书和培训就可以方便地进行无障碍交流；体验设计中的交互设计必须包含"容错"设计：错误预防、错误警示、错误修正等功能。

信息结构层是帮助用户无障碍地认识产品有意义信息层级交互的方式设计，所以信息结构层涉及：有关产品信息如何层级分类？如何层级传输？如何层级排布？用户交互操作的层级步骤是否有意义？等，理论上讲，信息结构层设计属于产品设计的概念设计阶段。

信息层级不一定越少越好，而是每一项内容对于用户都是容易理解且有意义的；好的信息层级是可扩展的，是人性化的。这也是"知识付费"项目能盈利的原因，用户没有时间或者不愿意自己看书学习，花钱买"知识点"是用户认为更高效、更轻松的学习方式。错误的信息层级可能会带来负面效果，造成用户思维混乱。

结构层是抽象与具体之间的分界线，此处层级的决策更倾向于抽象化。结构层确定的是各个层级将要呈现给用户的信息选项模式和顺序。从方法的角度看，结构层的交互方式是有关用户快速、准确获取信息的方式设计。

10.4.4 框架层

所谓框架层就是：确定产品的信息设计，或界面设计中用户接受信息的逻辑关系。

对于产品的界面设计而言，是指界面中每个功能与用户交互时的具体的逻辑表现。好的界面设计，是从大部分用户的角度，按信息的重要程度有序地以具有自我解释性的逻辑关系呈现给用户，这样才能最大限度地降低用户的思考成本，并获得多数用户的情感认同。

对于产品的信息设计而言，是指产品层级信息具体传达的逻辑框架；信息设计的目标是让用户顺利获取产品的层级信息，轻松使用该产品提供的满足用户需求的功能，包括在用户误操作时的"提示"，也应该保证结构层有清晰的逻辑框架和易懂的信息。

从方法的角度来说，错误的逻辑框架设计是无法通过界面设计来纠正的。所以框架层的逻辑设计应该尊重不同用户的逻辑习惯。例如，当我们开惯了某一品牌的汽车，突然换了一台其他品牌的汽车开，虽然车型是同类的，但我们还是会需要较长时间来适应。与用户逻辑习惯相背离的设计，不仅是操作不友好那么简单，更会造成用户的"挫败感"，直接降低产品体验的印象分。这就是信息逻辑框架设计的重要性。

10.4.5 表现层

所谓表现层就是：确定产品信息的感知触点。换句话说就是确定用户对应感官能顺畅地感知到你所要传达的产品信息（产品形象、品牌形象等）。

对于用户体验设计而言，产品信息传递的流畅性十分重要，特别是当用户在面对复杂的信息层次时，不能让他们产生"我下一步该怎么做"的疑惑。所以表现层的感知设计要在良好的逻辑框架基础上，具备自我解释性和习惯性特征。

从方法的角度，我们应该通过特定图形的、颜色的、结构的、布局的视觉亲和力，让用户在交互过程中逐渐形成视觉规律的可视化记忆和行为化记忆，这样可以提高对产品信息和品牌形象的情感认知，从而形成用户对产品的依赖感。事实证明，对于想要打造品牌的企业来说，将品牌语言形成设计规范是很重要的策略。就像百年老店的秘方，设计规范不但能确保不同设计人员达成一致，更能保证品牌形象代代传承。

用户体验设计就像马拉松比赛，战略层和范围层的内容在产品中最难被感知，但对用户体验的影响却是至关重要的；我们只有将它们贯穿于产品设计的整个周期中，产品设计的每个环节中，才能保证我们想要达到用户体验设计的预期目的。见图10-7用户体验要素。

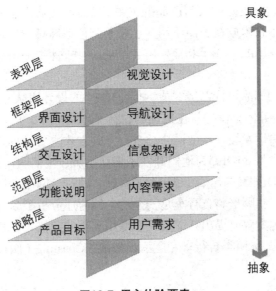

图10-7 用户体验要素

10.5 产品体验设计经典案例——Coasting（IDEO）

IDEO的Coasting项目是一个全面产品体验设计的经典案例。

2004年，日本的高端自行车零配件公司禧玛诺（Shimano）发现其在美国市场的销售量已不再增长，这使得他们产生了危机感。于是，联合IDEO希望通过设计来寻找新的增长点。

经过第一阶段的市场分析和用户研究，IDEO发现在美国90%的成年人不骑自行车，但几乎每个人在童年时期都骑过自行车。这被认为是一个巨大的潜在市场，而找到美国成年人不骑自行车的原因是进行下一步设计的前提。自行车制造商一直以为用户购买自行车是为了实现锻炼身体的目的；希望自行车具有很高的科技含量，无论从造型或者使用方式上都能体现这一点；不骑自行车的人是因为他们懒惰，觉得开汽车更舒服。

但是，通过应用人类学方法对潜在用户的研究，IDEO的四点发现彻底推翻了上述这些看似合理的解释：

相当一部分不骑自行车的成年人对自行车其实有着特殊的感情，因为他们都有过与自行车有关的童年记忆。

多数人并不希望穿着紧身的运动服在街上骑自行车，他们希望可以穿便装，更休闲地享受骑自行车带来的乐趣。

高科技感的设计让他们感到头疼，而零售人员却在商店主要针对自行车的科技含量进行介绍。

专门的自行车车道比较少，他们觉得在公路上与汽车同行非常危险，他们不知道在哪里骑自行车是安全的。

基于这些研究发现，IDEO的设计人员发现他们似乎并没有费脑筋地为Coasting思考创意，一切创意已在眼前。

Coasting是一个全新的自行车种类，一种简单、舒服且有趣的自行车种类。它看上去有些怀旧，而且重新采用了过去在美国使用多年的倒转脚踏板的刹车方式来唤起用户的童年美好记忆，以此来建立更好的人与产品的关系。Coasting虽然也采用了最新的自动变挡技术，但并没有将这个技术放在表面，用户也看不到任何高科技的特点。随后，禧玛诺联合崔克（Trek）、兰令（Raleigh）和捷安特（Giant）共同将Coasting这个新的自行车种类推广上市。

此时，传统意义的产品设计已经完成，但是IDEO的设计团队并没有停止。IDEO针对Coasting进行了零售服务体验设计。在美国的自行车零售店里，店员大多数都是对自行车技术和零配件痴迷的男性发烧友。他们介绍自行车的方式主要是自我陶醉地强调一串串的零配件代号及其科技含量。IDEO为他们开发了培训手册让他们明白在介绍Coasting时的零售体验战略。随后，IDEO又为Coasting开发了网站。通过该网站，用户可以了解到在哪里有自行车的专用车道，在哪里骑自行车是安全的，同时还分析了骑行对用户的15个好处。除此之外，他们还向地方政府提出开辟自行车专用车道的建议，并联合政府、制造商举办了以"Coasting"命名的休闲类自行车专题活动来推广Coasting（图10-8）。

图10-8 Coasting自行车

本章小结

人类经济的发展，在经历了"产品经济""商品经济""服务经济"之后，人类社会进入了信息技术高度发展的"体验经济"时代。此时，产品也从单纯的物质产品形式正在向与非物质产品融合的复合型形式发展。产品的概念已悄然得到了更新，信息化、非物质化和多元化已成为当下产品的重要标签。人们的需求也已不再停留在满足于物质层面，而是更多地转向于非物质层面的情感体验，使得用户体验成了本时代经济的提供物和价值创造的重要支点。

在体验经济的大环境下，产品体验设计为现代设计展开了一个新篇章。与之相关的服务设计、交互设计一改工业经济时代仅关注满足用户基本需求的设计现状，开始在满足用户基本需求的基础上，把设计重点聚焦到满足用户精神层面的情感需求上。应该说，用户体验经济时代的产品设计，更多的是从"尊重用户"的视角挖掘用户的行为习惯，从"贴近用户"的视角获得用户心理诉求，其内核就是瞄准人性化满足用户的行为习惯和情感诉求而开展产品设计；其外延，包括与现代产品相关的设计类型：

用户界面设计（UI Design），包含软硬件的相关功能操作界面的设计，其实它涵盖三个方向：用户研究（UR）、用户图形界面设计、交互设计，如今以后两个方向为主流。

用户图形界面设计（GUI Design），主要是有关软件的视觉界面设计，与UI设计的面相比较窄，以平面视觉设计为主，近年来随着多媒体技术的快速发展，一开始拓展到多媒体视觉设计领域。

交互设计（ID），简单地讲是指人和产品之间的互动过程。主要是指现代信息类产品，如电脑、智能装备等。

参考文献

[1] CHARLOTTE, FIELL P. Designing the 21st Century [M]. Cologne：Taschen，2001.

[2] PAPANEK V. Design for the real world [M]. London：Thames and Husdon，1983.

[3] ARIETE S. Creativity：the magic synthesis [M]. New York：Basic Books，1976.

[4] JONES J C. Design Methods：seeds of human futures [J]. Wiley，1981，407：5-25.

[5] 戎小捷. 陌生+熟悉=美[M]. 北京：中国青年出版社，2001.

[6] TJALVE E. A short course in industrial design [J]. Newnes-Butterworths，1979.

[7] BAXTER M. Product design [M]. London：Chapman and Hall，1995.

[8] ROWLAND K. The shapes we need [M]. Boston：Ginn and Company，1983.

[9] 柳冠中. 世界成功产品造型设计大图典[M]. 长春：吉林科学技术出版社，1996.

[10] MBA必修课程编委会. 新产品开发[M]. 北京：中国国际广播出版社，1999.

[11] 叶立诚. 服饰美学[M]. 北京：中国纺织出版社，2001.

[12] 梅尔·拜厄斯. 设计大百科全书[M]. 徐凡，译. 南京：江苏美术出版社，2010.

[13] EKMAN P, PAVIDSON R J. The nature of emotion [M]. New York：Oxford University Press，1994.

[14] FISHER W. Increasing human factors effectiveness in product design [J]. Proceedings of the Human Factors Society Annual Meeting，2016，35（6）.

[15] CHO, NAM, HAE, et al. A qualitative study on the post-purchase emotion of 'regret' of fashion product consumers [J]. Korean Society of Fashion Design，2012，12（2）：1-16.

[16] 薛海安. 产品体验设计与品牌创建[EB/OL]. 中国工业设计在线，2009-03-24.

[17] 保罗·兰德. 设计的意义：保罗·兰德谈设计、形式与混沌[M]. 王娱瑶，译. 长沙：湖南文艺出版社，2019.

[18] 原研哉，阿部雅世. 为什么设计[M]. 朱锷，译. 济南：山东人民出版社，2010.

[19] 唐纳德·诺曼. 设计心理学[M]. 梅琼，译. 北京：中信出版社，2003.